Urban Color design

도시환경의 색채디자인

박연선 · 최종석 · 이진숙 · 김경인
고기영 · 김현선 · 이석현

지구문화사
JIGU PUBLISHING Co.

머리말

1990년대 일본을 중심으로 환경색채를 개선해보고자 하는 움직임을 활발하게 움직일 때만 하더라도 국내에서는 화려한 슈퍼그래픽이 난무하던 시기였습니다. 그러던 것이 2005년 전후로부터 활발하게 진행된 환경색채계획과 다양한 문제제기로 이어졌습니다. 이는 아직 많은 개선점을 가지고 있음에도 불구하고 우리 도시의 경관을 개선하는데 지대한 영향을 미쳤다는 점은 그 누구도 부정할 수 없는 사실입니다. 그리고 그간 진행된 다양한 도전과 시행착오는 오히려 우리의 계획방법과 내용을 다른 나라에 전해줄 수 있는 수준에까지 도달했다고 생각합니다. 그것은 많은 환경색채의 문제점을 가지고 있었고 그것을 극복해내기 위한 다양한 노력의 결실이었다고 생각됩니다.

그럼에도 불구하고 아직 우리에게는 보다 개성적이면서도 쾌적한 도시의 환경색채를 만들기 위한 많은 과제가 남아 있습니다. 전원지역에는 아직도 많은 청색과 녹색의 지붕이 자연경관을 훼손시키고 있으며 도시경관의 획일적인 환경색채계획은 오히려 지역의 개성을 저해했다는 지적을 받고도 있습니다. 외국의 사례를 모방하다 보니 시설물과 건축물에서 우리의 색채가 사라지고 있다는 문제도 보이고 있으며, 환경색채의 수준을 높이기 위한 소재의 다양성과 기술은 아직도 경제성의 논리에 성장하지 못하고 있는 것이 사실입니다. 이제 우리는 기존의 경관의 정비 차원에서의 환경색채가 아닌 지역의 문화와 역사, 사람들의 환경을 보다 심도 있게 살펴보고 그것을 수준 높게 반영할 환경색채의 새로운 관점과 방법이 요구되고 있는 시대에 있다고 할 수 있습니다.

이 저서는 그러한 시대적 요구에 부응하기 위해 국내를 대표하는 환경색채 전문가분들의 소중한 경험과 지식을 정리하고자 한 자료입니다. 환경색채를 구성하는 건축물과 시설물, 공업지대와 도심지역, 자연환경의 색채와 조명의 색채, 사람들의 의식 속에 있는 커뮤니티의 색채 등 이제 보다 심도 있게 바라봐야 할 색채의 분야를 나누고 그 속에 환경색채의 관점과 접근방법, 그것이 반영된 사례들을 정리하였습니다. 기존의 환경색채계획이 다양한 시도에도 불구하고 학문적, 기술적으로 정리되지 못해 새로운 기술과 관점을 요구하는 많은 사람들에게 전파되지 못했고, 그것이 환경색채계획의 성장을 방해한 측면이 크기 때문입니다. 물론 이 저서에서 제시하고 있는 내용과 방법 역시, 환경색채와 환경디자인이라는 큰 틀의 일부분에 지나지 않을 수 있지만 기존에 체계화된 방법과 접근에 대해 체계적으로 집대성한 자료라는 점에서 많은 전문가 및 행정 담당자, 연구자들에게 소중한 자료가 될 것으로 기대합니다.

이 저서를 정리하는 과정에서 발행을 적극적으로 지원해 주신 정유나 한국색채학회 회장님께 진심으로 감사 드립니다. 그리고 최근 열악한 출판환경에도 불구하고 색채학회의 다양한 발전을 위해 힘써주시고 본 저서의 출간의 기회를 주신 지구문화사 주병오 대표님께 진심으로 감사드립니다.

누구보다 환경색채의 큰 기둥을 세워 오셨고 지금은 환경색채뿐만 아니라 색채 전반의 성장에 지대한 공을 세우고 계신 이 책의 저자이신 박연선 교수님, 최종석 교수님, 이진숙 교수님, 고기영 소장님, 김경인 소장님, 김현선 소장님께도 진심으로 감사의 말씀을 전합니다. 이분들의 소중한 경험이 많은 후학들의 발전에 큰 시사점을 던질 것으로 믿어 의심치 않습니다. 그리고 본 서의 정리와 출간에 누구보다 힘써주신 오산대학교 배용진 교수님께도 이 자리를 빌려 감사드립니다.

보다 성장하는 한국색채학회의 학문적 발전과 지속 가능한 도시의 미래를 만들어나갈 환경색채의 후학들, 그리고 새로운 도전과 실천을 행하고 있는 전문가분들과 행정담당자들에게 이 책이 소중한 자료가 될 것으로 여깁니다.

감사합니다.

을미년 가을에

한국색채학회 환경분과위원장

중앙대학교 교수 이 석 현

학회 저서 출간에 즈음하여

올해는 대한민국이 다시 빛을 찾은 광복 70주년을 맞이하는 해입니다. 이러한 뜻 깊은 2015년에 (사)한국색채학회 환경분과위원회에서 이석현 위원장을 중심으로 오랜 기간 준비해 온 [도시환경의 색채디자인]이 세상으로 나와 빛을 보게 된 것을 매우 기쁘게 생각합니다.

한국색채학회는 색채 관련 분야의 학문 연구와 한국의 산업 및 문화 발전에 기여하고자 여러 분야의 전문가들이 모여 1988년에 창립한 학회입니다.

색채학은 인간의 삶을 아름답게 하는 미학과 지각과 사고에 관여하는 심리학, 생리학, 물리학과도 연관이 있을뿐만 아니라 사회적 문제와도 밀접한 관계가 있는 폭넓은 연구 분야입니다.

이러한 중요성이 점차 인식되어 2002년부터 국가자격제도로 컬러리스트 산업기사, 컬러리스트 기사자격시험을 시행하게 되었습니다. 이에 본 학회에서는 새로 제정된 컬러리스트 제도의 방향을 제시하고 학습에 필요한 내용을 정리하여 2002년 [컬러리스트 이론편]과 [컬러리스트 실기편]을 각각 집필하였고, 2012년에 새롭게 보완하여 또다시 [컬러리스트 이론편]과 [컬러리스트 실기편]을 집필하였습니다.

본 학회는 이와 같은 컬러리스트 관련 저서 외에도 학회의 우수한 연구자들이 모여서 색채학의 이슈를 공유하고자 그동안 여러 저서들을 집필해 왔습니다. '색의 세계' 라는 제목 하에 3권 시리즈로 [색색가지 세상], [이제는 색이다], [색이 만드는 미래]와 'New Color Series' 로 [컬러 마케팅], [컬러 디자인]이 출간되어 크게 호평을 받고 있습니다.

이번에 출간하게 되는 [도시환경의 색채디자인]은 이러한 학회 저서 발간의 연장선상에서 국내 최고의 색채전문가들이 다시 모여 전공영역별로 집필한 것입니다. 집필진 구성은 색채교육을 담당하는 분들과 색채프로젝트 실무를 담당하는 분들로 이루어져 이론과 실무를 모두 아우르는 내용을 다루고 있습니다.

또한 본 저서의 특징은 환경색채라고 하는 전문분야를 대상으로 환경색채계획의 이론과 프로세스에서부터 실내, 건축, 공공시설 등 적용 분야별로 구체적인 방법과 사례들을 기술하여 보다 실질적이고 실용적인 교재로 활용될 수 있도록 구성된 것이 특징이라고 할 수 있습니다.

이 저서의 집필과 모든 진행을 위해 아낌없는 수고를 하신 이석현 중앙대 교수님과 바쁘신 중에도 집필에 참여해 주신 박연선 전임회장님 그리고 이진숙 전임 회장님과 고기영, 김경인, 김현선, 이석현, 최종석 교수님께 진심으로 깊은 감사드립니다.

또한, 학회도서의 발행을 위해 적극 도움을 주신 배용진선생님에게 감사를 드리며 2015년 뜻 깊은 해에 출간하는 [도시환경의 색채디자인]이 한국의 환경색채 발전을 위한 새로운 출발점이 되기를 바랍니다.

을미년 가을에

(사) 한국색채학회

회장 정 유 나

차례

Contents

Part 3 신도시의 색채계획

Part 4 도시건축의 색채계획

Part 5 도시의 상징과 색채계획

Part 6 산업단지의 색채계획

Contents

Part 7 빛과 환경색채

Part 8 참여형 환경색채계획

01 환경 디자인과 도시의 색채

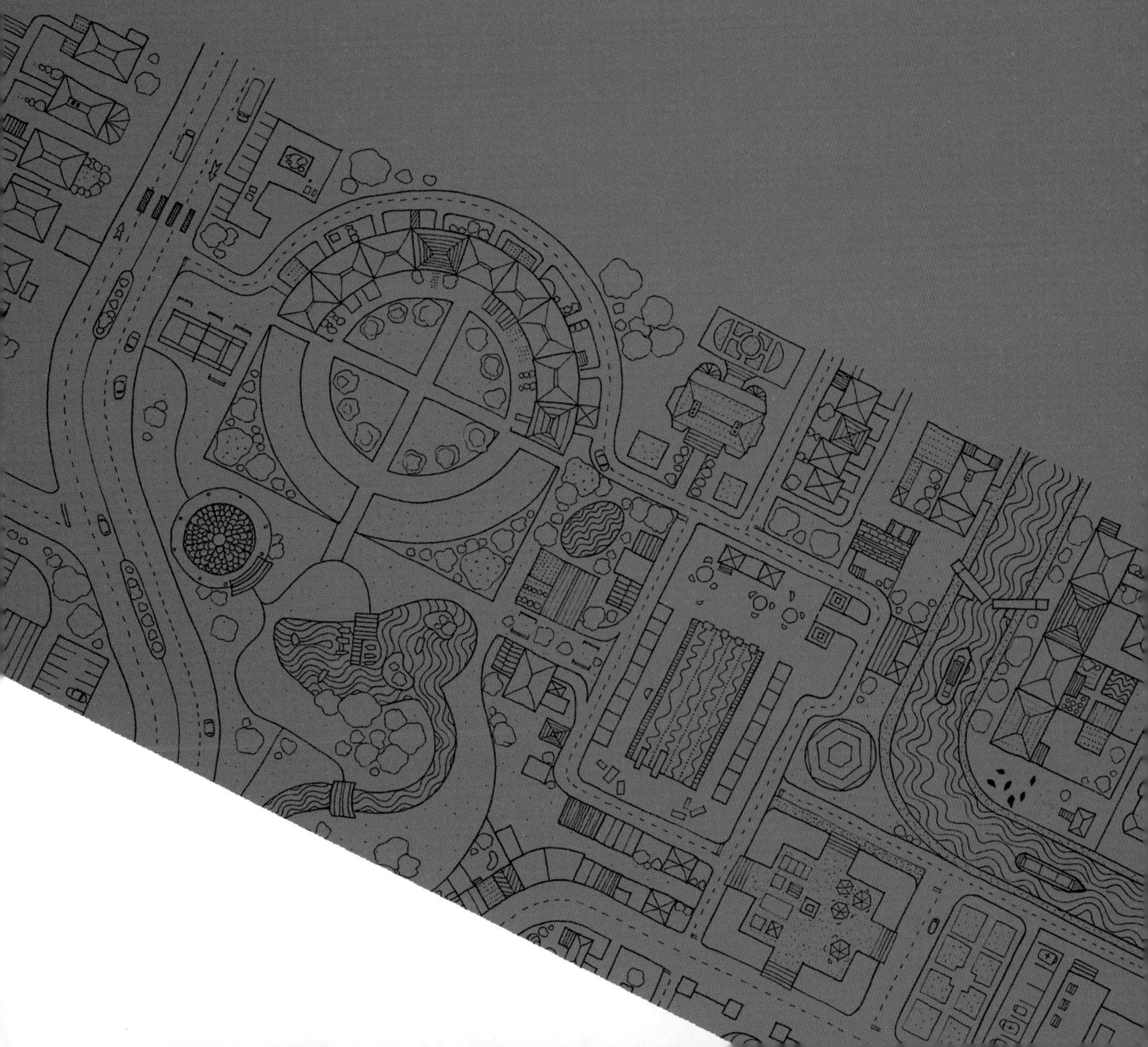

PART 1 환경디자인과 도시의 색채

환경디자인은 인류가 정착생활을 시작하며 보다 쾌적한 거주공간을 만들기 위한 시도를 한 시기와 그 출발을 같이한다. 그러나 환경디자인이 학문적·기술적으로 정리된 것은 20세기 중반에 들어와서이다. 환경색채 역시 환경디자인의 발전과 맥락을 같이 하며 도시의 체계적인 디자인을 위한 중요한 요소로서 발전되어 왔다. 따라서 관계와 흐름을 이해하는 것은 향후 도시디자인의 미래를 예측하는 중요한 단서가 되며, 환경색채의 개념이해와 방법의 구상에도 도움을 준다.

그림 1-1 환경색채는 환경과 색채가 만들어내는 교향곡이다.

1. 환경디자인의 의미와 내용

환경은 사람이 살아가고 움직이며 보고 듣고 만지고 느낄 수 있는 일체의 공간이다. 즉, 인간과 생물을 둘러싼 관계에 의해 직접, 간접적인 영향을 받는 공간, 인간이 지각, 운동, 생활을 전개하는 물질과 의식관계의 집합구조라고 할 수 있다. 넓은 의미에서 볼 때 물체가 위치하는 좌표와 다른 물체와의 관계에 의해 존재특성이 규정되지만, 환경디자인 영역에서 다루는 공간은 시인지와 관련된 내·외부공간, 즉 시각적으로 그 특정이 인지가능한 환경을 종합적으로 칭하는 개념으로 볼 수 있다.

환경은 시간과 물체의 관계 외에도, 하나의 사물을 이해할 때도 사람과 다른 사물과의 상호 관계를 통해 장소의 위치와 특성이 파악되는 것을 의미한다. 또한 환경은 장소와 장소를 연결하는 동시에 관계성을 포함한 종합적 관계특성을 의미하는 단어이다.

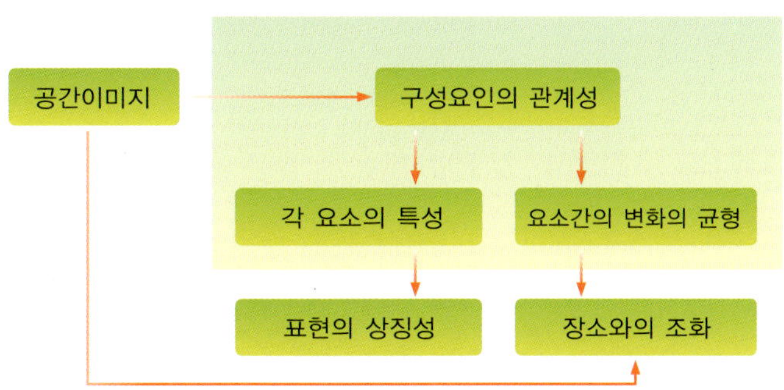

그림 1-2 환경이미지와 각 요인의 인지 관계도

일반적으로 도시공간의 이미지는 카메라의 스틸 사진과 같이 중요한 부분의 장면으로 이해하기 쉬우나 사람들의 의식 속에는 공간에 대한 장면들이 연속적으로 기억되어 있으며, 그 환경이 가진 각종 특징들(형태와 색채, 향기와 소리, 상징 등)에 대한 정보가 종합적으로 정리되어 공간을 이해하게 된다. 따라서 한 공간의 이미지는 공간을 구성하고 있는 물체들의 형태와 구조, 색채 등의 시각적 특성과 함께, 냄새와 촉각, 소리와 같은 다양한 요소에 의해 영향을 받기 때문에, 장소를 바라보고 인지하는 사람들의 의식에 대한 파악도 요구된다. 환경은 물리적인 공간에 대한 이해이자 심리이며, **환경디자인에 있어서도 각 분야와 요소에 대한 관계의 이해** 또한 필요하다.

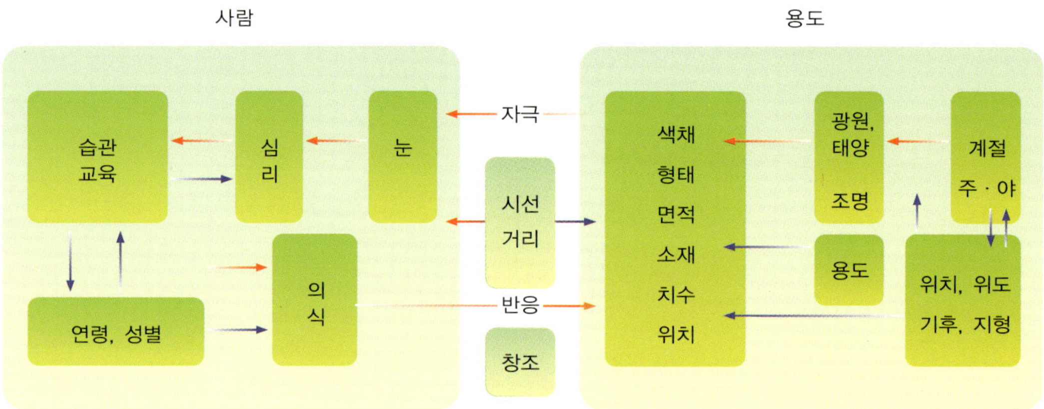

그림 1-3 인간과 환경, 공간의 관계

환경디자인의 공간적인 조건은 다음과 같은 요소가 있다.

첫째, 건축물과 시설물, 사인, 가로와 같은 **물리적인 공간과 요소**이다. 모든 환경디자인은 공간구조를 이루고 있는 물리적 관계요소의 응집체이다.

둘째, **공간을 살아가고 인지하는 사람**이다. 사람도 공간의 일부이며, 공간과 사람은 주체와 객체의 관계를 가지며 유기적인 상호작용을 한다.

셋째, 시간의 축적은 도시공간의 의미가치를 규정하는 입체적 요인이다. 이러한 물리적 요소와 사람, 시간은 공간이 존재하기 위한 필수적인 조건이며, 공간의 특징을 규정짓는 요인이기도 하다. 공간을 구성하는 형태와 구조, 색채와 분위기, 향기, 소리 등과 같은 요소 특성에 의해 공간의 이미지는 달라지게 되며, 사람들이 형성시킨 문화와 관습 등에 따라 도시의 이미지에는 차이가 생긴다. 또한 낮과 밤, 계절의 변화, 축적된 기억, 역사 등과 같은 시간의 요소는 공간의 의미에 영향을 미친다. 어느 요인이 크고 작고에 관계없이 각 조건은 항상 유기적으로 관여하며 개입하고 그 과정 속에 공간의 정체성이 생겨난다. 이를 미국의 도시디자인학자 케빈린치는 도시이미지의 성분을 구조(Structure)와 의미(Meaning), 정체성(Identity)로 규정했다.

환경디자인은 인간을 둘러싼 모든 환경 전체와 환경을 구성하고 있는 요소의 관계를 조화롭고 쾌적하게 설계하는 행위라고 할 수 있다. 이러한 환경의 구성에는 사람과 사물, 자연이 포함되며 눈에 보이는 의식적인 요소부터 문화와 대기, 풍토와 같은 무의식적인 요소도 포함된다. 따라서 이러한 요소와 관련된 도시와 공간, 건축, 조경, 시각, 산업, 조명 등 다양한 분야가 모두 환경디자인의 대상이 된다.

2. 환경디자인의 구성요소와 조형원리

환경의 디자인요소에는 크기가 일정하지 않은 점(point), 직선과 곡선으로 구분되는 선(line), 평면 및 곡면으로 나뉘는 면(surface), 현실적 형태와 이념적 형태로 구분되는 형태(form), 점.선.면 등에 둘러싸여 성립하는 입체인 공간(space), 주로 2차원 또는 3차원적인 장식의 질서를 부여하는 배열인 문양(pattern), 면의 회전이나 이동 및 집적한 입체(cubic)가 가지고 있는 표면상의 상태인 질감(texture)이 있다.

1. 점

공간에서 점은 광장과 상징적인 건축물이나 시설물, 역사적인 공간 등 다양한 모양과 규모를 가지며, 주변 여건에 따라 상대적으로 크기가 다르게 보인다. 즉 점의 크기가 크면 면이 되며, 크기가 같을 경우라도 놓이는 면이나 공간의 넓이에 따라 면 혹은 점이 된다.

도시의 형성과정에서도 하나의 거주지를 형성되고, 선에 해당하는 가로를 따라 다른 도시로 확장되면 면이 되어 더 큰 단위로 발전한다. 그 예시로 그리스의 네오폴리스Neo polis는 확장된 점의 개념이라고 할 수 있다.

서울의 도시형성에서도 경복궁과 남대문, 동대문, 서대문은 하나의 점이지만, 이것을 연결하는 가로로 연결되면 중심시가지라는 면의 특징을 가지게 되는 것과 같다. 따라서 점 자체로도 충분히 공간의 핵이자 거점을 형성할 수 있으며, 공간에 있어서는 요소의 한 개체가 모두 점에 해당한다. 조형적으로는 색채나 색조에 의해 바탕에서 부각되는 가장 작은 면인 점은, 선의 양끝이나 선의 교차 및 굴절, 면과 선의 교차에서 나타난다. 보통 점은 원형이나 삼각형 또는 사각형, 그 밖의 불규칙한 형이라도 그것이 작을 경우 점으로 보인다.

2. 선

선은 점이 이동한 궤적을 가리키며, 폭과 부피는 없고 길이와 위치만 있는 것을 말한다. 또한 선은 면의 한계와 교차에서 생겨난다. 일반적인 가로에서는 폭과 공간의 의미가 추가된다. 선에는 어떤 형상을 규정하거나 한정하고, 면적을 분할하는 특징이 있다. 또한 운동감·방향·속도감 등이 있고, 모든 패턴 및 2차원적인 장식을 위한 기본이며, 폭이 넓어지면 면이 되고, 굵기를 늘리면 입체 또는 공간이 된다. 공간의 선은 연속적(Sequence)인 특성을 가지며 리듬감과 통일감을 부여할 수 있는 집합체의 형태를 가진다. 선은 종류에 따라 사선과 직선, 수직선, 수평선이 있고, 기하곡선과 자유곡선의 형태를 가지기도 한다.

3. 면

면은 점의 확대나 집합의 경우, 선의 이동이나 집합 및 선폭의 증대 등으로 생겨난다. 입체의 한계이며 공간의 경계인 면은 그리드로 입체를 절단하였을 때도 형성된다. 면이 되면서 집합체로의 공간이미지가 형성되고 장소의 명확한 성격이 나타나며, 입체적인 활동공간이 된다. 구획이나 구역, 지구와 지역 등은 면적 개념이 강하며, 면이 시간에 따라 중첩되면 장소성과 지역성 등의 특징이 나타난다.

4. 형태

형태의 종류 – 현실적 형태(인위 형태, 자연 형태) 와 이념적 형태로 구분된다. 형태는 시각적으로 사물이나 외부환경의 구조가 눈의 각막에 투영되고 형상이 심리에 축적되며 그 의미가 강화된다. 형태는 거리, 면적, 방향, 위치에 의한 착시현상이 생겨 항상 동일하게 나타나는 것은 아니다. 정형적인 형태는 대표적인 부분에 대한 기억의 결과이다. 형태는 도형과 배경의 법칙, 연속성, 유사성, 접근성, 폐쇄성 등이 형태의 지각심리 요소이며, 하나의 형태는 다른 형태의 간섭을 받아 다양한 시각적 변화를 일으킨다.

5. 공간

공간은 점, 선, 면 등에 둘러싸여 성립하는 네거티브한 입체이며, 항상 보는 사람과 일정한 관계가 있다. 또한 공간에는 시간과 사람의 심리가 반영되어 시각적 특성 외에도 특정한 성격(의미와 가치)을 형성하게 된다. 이는 청각과 후각, 미각, 촉각과 같은 시각 외의 다른 감각이 반영되어 공간의 이미지가 형성되는 종합적인 집결체라고 할 수 있다.

공간의 성립조건은 스케일과 비례하게 이루어지며, 공간에서의 균형은 인간과의 상대적인 관계를 기본으로 바닥(길이), 벽(폭), 천장(높이)의 비례로 파악된다. 공간 규모는 그 종류와 규모에 따라 계획자가 정하는 구체적이고 상대적인 치수측정단위로 이루어지는데 이 기본적인 단위가 모듈이다.

외부의 공간 흐름을 나타내는 동선 유형에는 격자형·나선형·방사형·직선형·혼합형 등이 있으며, 동선이 짧을수록 효율적이다. 그러나 공간이 성격에 따라서 동선을 길게 하여 머무는 것을 유도하기도 한다. 공간의 연결은 공간과의 관계 정도를 의미하며, 공간의 규모와 거리, 공유 정도에 따라 다양하게 변화한다. 공간의 분할에는 간접적인 공간구획에 따른 차단효과와 완전차단의 방법이 있다.

6. 질감과 문양

질감은 물체가 지니는 표면상의 상태를 촉각이나 시각으로 알 수 있는 재질감을 가리킨다. 재질감은 그 자체로 색채와 표면의 특성을 반영하며, 표피라고도 할 수 있다. 질감은 공간에 있어서의 형태 및 위치를 강조할 뿐 아니라 원근을 나타내는 효과를 지닌다. 색채, 명암을 동시에 고려하였을 때 질감의 효과가 더욱 크게 드러나며, 그 중 특히 광선에 따른 질감의 효과는 더욱 중요하다. 문양은 선, 형태, 조명, 색채, 공간의 사용으로 만들어지는 문양은 장식으로 질서를 만들어 내는 배열을 가리킨다. 문양은 형태의 표피이자 그 자체로 형태를 보완하는 기능을 한다.

7. 입체

면으로 둘러싸인 것, 즉 면의 이동이나 회전 및 집적한 것이 입체이며, 입체가 포함하는 면의 표정·재질·색채·음영에 의해 입체의 표정은 다양하게 변화한다.

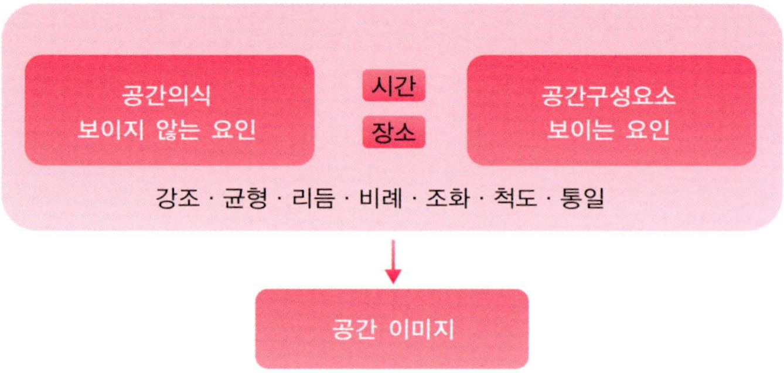

그림 1-4 공간이미지의 구성요인

종류로 대표적인 것은 구, 원추, 원주, 정입방체가 있다. 공간의 기본적인 구조는 입체를 기본으로 하여 변형을 주는 것이 대다수를 차지한다. 이러한 공간디자인의 조형요소에 강조·균형·리듬·비례·조화·척도·통일과 같은 조형원리가 공통적으로 작용하여 공간의 이미지가 구축된다.

3. 환경디자인의 기본과 원리

1. 환경디자인의 의미

환경디자인은 도시환경 전체를 디자인할 수도 있고 도시공간의 일부, 또는 건축, 시설, 조형물과 같은 일부를 디자인할 수도 있다. 이러한 디자인은 공간이 요구하는 조건에 의해 그 의미와 형태가 정해진다. 공간의 조건은 부지에 관한 특별한 조건, 사람들의 공유부분 또는 개인적인 부분, 순환의 장, 전체적인 형태, 설비와의 관계에 대한 파악이 요구된다. 또한 공간을 사용하는 사람 또는 공공을 포함한 단체의 행태와 요구내용을 디자인 계획에 반영해야 한다. 창조성은 바로 그러한 조건을 이해하고 공간 속에서 문제점을 극복하기 위한 새로운 의미를 종합적으로 부여하는 과정이다.

통합적 작용으로서 창조적 디자인의 과정은 공간의 문제점과 요구를 명확히 하고 '적합한 방법' 을 선정하는 과정으로부터 시작된다. 그 속에서 공간, 기능, 순환, 관계, 부지조건, 방위 등을 동시에 검토한다. 또한 위치관계는 최초의 개념 작성 단계에서 검토해야 한다. 다음으로 디자인 방법을 정하는 것이 필요하다. 디자인에는 다양한 유형과 패턴이 있으며, 공간의 성격에 따라 적합한 디자인 접근 및 계획 방법이 있다. 여기서 개인의 공간이라도 외부에 노출되는 곳은 공공의 성격을 가지는, 다양한 사람들이 공유하는 '공적 공간' 으로 확대가 필요하다.

환경디자인은 먼저 구조적 골격을 디자인한다. 사람이 성장하고 자라는 과정과 마찬가지로 골격을 형성시키고 피부가 만들어지며, 동시에 성격도 자라난다. 도시공간도 처음부터 공간에 완전히 조화되는 경우는 드물며, 사람들이 접하고 이용하는 과정 속에서 의미가 깊어진다. 도시는 지적인 공공의식의 정도에 맞추어 디자인되며, 그 의식은 행정과 디자이너의 자세, 공공의 요구, 공간의 자원, 예산의 정도가 반영된다. 즉 디자인의 스케일과 규모와 기간, 장소를 이용하는 사람들의 활동 정도, 완성의 가능성이 조건에 추가된다. 최종적으로는 구현 수단(법률, 계획, 예산, 정책 등)을 상황에 따라 검토하여, 구체적인 접근법으로 나타난다. 또한 도시공간, 매스, 순환, 패턴, 규모, 도시발전과 혁신 과정의 개념화도 도움이 된다. 물론 이러한 요소는 구체적인 형태로 나타나지 않는 추상적인 요소이지만, 결국 항상 변화하는 유기체로서의 도시디자인 시스템의 형성으로 이어진다. 내면과 외면이 조화되어 성숙해 가는 성장하는 디자인이 되는 것이다.

이렇게 이해된 도시의 물적인 형태를 만들어가는 것이 디자인의 목적이 된다. 도시매스의 적절한 배열과 요소의 매스, 공간의 적절한 전개, 도시활동의 기능적인 전개, 움직이는 패턴의 기능적인 정리, 즉 휴먼스케일을 고려한 원리가 그 속에 포함되는 것이다. 또한 시대와 장소, 사람을 넘어 변치 않는 것은 그것을 디자인해 나가는 사람의 환경을 이해하는 능력이다. 사람은 공간 속에 존재하며, 공간 속에서 생활하고 성장하며 새로운 가치를 공간에 반영하는, 사람이 공간을 만들고 다시 공간이 사람들 만든다. 따라서 환경디자인의 원리와 기술에 있어 사람의 기본적인 주요능력과 심리적인 요구를 알아가는 것이 중요하며, 그에 대한 깊은 성찰은 디자인을 높은 수준으로 이끈다.

2. 환경디자인의 대상과 관점

환경디자인의 접근은 공간을 구성하는 다양한 대상을 디자인 언어로 분류하는 것부터 시작된다. 환경디자인에서 다루는 주된 공간대상은 공공(Public)의 영역에 있는 공간이 된다. 사적인 공간이라도 외부환경의 조망에 영향을 미칠 때는 공공의 영역에 속하며, 도시공간을 가치 있는 질서를 가진 환경으로 디자인하는 행위의 기반이 된다.

이러한 환경디자인을 공간 성격에 따라 정리하면 다음과 같은 3가지 특성을 가진다.

① 도시 또는 도시적 성격을 가진 도시성
② 개방적인 외부공간 또는 그것에 준하는 공간을 의미하는 개방성
③ 불특정한 사람들이 활동하며 시각적으로 향유할 수 있는 대중성

표 1-1 환경디자인의 대상과 요소

<table>
<tr><td rowspan="10">공간의 디자인 범위 (유형 공간)</td><td rowspan="2">공공 시설물</td><td>공공건축</td><td>공공 청사, 공공건물, 공공 주거시설 등</td><td rowspan="2">주요 빌딩과 도시구조물</td></tr>
<tr><td>공공 구조물</td><td>교량, 교각, 터널, 육교, 환경 관련시설, 스트리트 퍼니처, 사인 등</td></tr>
<tr><td rowspan="2">랜드마크</td><td>게이트</td><td>지역의 관문 및 경계 표식 : 톨게이트, 구 경계 표식, 다리 표식 등</td><td rowspan="2">상징적 공간</td></tr>
<tr><td>상징물</td><td>지역의 상징 조형물, 캐릭터, 로고, CI 등</td></tr>
<tr><td rowspan="2">공공장소</td><td>거리 및 광장</td><td>시 및 자치구 중심 거리 및 광장 : 주요 관광 거리 및 광장, 상징거리 등</td><td rowspan="2">주요 거점과 거리, 공간</td></tr>
<tr><td>주요 거점</td><td>역사적, 생태적, 지리적 흐름의 주요 혈맥역할의 장소, 공간</td></tr>
<tr><td rowspan="2">생활·문화 공간</td><td>야외 공간</td><td>공원, 놀이터, 산책로 등</td><td rowspan="2">공원, 체육시설</td></tr>
<tr><td>기능–시설</td><td>문화시설, 교육시설, 체육시설, 의료시설, 복지시설 등</td></tr>
<tr><td rowspan="2">대중교통</td><td>교통수단</td><td>버스, 기차, 지하철 등 교통수단</td><td rowspan="2">대중 이용도 높은 교통</td></tr>
<tr><td>교통시설</td><td>역, 터미널, 정류장 등 교통 및 교류 / 흐름의 대표적 혈맥으로서 역할을 하는 장소</td></tr>
<tr><td rowspan="2">무형공간</td><td colspan="2">문화축제</td><td>시기별 문화축제 및 공공 이벤트의 색채 이미지를 전체 경광정비 방향에 맞추어 진행</td><td>이미지의 인지도</td></tr>
<tr><td colspan="2">교육재료, 의상</td><td>공공장소의 단체복, 교육 재료 등도 지역 이미지를 반영하여 경관의 일부로 파악</td><td>생활속의 색채문화</td></tr>
</table>

이 세가지 성격에서 도시성은 인간이 모임으로 인해 가치가 존재하는 디자인을 의미하며, 다양한 활동으로 변화하는 인공적인 특징을 의미한다. 즉 인간이 보고 개입하는 관계를 통해 가치를 가지는 특성이다. 개방성은 자연환경에 열린 3차원의 공간, 끊임없이 이어지는 대기와 시간 속에 주변과 조화하며 융합하는 관계 속에 형성되는 디자인 시점이다. 대중성은 공유하고 장소의 특징을 가지는 공간의 가치를 의미한다.

우리가 도시공간을 디자인한다는 행위는 공간을 인간을 위한 환경을 만들기 위한 인식가능한 요소로서 장치화한다는 의미를 가지고 있다. 당연히 모든 요소는 다른 요소와의 관계를 가지며, 시간과 공간 속에서 새로운 환경이 형성된다. 즉 디자인이 공간에 새로운 가치를 부여하고, 그 의미로 인해 공간이 인간에게 새로운 환경으로 개입하며 상호연관성이 끊임없는 질서를 만드는 것이 환경의 디자인이다.

4. 환경색채의 의미와 내용

환경색채는 '인간과 생물을 둘러싼, 관계성에 의해 직접, 간접적인 영향을 받는 공간, 즉 인간이 지각, 운동, 생활을 전개하는 일체의 공간에 대한 색채'라고 할 수 있다. 다시 말하면 '자연, 도시, 공장지대, 휴식과 업무공간, 학교, 놀이시설 등의 자리를 포함하는 공적, 사적 공간의 색채'이고 환경색채 디자인은 이러한 환경에 대한 색채를 통해 공간목적에 맞는 색채선정, 배

그림 1-5 다양한 요소가 모여 하나의 환경색채를 만든다

색패턴의 작성, 공간형성을 통해 쾌적한 공간을 만들어 나가는 분야이다. 특히 공간은 무엇인가를 보는 시각적 행위의 개념이 강하므로 '보이는 환경' 즉 '인간의 미학적 관심을 수용하는 일체의 지역의 지리적, 생리적, 문화적 시각관계' 라고 정의할 수 있다. 환경은 단순히 보여지는 대상만을 의미하는 것이 아닌 그 대상을 바라보는 인간과의 상호관계 속에서 성립된다.

환경색채는 도시와 자연환경의 색채를 말하며 풍경의 색채를 주로 취급한다. 색채는 주변의 다양한 환경에 있어 문화 형태에 따라 특정형태의 이미지를 가지고 다양하게 전개, 변화한다. 또한 색의 항상성과 같은 심리적으로 축적된 고유의 색채문화를 반영한다. 이러한 환경에 어울리는 색채는 그것을 인식하는 문화의 수용력, 이해력, 그리고 그것을 실현 가능하게 하는 소재, 기술과 밀접히 관계하며 그것에 따라 각 지역은 다른 색채를 형성시키고 인지 가능한 공간으로서 된다. 따라서 어떤 환경에 적합한 아름다운 색채는 필연적으로 그 지역의 지역성과 깊은 관계가 있다.

환경색채는 일상생활에 있어서 강한 영향을 미치고 있으며 그것은 주변환경과의 관계에 따라 다양한 변화를 하는 등 주변과의 조화를 기본원칙으로 한다. 따라서 대상이 될 **장소의 지역성과의 조화, 자연풍경과의 조화, 거리풍경과의 조화, 건축양식과의 조화, 형태와 소재, 크기, 용도와의 조화** 등 일체의 요소에 대한 조화의 관점이 필요하다. 이것은 도시의 색채를 단순한 물리적 현상으로 보는 것이 아닌 기후, 풍토, 지역특성, 역사, 문화가 포함되어 있는 시각환경의 중요 요소로 취급하는 관점이다.

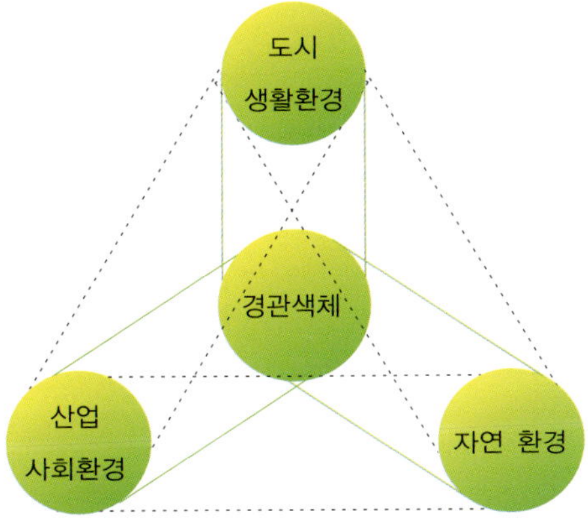

그림 1-6 도시환경색채의 개념도

현대 도시환경의 색채에 있어서도, 자연환경을 포함한 주변환경과의 조화는 필수적이기에 도시와 색채 간의 상호관계를 파악하는 것이 중요하다. 그러한 환경색채에 무엇보다 밀접한 관계에 있는 것이 풍토이다.

풍토는 어떤 토지의 기후, 기상, 토질, 지형, 경관 등의 총칭이다. 인간은 땅 위에 발을 딛고 있기에 토지의 자연환경은 인간의 의지와는 상관없이 주변을 구성하고 있다. 풍토 또한 끊임없이 인간의 심리와 생활에 영향을 미치는 요소이다. 이러한 풍토의 조건 위에 인간의 감각이 공통으로 느끼는 기반이 있고 이것이 반영된 것이 소재이다. 소재 속에는 각각의 속성으로서 색채가 있고 소재마다의 색채 폭이 있다. 소재는 자연, 가공, 인공소재으로 분류되고, 인공소재는 폭넓은 색채의 표현이 가능하지만 자연소재, 가공소재는 한정된 색채만이 있다. 이처럼 환경색채는 소재가 가진 폭과 자연환경의 영향을 받기 때문에 자연소재의 특성을 파악하는 것은 색채환경을 이해하기 위한 중요한 시점이다.

1. 환경색채의 관계요인

환경색채에 영향을 미치는 중요요인으로서는 아래와 같은 4가지가 있다.

(1) 지리적 요인

환경색채에 관계하는 지리적 요인은 위치에 관한 것이 중심이 되며 도시의 입지에 따라 크게 좌우된다. 각 지역은 위도의 특징이나 태양광의 입사각도에 달라 공기의 층을 통과할 때 빛이 크게 변화되고 그것은 지역고유의 색채감각을 유발한다. 문화적인 지역색도 이것을 기본으로 만들어진다. 또한 색채에는 인간의 심리적 기능이 있어 따뜻한 색은 따뜻하게, 차가운 색은 차갑게 느낀다.

그 결과 추운 지역에서는 따뜻한 색채를, 무더운 지역에서는 차가운 색채를 사용하는 경우가 많다. 또한 지역의 한란의 차이에 따른 변화는 시각적인 부분만이 아닌 경관구성요소의 기능적인 부분에 미치는 영향도 크다. 지형 역시 도시구조와의 관계가 깊고 인간의 의식에 크게 작용한다.

그림 1-7 환경색채는 지리적 요인 등의 다양한 요인에 의해 형성된다
하회마을의 전경

(2) 시간적 요인

시간적 요인은 주야의 시간변화에 관한 것과 계절의 변화에 관한 것, 오랜 시간경과에 관한 것의 3가지로 분류 가능하다. 또 기상의 변화도 이런 시각의 변화로서 받아들일 수 있다.

(3) 사회적 요인

도시의 환경색채형성에 사회적인 요인은 큰 영향력을 가진다. 사회적 요인을 크게 경제적 요인과 문화적 요인으로 나눌 수 있는데, 사회적인 문제는 인간 본연의 문제로 직결되기에 많은 사람이 살아 움직이는 도시에서는 그만큼의 문제가 발생한다. 여기서 환경을 계획하는 것은 경제와 깊이 관계있는 행위이다. 또한 문화에 관한 요인도 도시의 기능과 색채의 사용방법에 영향을 미친다. 이것은 색과 소재에 관한 습관을 형성하고, 도시의 이미지에 따라 다르게 적용된다.

(4) 면적

색은 그 자체에는 크기가 없지만 색을 지닌 물체의 면의 크기에 따라 색이 다르게 보인다. 크기는 그 대상물의 속성이지만 사람들이 다양한 거리에서 대상물을 보기 때문에 크기는 거리에 의해 변화한다. 따라서 색채학에서는 크기를 정의할 때는 물체의 크기만이 아닌 망막상에 비치는 상의 각도로 표시한다. 이 망막상에 비친 각도를 일반적으로 '시각' 이라고 부른다.

2. 환경색채의 기본구성

환경색채는 일반적으로 보는 거리에 따라 원경색과 중경색, 근경색, 근접색의 4단계로 분류된다. 중경 이상의 레벨에서 소재는 거의 의식되지 않고 건물은 색의 집합체로만 인식된다. 이러한 경관색채를 구성요소별로 나누면 기조색(Basic Color), 주조색(Dominant Color), 배합색(Assort Color), 강조색(Accent Color)으로 구분할 수 있다. 이것은 색채를 사용하는 방법에 따른 분류이고 환경에서 완전히 일치하는 적용법은 아니다. 특히 색채 사용에 있어서 전체배색을 작성하고 그것을 어떻게 사용하는가는 면적, 형태가 큰 영향을 미친다. 강조색의 경우 사람에게 강한 전달력을 가지므로 적은 면적으로도 충분히 효과적이다.

환경색채의 구성은 환경의 포함범위나 공간조건, 경관구획의 구분에 따라 자연경관, 도시경관, 지역경관, 외부경관, 내부경관의 색채로 구분된다. 그 속의 주민, 그룹, 단체, 지역, 사회, 도시 등과의 각각의 지리적, 문화적 특징이 존재하고, 그 안에 다시 건축과 색채, 사람, 자연의 요소가 존재한다. 이러한 상태는 구체적인 환경조건, 환경형태, 환경스케일, 환경의 질을 나타낸다. 경관은 이러한 배경에 사람과 사물이 생활상과 조합된 공간이며, 따라서 환경색채 디자인에 있어서는 종합적인 시점의 위에 다양한 관계의 조화가 필요하다(그림 1-8).

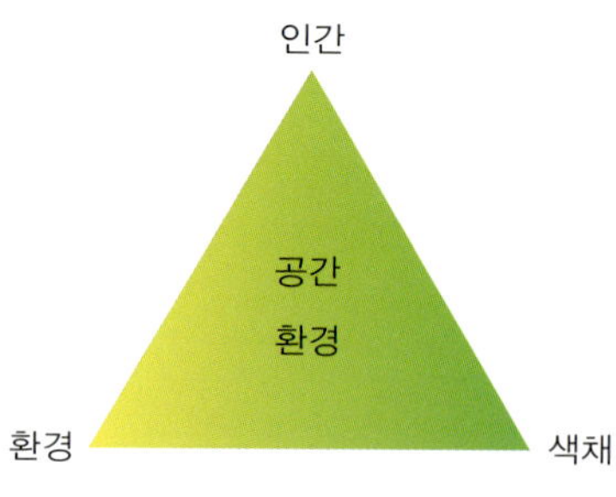

그림 1-8 인간환경 공간 색채의 관계

3. 환경색채의 조화와 도시의 문화

그림 1-9 독일 튜빙겐의 거리풍경
그 거리의 색채문화가 반영된 거리는 매력적이다.

도시의 이미지는 도시를 구성하는 요소들의 조화관계에 의해 결정된다. 마찬가지로 도시에서 느껴지는 색채의 조화 정도도 도시 구성요소들의 색채적 균형 관계에서 온다고 할 수 있다. 이러한 도시색채에 있어 조화의 척도는 전통적인 도시의 미에 관한 평가척도와도 유사한 '변화 속의 통일의 정도' 에 있다.

도시를 구성하는 다양한 요소의 색채가 일정한 시각적인 균형을 유지할 때 흔히 '아름답다' 는 느낌을 전달하는 것이다. 따라서 환경색채의 조화는 **'어떤 지역의 연속적인 구성요소의 복수의 색채와 그것과의 시각적 연계와의 사이에 존재하는 친화력을 가진 배색에 의해 쾌적함을 가져오는 색채적 질서'** 라고 규정할 수 있다. 이 의미는 환경색채가 단독으로 존재하는 것이 아닌 두 개 이상의 색채의 관계성 위에서 성립하는 것을 의미하고, 그것이 가져오는 적절한 밸런스가 사람들에게 안정감과 쾌적함을 주었을 때 그 환경이 조화롭게 된다는 뜻이다.

이렇듯이 조화는 모든 개체와 개체 사이에 존재하는 균형을 갖추고 있는 상태를 말한다. 이것은 이상적인 감각, 형태이기도 하며 개인의 이해보다는 어떤 집단의 동의를 전제로 한다. 그것은 인간이 사회를 만들어내어, 그것의 유지에 필요한 질서와 순서라는 개념, 시스템을 만들면서 필연적으로 요구되는 모순이나 충돌이 없는 상태를 나타낸다. 결국 색채에 조화 역시 단순한 예술의 영역만이 아닌 인간활동의 전반에 걸친 관계에서 성립하는 개념이다.

4. 환경과 색채의 관계성 – 지역성

외부의 환경색은 다양한 요소가 복잡하여 얽혀 있다. 특히 색채는 시야 속에서 망막의 크기의 문제를 비롯하여 자연의 변화에 따른 색채의 변화, 또한 소재의 변화와 밀접하게 연관되어 있다. 더욱이 그것을 보는 관찰자의 심리적, 생리적 요인과 지역에 따른 문화적 영향도 크게 작용한다. 따라서 도시환경을 구성하는 각각의 요소에 색채를 적용하는 것은 도시의 문화를 만드는 행위이다. 그러나 이 모든 것은 환경이 위치하는 장소와의 관계에서 성립된다. 따라서 환경의 색채는 기본적으로 지역성과 필수 불가분의 관계를 형성하고 있다.

그림 1-10 키타큐슈의 거리 풍경
다소 혼란스러운 이국적인 풍경

환경색채의 지역성과 관련된 요소로는, 형태, 크기 – 면적, 배치 – 장소의 특징, 풍토 – 지리적, 문화적 특징, 소재 등이 있다. 특히 색채와 풍토의 관계는 어떤 지역의 색채를 정하는 결정적인 요소이기에 거주하는 사람들의 색채에 관한 의식과 자연조건 등이 포함된다. 이 문제에 대해 프랑스의 색채학자 랑크로는 그의 "색채의 지리학"에서 지역의 풍토와 색채와의 관계를 명확히 하고 그것을 이용한 색채계획이론을 전개했다. 일종의 지역특성에 부합되는 색채적응의 원리를 적용한 것이다. 그의 이론은 프랑스뿐만이 아닌 일본을 비롯한 세계곳곳에서 지역의 거리정비와 경관형성, 도시개발에 적극적으로 활용하게 되어 환경색채의 필수적인 이론으로 자리잡게 되었다. 색채의 지리학은 늘 항상성을 추구하는 눈의 본성에 기반을 두고 있다.

5. 환경색채의 역사와 발전과정

환경색채디자인은 20세기 후반기, 정확히는 1970년대 중반의 프랑스의 장필립 랑크로에 의해 시작되었으며 1980년대 중반부터 일본을 중심으로 촉발되었다고 할 수 있다. 그러나 도시의 색채가 중심요소로 등장한 것은 1960년대 후반부터 미국과 유럽을 중심으로 진행된 슈퍼그래픽 운동의 영향이 크다. 그 당시는 인공안료의 전 세계적 확산으로 공간의 색에 대해 사람들이 눈을 뜨기 시작하고, 회화작품이나 고급 상품, 특정 건축물에 한정되어 사용되던 색채재료가 값싸고 손쉽게 대중화되기 시작하여 색에 대한 환희가 넘쳐나던 시기였다.

컬러 TV가 등장하고 다양한 색상의 플라스틱 용기가 폭넓게 사용되기 시작하며, 자동차와 가전제품에도 강한 색상의 상품이 유행을 하기 시작한다. 사람들의 색의 축복을 화려함과 고급스러움으로 여겼고, 모더니즘의 권위의 파괴에 색채는 유용한 대중화의 수단이기도 했다.

이것은 대중문화 확산의 영향을 받은 것으로, 외부건축 요소에도 그 영향을 미쳐, 중요건축물만이 아닌 일반 주택이나 상가건물 외벽도 미술작품이 되어 도시에 활기를 불어 넣었다.

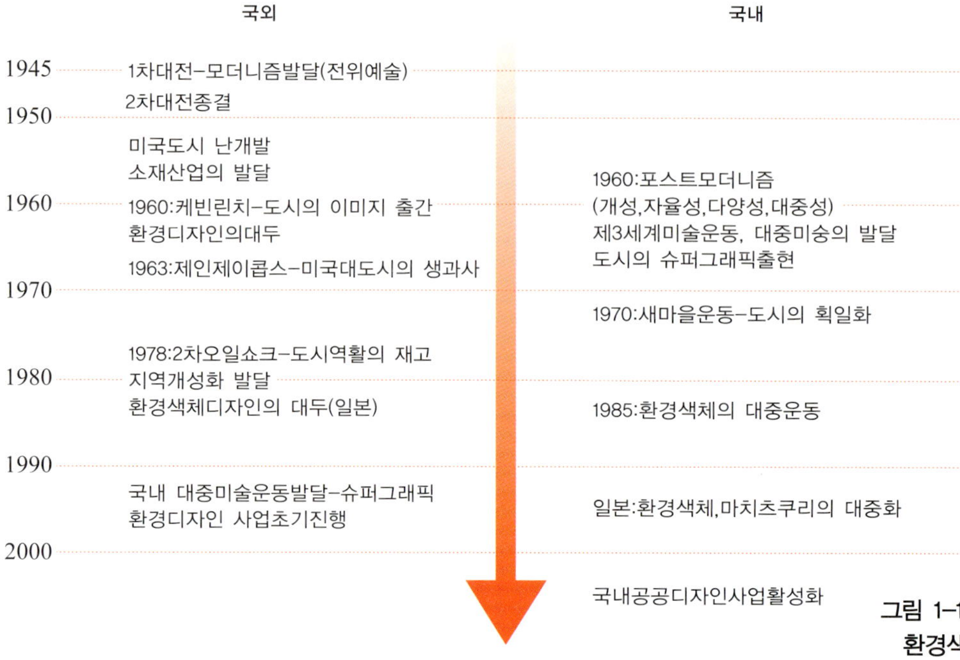

그림 1-11 환경디자인과 환경색채의 전개과정

전쟁의 후유증을 딛고 산업화, 도시화로 치닫는 현대사회는 발전과 대량생산은 불가분의 요소였고, 색채는 이것을 표현하는 가장 효과적인 수단이었다. 폐허 속에서 화려한 다양한 색상과 고채도의 색채는 사람들에게 강하게 어필할 수 있는 매력을 가지고 있었고, 대중예술에서는 전위와 저항, 우월감의 수단이 되었다.

그림 1-12 이탈리아의 시에나광장
공간의 위계와 색채의 통일성의 힘을 보여준다.

1960~70년대의 이러한 도시 속에서 색채의 확산은 일부 건물과 거리에 예술성을 부여했고, 그 이후로 다양한 색채의 실험이 도시 공간에서 이루어졌다.

1977년 퐁피두 센터에서 열린 잔필립 랑크로의 색채의 지리학전은, 도시에서 자신의 개성과 화려함, 주장을 표현하는 도구였던 색채를 자연환경과 지역성과의 어울림이란 테마로 전환시키는 계기를 마련했다. 유럽은 2차 대전 이후, 전통적인 도시풍경을 회복하고자 했으며, 랑크로의 색채의 지리학은 그 사회적 기반 위에 선, 어찌 보면 그렇게 새로울 것이 없이 보이지만 유럽이라는 다양한 자연환경과 역사환경 속에서 나올 수 있는 깊이 있는 반성과 성찰이었다.

특히 이 영향을 깊이 받은 것은 일본이다. 그리고 1970년대 후반까지의 일본은 무분별한 도시확장으로 인해 도시환경의 복원차원에서 도시 환경 색채에 대한 요구가 커지는 시기였다.

색채의 지리학은 이러한 사회적 여건과 맞물려 고정화된 유럽보다 일본 내에서 급격히 확산되었고, 1990년대에 들어오면서는 도시가 개성적인 색채, 자연과 친화된 저채도의 색채로 만들어 내고자 하는 흐름이 전개되었다.

그림 1-13 사하라의 아름다운 정경
이러한 전통적 도시환경이 남아있는 도시의 경우 대부분 버블의 도시개조를 피한 곳이 많다.

그림 1-14 카와고에의 거리풍경
카와고에는 전통적인 검정색을 도시의 주조색으로 키워냈다.

1980년대 후반부터 국내에서도 서울의 구도심을 중심으로 거리에 많은 거리 벽화가 등장하게 된다. 이전에도 부분적으로 사회운동의 일환으로 전개된 서민 벽화가 있었지만 공공분야에서 벽화를 역사 벽면이나 옹벽, 가로펜스 등에 그리는 일은 드물었다. 1990년대에 들어 한국의 대표적 거주형태인 아파트 외벽에도 화려한 그래픽과 건축사 상호가 적용되었고, 휴지통, 간판, 개인주택 등 모든 외부구성요소에 색채가 적극적으로 적용되었다. 2000년대에 들어서는 도시환경, 공공디자인 등에 대한 관심이 높아짐에 따라 고채도 색 위주의 색채도 조금씩 정돈되어 갔으며 도시환경과의 조화를 추구하는 움직임이 본격적으로 확산되었다.

그림 1-15 파리시청 앞의 풍경
현대적 풍경과 전통적 풍경의 차이는 관점에 따라 크게 다르지 않다. 도시의 색은 삶의 방식이다.

도시환경의 색채는 그 구성원의 도시에 대한 애착과 수준을 나타내는 척도이다. 특히 최근의 환경색채는 물리적인 공간의 채색의 개념을 넘어 주민들의 적극적인 참여를 통해 지역의 지속가능한 환경개선의 방향을 제시하고 있다.

그림 1-16 요코하마 모토마치

상가협의회의 행정, 전문가의 노력으로 지역의 대표적 재래상가로 각광받게 되었다. 이 공간의 색채는 참여를 통한 색채개선의 새로운 시도이다.

20세기 이후에 전개된 환경색채의 간단한 역사를 통해 알 수 있듯이, 도시의 색채는 유행의 한 요소로 생각하기에는 삶에 미치는 영향력이 너무나 크다.

도시의 색채는 항상 존재해 왔다. 오래전에는 자연에 친숙한 색채와 소재였으며, 현대에 들어서는 개별적 주장이 강하고 복잡하기도 하지만 다양한 것 역시 색채이며 아무리 꾸며도 그 안에는 그 구성원들의 정체성이 반영되기 마련이다. 그리고 도시의 색채는 변화한다.

20세기의 산업화란 거대한 물결 속에 진행되었던 다양한 색채에 대한 실험과 환희는 이제 자연과 조화된 온화한 색채로 흘러가고 있다. 이것은 원하든 원하지 않든 역사의 흐름이며 안정감을 요구하는 사람의 심리가 작용한 결과이다. 눈은 한쪽으로 치우치면 다른 한쪽에 안정감을 요구하는 반대적 색채를 심리적으로 만들어 내는 속성을 가지고 있다. 그리고 자신이 태어나고 자란 환경에 익숙해지면서도 새로운 변화를 지속적으로 요구한다. 가끔은 다양하고 즐거운 환경이 존재도 중요하다. 환경색채는 항상 기본을 지키면서도 변화하여 동화되는 세계를 요구한다.

6. 환경색채의 분야와 내용

환경색채디자인에는 몇가지 진행 원칙이 있다. 세부적인 지침도 그 원칙에 따른다.

1. 주변과 조화되는 공통의 분위기를 고려한다

모든 장소는 그 장소의 지형과 주변환경의 특징에 맞는 풍경이 있다. 흔히 어울린다고 표현하는데 사람들에게도 그 사람에게 맞는 옷과 색깔이 있듯이 도시와 공간도 그곳에 맞는 색을 찾을 수 있도록 전체적 풍경을 고려하여 색채의 조화를 계획하는 것이다. 이것은 부분적인 색채에만 치중하여 전체적인 도시공간을 훼손시키는 것을 막을 수 있게 하고, 경관에 위계와 질서를 가져오는 방법이다.

이 공통의 분위기를 좌우하는 가장 중요한 요인은 주변환경에서 어떤 경관자원을 살려나갈지에 달려있다. 결국 도시계획전체와의 연계가 중요하다. 중요 건축물을 살릴 것인지, 자연환경을 살려나갈 것인지, 평온한 시가지의 분위기를 만들 것인지 등의 풍경의 이미지에 따라 색채의 방향은 달라진다. 부분을 지나치게 강조하다 보면 랜드마크 효과는 가시적일 수 있으나, 전체적인 이미지가 약해지는 것을 감안해야 한다.

그림 1-17 서울 북촌 한옥마을과 인사동의 골목풍경

2. 주조색을 살리고 조악색을 회피한다

환경색채계획과 디자인에는 크게 두가지 접근법이 있다. 살려야 할 색채 환경을 살리고 불필요하게 자극적인 색채를 억제시키는 것이다. 아름다운 도시색채의 특성 중 하나는 명확한 색채이미지를 가져야 한다는 것이다. 그렇다고 그것이 하나의 색이나 강한 색으로 도시전체를 통일시켜야 한다는 것은 아니다. 소란스럽고 아기자기한 이미지, 전통적인 느낌이 풍기는 이미지, 세련되고 도시적인 이미지 등 사람과 마찬가지로 도시도 다양함 속에서 자신만의 이미지를 명확히 전달시킬 수 있을 때 매력적인 공간이 된다.

그러한 공간 형성에 있어 색채의 방향은 지속 가능한 개념의 장기적 방향이 필요하다. 더이상 열악한 환경이 되지 않도록 큰 규제나 약속을 정하는 것과 지역 자산이 될 색채를 적극적으로 살려나가는 방법을 지역의 현황에 맞추어 나가는 방향성이 필요하다.

3. 색채의 관계성을 검토한다

중심 기조색과 주조색이 정해지면, 배경색이 될 공간 역시 전체 계획방향에 맞추어 조절한다. 예를 들어 중요 건축물을 특징을 부각시키기 위해서는 배경색의 채도를 낮추는 방안, 보존지구 외관의 색채 환경에 화려하고 부각되는 색의 사용을 금하는 등의 방법으로 보행자의 시각환경에 맞추어 색채를 조절하는 방안 등이 있다.

4. 장소와 건물의 용도의 적합성을 고려한다

전체적인 색채의 방향이 정해지면 그 안을 구성하는 작은 요소와의 색채관계를 고려한다. 구역이나 가로의 특성별로 색채계획을 방향을 정할 수도 있고 각 건물 용도에 맞도록 색채의 이미지를 전할 수도 있다.

5. 건물의 규모와 형태를 고려한다

색채는 면적과의 관계가 깊다. 같은 색이라도 면적에 따라 그 영향력이 달라지기 때문에 색채계획에 방향에서도 건물의 크기와 형태에서 색채가 차지하는 면적에 비중을 둬야 한다. 건물의 주조색이 정해지면 건물의 입면의 형태 변화에 맞추어 색채의 배치를 달리한다. 형태 역시 색채와 떨어질 수 없는 요소이다.

6. 내구성이 우수한 색채, 소재를 고려한다

외부 공간의 색채는 시간이 지날 수록 변한다. 바람과 온도차, 비와 눈 속에서 색이 조금씩 바래지며 시간에 따른 깊이를 가지게 된다. 최근 외부 건축외장재로 사용되는 화학소재와 도장재료의 경우, 환경에 대한 부담감도 있지만 시간이 지날 수록 가지는 색의 깊이는 자연소재와 비교하기에는 부족하다. 또한 외부 고층 건물도 현재의 도장 중심에서 소재로의 전환이 도시수준의 향상과 함께 진행될 것이다. 소재 그 자체가 바로 색이라는 인식의 전환과 함께 가능한 한 자연소재의 외부공간에 적극적인 사용을 통해 시간이 지날 수록 깊이감을 더해가는 색채계획이 필요하다.

7. 현장성을 점검한다

만들어진 배색은 항상 현장에서 점검을 하여 색채계획 실행 후 공간과의 조화 정도를 점검한다. 한번 정해진 색채는 장기간 변경이 되기 힘든 것이 현실이기에 가상 공간의 색채평가만으로는 오류를 범하기 쉽다. 현장에서 색채 샘플을 들고 비교 분석하여 적합한 정도를 평가해야 한다.

그림 1-18 자연과 조화되면서도 화려한 색채의 조화를 보이는 싱가포르의 공원

환경디자인은 시각적인 것이면서 동시에 의식적인 것이다. 무엇이 더 큰 영향을 준다고 말하기 힘들다. 색채가 눈에 보이는 색이 한정되어 있으면서 실제로는 보는 사람의 의식이 영향을 미쳐 보는 사람마다 색을 느끼는 것이 다르듯이(무의식의 영향이 크다) 환경색채계획 역시 표면의 색을 만듦과 동시에 표면을 이루는 사람들의 의식에 색채의 기준과 방향을 형성시켜 들어가는 작업이다.

그 도시와 공간의 색은 그곳에 살고 있는 내지는 디자인하는 사람들의 의식이 반영된 것이기 때문이다. 색채 가이드라인을 만들거나 조례를 만드는 것만으로 도시가 아름다워 질 것으로 생각한다면 그것은 큰 오산이다.

예를 들어 독일의 환경색채는 독일사람들의 의식이 풍토와 조화된 보다 쾌적한 환경을 만들기 위해 만들어진 것이며, 일본의 저채도의 색채 역시 습도가 많은 섬나라라는 지형적 특징과 지나치게 드러나는 것을 기피하는 문화 속에서 만들어진 것이다. 따라서 외부에서 보이는 그 도시의 색채 특징이 단지 건물색의 일부를 바꾼다고 바뀌는 것은 아니며, 그곳을 살아가는 사람들의 색채에 대한 의식이 바뀌어 나갈 때 자연스럽게 바뀌는 것이다. 실제로 환경색채는 눈에 보이는 것보다 눈에 보이지 않는 부분을 디자인하는 부분이 크다.

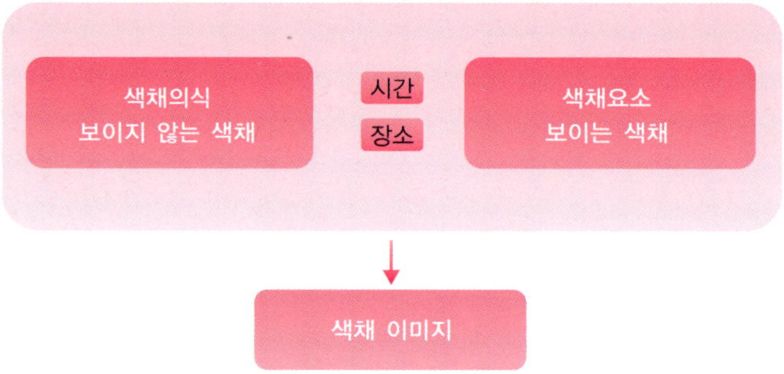

그림 1-19 환경색채이미지 형성의 관계

02

환경색채계획의 관점과 프로세스

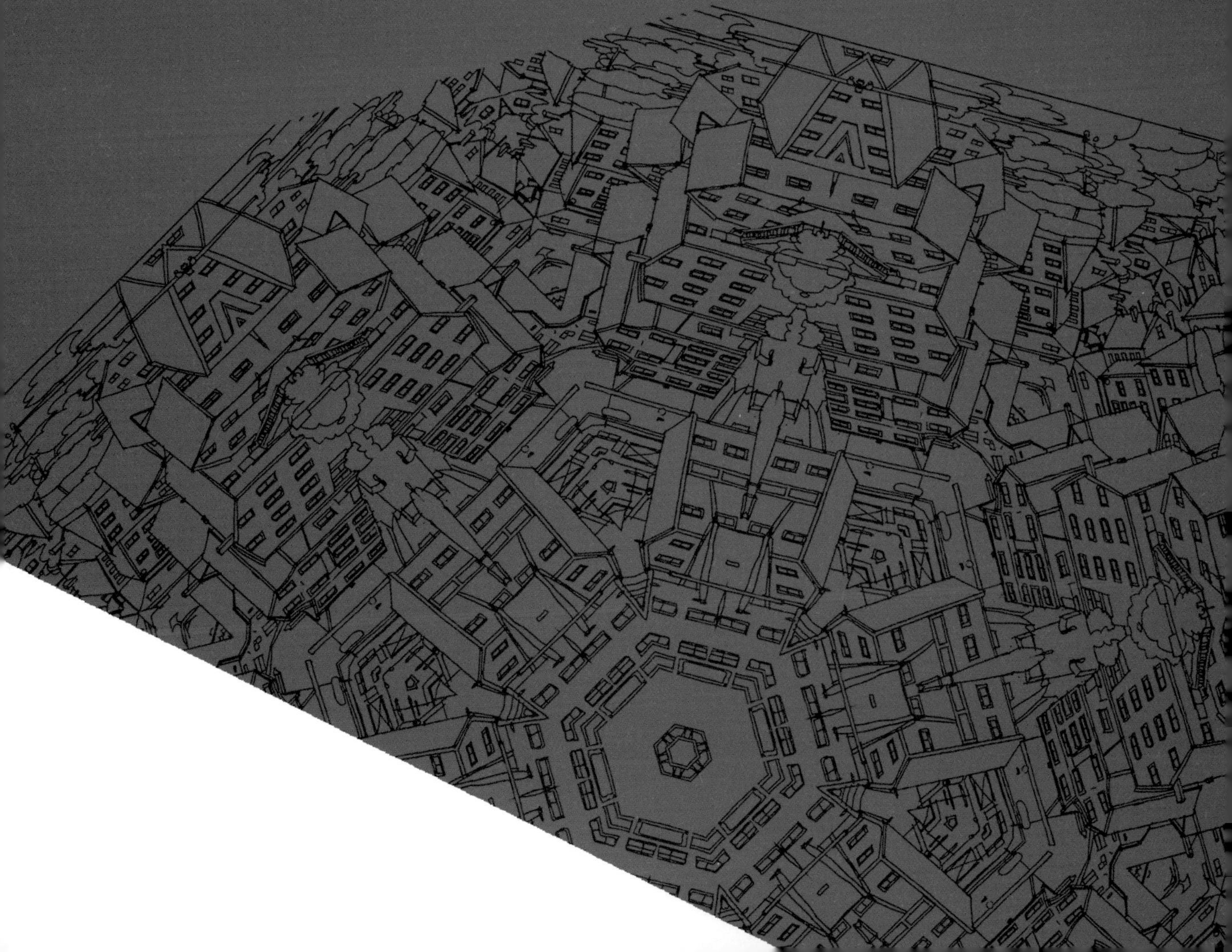

PART 2 환경색채계획의 관점과 프로세스

1. 환경색채 기획

1. 문제인식

환경색채는 모든 공간의 내·외부와 관계가 있으므로 계획에 앞서 대상 건축공간이나 도시공간의 내·외부적 현황을 파악해야 한다. 이를 위해서는 계획대상지에 대한 특성과 경관, 이미지 등의 자료를 수집하여 현황을 정확하게 인식하는 것이 중요하다. 또한 환경색채계획과 관련된 선행사업 및 상위계획 등을 종합적으로 검토하여 대상 전반의 문제점을 도출한다.

이러한 문제인식을 토대로 현황의 문제점과 개선을 위한 방향, 계획 등의 목표를 설정할 수 있다. 수집된 현황자료로부터 색채의 문제점을 분석한 다음 색채계획을 통해 개선할 수 있는 방안을 모색한다. 개선을 위한 계획의 방향과 목표는 계획대상의 특성을 고려하여 대상지와 관련한 정책, 향후계획, 후속사업 등을 종합하여 실행 가능한 범위에서 설정한다.

2. 정보수집

문제인식 단계에서는 수집한 자료를 바탕으로 색채계획과 관련된 구체적인 정보를 수집한다. 건축공간의 경우 사업주체의 내부지침이나 선행사업 등에서 제시한 색채제안 및 규정을 참조하고, 도시공간에서는 색채계획과 관련된 제도를 확인한다.

이 단계에 관해서는 상위법인 '국토의 계획 및 이용에 관한 법률' 을 보면, 제52조 '지구단위계획' 의 내용에서 '건축물의 배치·형태·색채 또는 건축선에 관한 계획' 에서 제도적으로 검토하도록 하고 있다. 또한 시행령 제45조에서는 '대문·담 또는 울타리의 형태 또는 색채', '간판의 크기·형태·색채 또는 재질' 을 언급하고 있다. '경관법' 에서는 제19조 경관협정의 체결에 대한 세부내용에서 '건축물의 의장(意匠)·색채 및 옥외광고물에 관한 사항' 을 준수하여야 한다고 하였다.

위의 상위법을 토대로 환경색채계획에서 적용해야 할 색채관련 정보로서 계획 대상지의 '지구단위계획', '경관기본계획', '공공디자인계획' 등과 사업별 계획을 사전 검토한다. 또는 위의 자치 법규를 제정한 대상지의 지구단위계획 및 경관계획, 공공디자인 등의 조례, 보고서 등에서 색채관련 규정을 확인하여야 한다.

3. 체크리스트

계획 대상지의 문제점과 색채관련 상위계획, 법규, 조례 등의 정보수집이 이루어지면 이를 색채계획에 반영할 수 있도록 체크리스트로 정리한다. 체크리스트는 현황의 문제점을 개선하고, 계획의 목표와 방향에 따라 내용을 전개할 수 있도록 문서화하는 것을 말한다. 이 체크리스트를 통해 계획의 세부내용이 진행되므로 구체적으로 작성하여야 하며, 다음과 같은 내용이 포함되도록 한다.

① 색채계획의 주안점 확정

사전조사에서 파악된 계획대상 공간 및 대상지의 현황을 바탕으로 색채의 문제, 경관의 문제, 도시구조의 문제 등으로 재정리하여 색채계획의 주안점을 확정한다.

② 세부진행 항목의 구조화

현황의 문제점으로부터 도출한 문제해결 방안을 항목별로 분류하고 계획의 주안점을 토대로 단계별 과제와 세부진행 항목을 구조화한다.

③ 색채현황 파악을 위한 공간영역의 세분화

건축공간은 사업주체의 요구와 선행사업과의 연계를 위해 공간유형별, 공간 내 구역이나 특정 시설물 등의 색채사용 현황을 파악할 수 있도록 한다. 도시공간의 경우, 상위계획과의 정합성을 유지할 수 있도록 '지구단위계획' 및 '경관기본계획'에서 설정한 용도지역, 경관권역, 경관축 등의 구분을 명확히 기재한다.

④ 조사항목별 구체화

위의 내용을 조사와 분석에 적용할 수 있도록 조사항목을 구체화하고 현장조사 및 사례조사, 그리고 문헌 등 각각의 항목을 조사방법별로 열거한다.

4. 진행일정

환경색채계획은 사업주체가 일정기간을 정하여 계획하도록 하는 것이 일반적이다. 진행에 있어서 일정 준수는 계획의 완성도 및 비용에 직접적인 영향을 미치므로 진행단계별 일정산정에 주의를 기울여야 한다. 따라서 기획단계에서 다음과 같이 진행일정표를 작성하여 일정을 관리해야 한다.

표 2-1 환경색채계획 진행일정표

구분		4계절 현장조사(10개월)						1단계 기획(4주)				2단계 조사(3주)			3단계 분석(5주)					4단계 색채디자인(5주)					5단계 관리(2주)		종합/정리(2주)		비 고
날짜		2014 ' 4			7	10	1	2015 ' 2				3								4					5		6		
		1주	2주	3주	3주	3주	3주	1주	2주	3주	4주	1주	2주	3주	4주	5주	1주	2주	3주	4주	1주	2주	3주	4주	1주	2주	3주	4주	
협의	의사결정		진행일정계획						계획의 방향 및 목표 결정					조사내용 검토							색채디자인 컨셉 검토			색채디자인 검토					
	발주처 협의							4계절 색채현황 검토				조사내용 협의						색채자원 검토		색채디자인 컨셉 협의		대표색 협의				유지관리방안 협의			
	성과물		진행일정표					4계절 색채현황 보고서						조사 보고서					색채자원분포 보고서					색채디자인 보고서			색채디자인 보고서		
기획	문제인식							현황답사 및 문제점 분석 [계획의 방향 및 목표 설정]																					
	정보수집	경관기본계획(경관권역, 경과축, 조망점 파악)								관련법규 및 관련 선행계획 검토 [지구단위 계획, 경관기본계획, 공공디자인계획 검토]																			
	체크리스트										조사항목 열거																		
	진행일정표	진행일정계획																											
조사	현장조사			봄	여름	가을	겨울	4계절 방문 조사(관찰조사)																					
	사례조사											국내외 사례조사																	
	문헌조사										도시역사, 정책, 통계																		
	설문조사											시민의식 조사																	
분석	자연경관														색채자원 분석 [일조, 바람/지질, 지형/생물, 식생/토양, 강, 나무, 숲, 갯벌]														
	인공경관															색채자원 분석 [도로, 광장, 터미널, 역사/대형건축물, 중소건축물, 공동주택 및 단독주택/가로수, 간판]													
	문화경관																색채자원 분석 [유적지, 문화재/관습, 공동체, 활동/축제, 전설, 풍속/예술인, 미술, 음악]												
	색채현황분석																	경관권역 경관지구, 용도지역-경관축, 조망권, 기능건축물, 건축물외관, 주택형태(공동&단독), 특화구역, 특화거리											
	색채분포도 작성																	중경, 원경, 모자이크 처리/근경 색채데이터 정리											
디자인	색채디자인							기획단계의 방향성 및 목표 확인										색채디자인 컨셉 설정											
	기조색&상징색			4계절 기조색																	경관&색채자원-기조색/지향이미지&색채자원-상징색								
	대표색선정												기획, 조사, 분석내용의 종합									기조색+상징색+디자인컨셉							
	상징소재 선정																						기조색, 상징색 도출과정의 소재 정리-대표색 색채군 소재						
	대표재료 선정																						대표색 소재 정리-대표재료 선정, 재료알림표 작성						
	가이드라인 설정		경관권역확인																	색채디자인 컨셉 유지			권역별 기준색 설정/가로별, 시설물별 배색 제시/재료 적용 기준						
유지·관리	색채 DB																								대표색, 기준색 색표집 제작				
	색채시방서																								색채지시 지침서				
	유지관리방안																									유지관리방안-업무용 매뉴얼작성			

진행일정표는 다음 내용을 유의하여 작성한다.

① 계획전반의 과정을 기획, 조사, 분석, 디자인, 사후관리의 5단계로 설정하여 각각의 단계에 해당하는 주요항목을 세로축에 나열하고, 가로축에 사업기간을 날짜별로 기입한다.

② 일정계획에는 각각의 단계별로 사업주체와의 협의일정을 포함하여야 하며, 의사결정에 필요한 실무자 회의, 보고, 심의 등은 사전에 확인하여 절대기간으로 표기한 다음 전후진행에 해당하는 일정을 계획한다.

③ 단계별로 나열된 주요항목을 토대로 세부내용을 기재한 다음, 각각의 항목에 필요한 인원과 일정을 산정한다. 투입인원에 따라 날짜의 증감이 있을 수 있으나, 현재 진행되고 있는 주요사업일정이나 선행사업에 의해 변화가 예상되는 경관 및 그 시점, 계절적 요인 등을 고려하여 반드시 지켜야 할 기간과 소요인원을 고정시켜 두어야 한다.

④ 세부일정의 기간은 적정 인력을 안배하여 소요 날짜를 산정하며, 막대그래프 형식으로 표기하여 전체일정 파악이 용이하도록 작성한다.

⑤ 위와 같이 체계적으로 일정을 구성하였더라도 불가피하게 일정이 변경이 될 수 있으며, 이는 전체일정의 연장 및 직·간접비의 증가로 이어질 수 있다. 따라서 계획의 단계마다 일정을 확인하여 일정변화에 따라 진행일정표를 수정, 보완하고 사업주체와 공유하면서 일정관리를 하여야 한다(표 2-1 참조).

2. 환경색채 조사

건축공간의 환경색채조사는 대상건축물의 내부공간 및 외관을 파악하기 위해 실시한다. 이에 반해 도시공간의 환경색채계조사는 대상지의 가시적 상황들, 즉 경관이나 개별 건축물, 공공 시설물, 역사적 기념물, 문화적 상징 등 대상지 전반의 지역정체성을 파악하기 위해서 하는 것이다.

이 때 색채의 개발 및 디자인 과정은 해당 지역 및 사회구성원과 관계가 있으므로 도시의 자연적, 인공적, 문화적 상황을 파악하기 위한 면밀한 조사가 필수적이다. 조사에는 실태의 관찰을 통한 현장조사, 유사계획의 비교를 통한 사례조사, 역사 및 통계 등을 참조하는 문헌조사 등이 있다.

1. 현장조사

대상지를 방문하여 조사하는 현장조사는 대상 및 대상지의 색채뿐 아니라 대상지 전반의 현황을 파악하기 위한 과정이다. 현장은 일정한 지리적 범위를 가진 자연적이거나 인공적, 문화적 특성이 가시화되며 색채계획에서 종합적으로 고려해야 할 요인들로 구성된다. 따라서 현장조사에서는 대상지의 경관형성과 연계된 자연자원 및 인공자원, 문화자원 각각에 대한 특성과 자원들 간의 상관성을 파악할 수 있다. 이러한 색채자원들의 조사 방법과 과정은 다음과 같다.

(1) 조사준비

물리적 대상의 색채를 조사하는 것이므로 건축공간과 관련된 선행사업이나 상위계획에서 제시한 경관권역, 경관축, 조망점, 공공디자인 및 특화구역 등에 대한 색채현황이 검토되어야 한다. 대상지의 공간적 크기와 형태, 지역에서 중요시되는 구역이나 특정 대상물, 거리 등을 사전에 파악하여야 한다. 위의 내용을 종합한 조사용 지도를 이용하거나, 기획단계에서 작성한 체크리스트의 항목을 따라 조사한다(그림 2-1 참조).

(2) 조사범위 설정

구체적인 색채현황을 조사하기 위해서는 조사의 영역과 조건이 설정되어야 한다. 거시적 범위는 가시권 내의 일정영역으로 경관계획 등에서 제시하는 범위를 참조한다. 색채현황은 색채가 육안으로 파악되는 거리로 한정하며, 조망점으로부터 관찰시각과 거리를 조절하여 다음과 같이 조사한다.

① 조망축의 방향

대상 건축물의 주 출입구에서 보여지는 색채 또는 대상지의 동서남북 방위축과 경관계획의 경관축을 따라 형성된 색채현황을 파악한다. 이 때 방위는 시간대에 따라 일조상태와 상관성을 가지며, 경관축은 건축물의 배열이나 통경축과 관계되므로 경관축을 따라 형성된 도시기반시설물, 건축물, 수목 등의 전후, 좌우를 조사해야 한다.

그림 2-1 조사용 지도 예시

② 거시적 경관의 원경과 중경

원경은 조망점으로부터의 거리가 1~2km 정도로 대상지의 전체적인 분위기를 파악할 수 있는 가시범위이다. 원거리의 높은 지대에서 고층건축물 및 공동주택, 자연환경 등의 색채가 주요 조망대상이 된다. 중경은 조망점으로부터의 거리가 500m~1km정도로 도로 및 거리를 중심으로 조망점과 인접한 건축물이나 시설물, 수목 등에 초점이 맞춰지며 각각의 단위별 색채현황을 파악할 수 있다.

③ 미시적 경관의 근경

근경은 조망점으로부터 500m 이내로 경관요소들의 특성이 지각되는 가시범위이므로 개개의 구조물, 건축물, 시설물, 수목뿐 아니라 구조물 및 시설물의 구성요소, 건축물의 외관, 벽, 창, 그리고 수목의 가지, 잎 등의 색채를 명확하게 파악할 수 있다.

④ 랜드마크 경관의 출현강도

지역을 대표하는 상징적 형태나 랜드마크 경관에서 보여지는 색채를 조사한다. 지역의 특정구역을 중심으로 한 '지구단위계획' 이나 특화사업을 통해 조성된 건축물, 색채의 관점에서 주목해야 할 대상물이나 대상구역을 임의로 지정하여 사용된 색채의 출현강도를 파악한다.

⑤ 인공구조물 및 건축물의 출현빈도

도시의 구조를 형성하는 도로, 교량, 전신주 등의 도시기반시설과 주요 건축물의 유형에서 보여지는 색채를 조사한다. 여기에는 구조물 및 건축물의 권역별 구성과 색채의 출현빈도가 중요시되며, 중심지와 도시외곽의 색채 등이 함께 파악되어야 한다.

(3) 관찰조사

관찰조사는 조사원이 직접 또는 장치를 이용해 조사대상의 색채를 관찰하고 기록하는 조사방법이다. 대상지를 현장방문하여 사실적인 색채실태를 조사, 파악, 기록하게 된다. 이 때 정확한 측색을 위하여 자연상태의 주광조건을 맑은 날 일출 3시간 이후부터 일몰 3시간 이전으로 한정한다. 계절적 요인은 기조색 선정에 매우 중요하므로 4계절의 자연색을 조사하여야 하며 관찰조사의 연월일 및 시간을 명기하여야 한다.

물리적인 색채현황은 관찰조사 방법의 측색조사로 이루어지는데, 시감측색법과 물리측색방법, 디지털 촬영기법, 샘플조사법 등으로 각각의 방법을 선택하거나 혼용할 수 있으며 적용방법은 다음과 같다.

① 시감측색법(vsual colorimetry)은 조사대상에 표준색표를 접근시켜 직접 육안으로 비교하는 시감각적 선택에 의한 조사를 말한다. 조사대상 표면의 색과 가장 유사한 표준색표의 색을 나란히 배치하여 유사한 색을 육안으로 비교한다. 그런 다음 표준색표와 가장 근사치의 색을 선정하여 대상물의 명칭과 소재, 위치, 표준색표의 고유번호 또는 먼셀기호를 표기한다.

그림 2-2 시감측색법

② 물리측색방법은 휴대용 측색기를 이용하여 측정하는 방식이며, 정밀한 색채측정과 과학적인 관리를 위해 사용되는 방법이다. 측색장치로는 분광측색기(spectrophotometer)가 사용되며, 조사대상 표면의 파장별 세기를 측정하여 투과된 값으로 삼자극치를 구하고 색상, 명도, 채도를 표기한다.

그림 2-3 물리측색방법

③ 디지털 촬영기법은 원경과 중경의 색채현황을 파악하기에 용이한 방법이다. 근경 외에는 육안비색이 불가능하므로 원경과 중경의 색채파악에는 필수적이다. 근경의 경우는 시감측색법과 유사한 방법으로, 육안비색에 의한 관찰과 디지털장비에 의한 측색을 혼용할 수 있다.

시감측색법과 같이 조사대상에 표준색표를 나란히 배열한 다음 디지털 사진으로 촬영을 하고, 모니터의 색온도, 컬러 균형 및 기타 물리량의 특성을 조절하여 표준화(calibration)한 다음 정량적인 색값을 추출하는 방법이다. 원경의 측색뿐 아니라 근경에서 육안으로 발견할 수 없는 색차를 디지털장치로 찾아내 보다 정교하게 색채현황을 분석할 수 있는 장점이 있다.

그림 2-4 디지털 촬영기법

④ 샘플채취 조사법은 조사대상 및 대상물의 표본을 채취하여 측색하는 방법이다. 주로 현장에서 직접 측색하기 어려운 상황일 때 채취한 샘플을 안정적인 측색조건을 가진 장소에서 시감측색하거나 측색기를 이용하는 방법이다. 측색표본의 수량이나 날씨조건, 시간 등의 제약으로부터 자유로울 수 있으므로 위의 방법들과 혼용할 수 있도록 조사방법에 대한 사전계획을 세우면 용이하다.

2. 사례조사

사례조사는 실제 유사한 색채계획 사례를 사전에 논의해 봄으로써 모든 가능한 방법과 기술을 종합적으로 파악하는 조사방법이다. 계획 과정과 결과에 대해 다양한 관점에서 선진사례 및 유사사례 등 실제사례를 수집, 정리하고 분석한다. 이를 통해 객관적인 분석과 색채개발의 접근방법, 기준설정 등에 대한 신뢰성과 타당성을 제시할 수 있다.

단일사례의 조사보다는 다수사례를 조사하여 전체적인 단위로 신뢰성을 확보할 수 있다. 또한 선행된 색채계획에서 다양한 상황 및 접근방법을 파악함으로써 계획의 신뢰성을 높일 수 있다. 이 신뢰성은 타당성을 확보하기 위한 전제조건으로 타당성 측면에서 선행사례들이 색채계획의 목적에 부합하는지 면밀히 검토하여야 한다. 또한 색채개발 과정 및 그 결과가 계획의 목표를 충족시키는지에 대한 다수의 근거를 제시하고 시사점과 방향을 보고하여야 한다. 이를 통해 색채계획의 목적, 계획의 중요성, 계획의 창의성 등을 구상하고 대상 및 대상지에 대한 접근방법 및 분석에 대한 합리적인 자료를 제시한다.

3. 문헌조사

문헌조사는 사업주체 및 정부기관, 민간부문의 기록물을 통해 색채계획과 관련한 기존의 연구내용을 검토하고, 필요한 자료를 기록·분석하는 조사방법이다. 계획대상 및 대상지에 대한 학술문헌, 정부기관 발행물, 선행계획, 통계, 조사보고서 등의 집적된 연구결과를 토대로 계획을 진행한다. 문헌자료는 참고뿐 아니라 직접 인용할 수 있으며 원자료를 그대로 재사용하거나 부분적으로 적용할 수 있다. 특히 도시공간에서는 경관계획 또는 공공디자인계획과 유기적으로 연계되므로 각각의 계획들이 서로 어떠한 상관성을 지니는지 파악해야 한다. 또한 계획들 간의 구체적인 연계가 어떠한 방식으로 적용되는지를 검토하고, 해당계획의 내용을 숙지하여야 한다. 아울러 실질적인 색채계획을 위해서는 필요에 따라 과거의 주요 연구들을 집중적으로 검토하고, 최근에 수행된 연구 중에서 의미 있는 결과 위주로 문헌조사를 수행한다. 여기에는 색채계획과 관련한 도시의 역사, 정책의 흐름, 인문지리적 통계, 지역의 정체성 형성과정 등이 해당된다.

이처럼 색채계획과 관련된 정책과 기존문헌에 대한 분석을 통하여 계획대상지의 특성을 도출하며 분석결과를 종합하여 환경색채계획에 적용가능한 시사점 및 계획의 방향을 제시한다.

4. 설문조사

설문조사는 도시의 정체성을 반영하는 색채도출을 위해 질문을 제시하여 대상지 거주자의 의견을 파악하고 수렴하고자 하는 방법이다. 먼저 도시의 이미지 조사를 위해 사전조사 및 문헌연구에서 종합된 내용을 중심으로 도시 이미지의 핵심어를 선정한다. 그런 다음 경관계획 및 공공디자인계획에서 지향하는 도시 이미지, 도시브랜드, 도시상징물, CI 등을 참조하여 설문조사 내용을 구성한다.

지역에 거주하는 다양한 계층의 주민을 대상으로 도시 이미지 및 정체성을 나타내는 어휘를 선택하도록 한다. 이를 통해 시민의 의견을 수렴하고, 도시의 이미지와 정체성을 반영하는 상징적 색채항목을 추출한다. 상징적 색채항목은 지역을 대표하는 상징적 요소로서 도시의 이미지 및 정체성을 표출하는 색채이므로 도시를 대표하는 색채라고 할 수 있다.

3. 환경색채 분석

1. 조사자료 분석

(1) 조사자료의 종합과 정리

다음으로 사전조사에서 파악한 대상 및 대상지와 관련된 규제사항, 정책, 제도 등을 검토하여 계획에 영향을 줄 수 있는 조건들을 나열하고 종합하는 과정이 필요하다. 우선 기획단계에서는 수행한 현장답사를 통해 도시 전반의 현황과 도시브랜드 및 이미지의 일치여부, 그에 따른 색채현황의 문제점 등을 확인한다. 이러한 현황의 문제점과 함께 광역지자체 및 기초지자체의 색채관련 규정을 검토하고, 상위계획이나 선행사업에서 색채관련 내용을 확인한다.

이는 선행 색채계획의 문제점과 색채계획에 반영해야 할 규정과 제한사항을 파악하기 위해서이다. 이러한 조사항목별 내용이 기재된 체크리스트를 재확인하여 문제점 개선 및 지역정체성 확립을 위한 색채계획의 방향성을 도출한다.

(2) 색채현황의 종합

사전조사 자료를 종합한 다음 경관권역별, 조망점별, 특정 건축물 및 구조물 등 현장조사에 의한 색채현황을 종합한다. 경관권역별, 조망점별 색채현황의 분포를 파악하기 위하여 경관에서 나타나는 색채현황 분포도를 작성한다. 색채현황 분포도에는 지리적 위치와 공간적 범위, 조망점 등을 명기하고 색채출현의 빈도를 파악하기 위해 경관사진을 배치한다.

다음으로 색채현황 분포도 작성과정에서 파악한 경관색채를 종합하여 물리적인 경관과 문화적인 경관에서 나타나는 색채자원을 구분하여 정리한다. 이를 토대로 색채현황의 범위 및 도시의 기조색 도출 등 색채분석을 수행한다. 경관색채의 현황으로부터 구분할 수 있는 색채자원의 분류방법과 주안점은 다음과 같다.

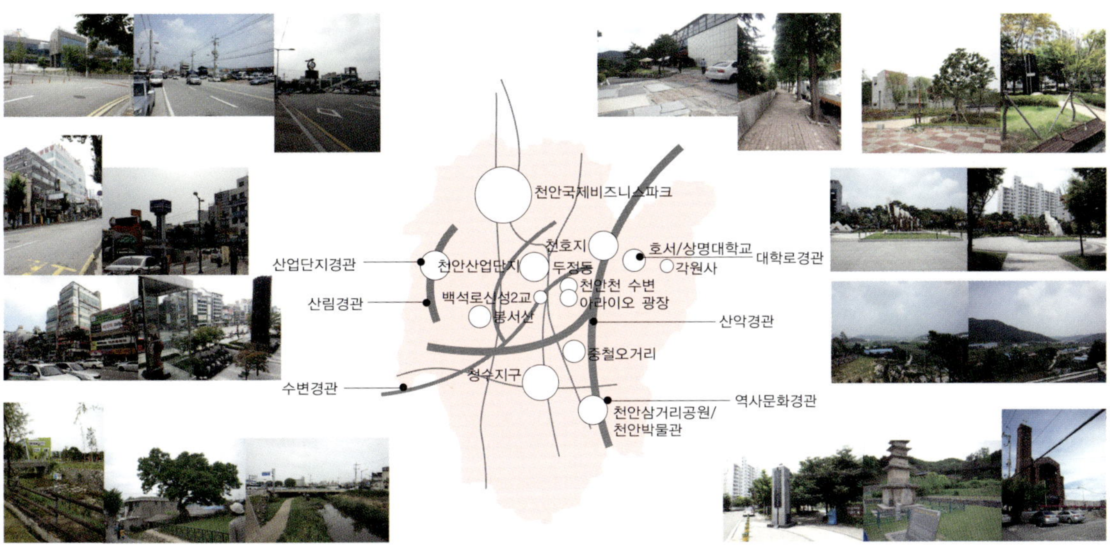

그림 2-5 색채현황 분포도 예시

① 물리적이고 고정적인 자연경관에서 나타나는 색채자원으로부터 도출된 자연색을 정리한다. 이는 지리적인 범위 내에서 기후조건에 의해 고유한 색채로 나타난다. 같은 방식으로 도시기반시설이나 건축물의 인공경관에서 나타나는 인공색을 정리한다. 이는 자연경관을 배경으로 구조물과 건축물의 표면재료의 색으로 산업화의 시기나 과정, 경제적 수준 등에 의해 형성된 색채라 할 수 있다.

② 문화적이고 유동적인 경관에서 나타나는 색채자원으로부터 도출한 관습색을 정리한다. 이는 역사적 자원이나 문화를 형성하는 다양한 양식이나 활동 등으로부터 나타나는 색으로 의식적·무의식적 사용으로 익숙하고 지역의 전통이나 상징성과 긴밀한 색채자원이다. 특정한 기능과 용도를 가지는 대상에 적용되거나 문화재, 습관, 전통의례 등에서 나타나는 색이므로 지역의 정체성을 형성해 온 색채로서 대표성을 가진다.

③ 자연색과 인공색, 그리고 관습색의 관계성을 분석한다. 각각의 색채가 형성된 시대별 검토와 함께 현재 경관에서 출현하는 빈도를 통해 도시의 기조색 범위를 설정하고 색채계획에서 적용해야 할 범위를 예측할 수 있다.

(3) 사회·문화적 상황의 종합

선진사례 및 유사사례 조사를 통해 파악된 색채개발의 접근 방법에 대한 시사점을 검토한다. 이는 색채계획에 적용가능한 기법이나 색채구분의 유형, 범위 등이 해당되며 사례조사 대상과의 비교를 통해 계획의 신뢰성과 타당성을 확보할 수 있도록 한다. 또한 도시디자인의 측면에서 시정비전 및 정책, 학술연구, 상위계획 등을 종합하여 계획대상 및 대상지에 대한 전반적인 상황을 이해하도록 한다. 또한 경관계획과 공공디자인계획에서 다루는 색채지침을 검토하여 일관성 있는 경관이 되도록 하여야 한다.

구체적으로는 도로와 구조물, 도로와 건축물, 인접 건축물군, 공공시설물, 옥외광고물 등의 색채규정과 제한사항 등의 검토가 있다. 이러한 문헌조사를 통한 사회적, 문화적 상황을 종합하여 지역정체성 맥락의 색채계획을 수립하고 디자인 전개의 방향성을 도출한다.

(4) 도시이미지 및 상징성 분석

도시를 대표할 수 있는 색채를 추출하기 위해서는 도시이미지 및 상징성 분석단계가 필요하다. 여기에서는 문헌조사의 사회·문화적 상황과 설문조사의 시민의식을 토대로 지역을 대표할 수 있는 색채선정을 목표로 한다. 주로 설문조사를 통해 지역의 정체성 및 이미지, 지향하는 이미지 등 시민의견을 반영하는 것이며, 선행계획이나 연구에서 조사된 자료를 인용할 수 있다. 그런 다음 사전조사 및 설문조사를 통해 도출된 대표적인 항목들을 세분화하고, 현장조사에서 측색한 색채로부터 대표색을 선정한다.

2. 색채현황의 분석

(1) 색채현황의 유형화

색채조사 현황은 녹지, 대지 등 자연자원에 의한 자연경관, 도시의 구조물 및 건축물 등에 의한 인공경관, 그리고 유·무형의 역사적 자원과 문화자원에 의한 문화경관으로 분류할 수 있다. 색채현황에 있어서 그 구체적인 대상의 색채는 다음과 같이 유형화하고 유형별 색채를 배열하여 색채일람표를 작성한 다음 색채를 분석한다.

① 자연경관의 색채

자연경관을 이루는 자연자원은 지리적인 범위를 한정하여 지역형성의 토대가 되는 자원이며 풍토적 특성으로 기후자원, 지리적 자원, 생태자원 등 자연 질서에 의해 구체화된 색채로 나타난다. 주로 자연적으로 형성된 물리적인 환경의 색채이며 지역공동의 색채자원이자 지역전체를 포괄하는 광의의 색채자원이다. 자연지형 및 식생에 의한 자연경관의 색채는 계절에 따라 다르게 나타나며, 지리적 조건과 기후적 영향으로 내륙지방과 해안지방에서 그 차이가 확연하다. 또 세부적으로는 일조량과 토양에 따라 식생분포가 다르고 이에 따른 색채가 다르게 나타난다. 지역의 자연자원에 의한 색채는 조사와 분석단계에서 유형화하고 다음과 같이 세분화하여 면밀하게 분석한다.

표 2-2 자연경관의 색채현황 분석기준

자연경관자원	자연자원에 의한 색채현황 분석기준
기후자원	일조, 강우량, 온도, 바람, 계절, 조류 등에 의한 하늘의 색채
지리자원	지질, 산악, 지형, 구릉, 지류, 해양 등의 색채
생태자원	생물, 광물, 천연기념물, 식생 등에서 변화하는 과정의 색채
자연자원	토양, 지질, 강, 바다, 나무, 숲, 갯벌 등의 군집에 의한 색채

② 인공경관의 색채

인공경관에서 색채는 인공물에 의한 경관 및 그에 따른 색채를 말한다. 주로 도시기반시설인 도로, 교량, 육교, 광장 등과 건축물에 의해 형성된 경관이며, 지역의 도시화, 산업화 등과 직접적인 관계를 맺고 있으므로 도시의 역사와 경관형성의 역사는 동시대적 상관성을 가진다. 따라서 도시화가 집중된 구역이나 반대로 개발이 느린 구역에서는 도시구조 및 건축물로부터 유사한 경관이 형성되며, 시기별로 공통된 경관형태와 색채가 나타난다.

도시와 달리 농어산촌의 경관은 도시의 구조물 및 건축물의 과밀화에 비해 인공물의 거리차이가 크고 저층 건축물 위주의 수평적 경관이 형성되어 자연경관의 색채가 주조를 이룬다. 인공자원에 의한 색채자원은 지역의 기반시설과 건축물, 생활건축물, 그리고 공공시설물 자원에 의한 색채로서 인공자원의 세분화된 그 분석기준은 다음과 같다.

표 2-3 인공경관의 색채현황 분석기준

인공경관자원	인공자원에 의한 색채현황 분석기준
기반시설자원	도로, 교량, 육교, 광장 등에 의한 색채
기반건축물자원	터미널, 역사, 시장, 문화시설, 산업단지 등에 의한 색채
생활건축물자원	대형건축물, 중소건축물, 공동주택 및 단독주택에 의한 색채
공공시설물자원	가로수, 가로시설, 간판 등에 의한 색채

③ 문화경관의 색채

역사적자원은 시간을 두고 형성된 것으로 역사적 사건이 일어날 때 그 사건과 현장, 그리고 사건의 중심이 되는 인물로 구성된다. 이 역사적 사건과 관련한 모든 것이 색채자원으로서 유효하다. 사건 현장으로서의 유적지, 문화재 등의 역사건조물자원과 역사의 중심에서 시대를 대표할 수 있는 역사적 인물자원 등이 모두 색채자원이다. 또한 지역사회의 구조화된 사상이나 관습, 제도 등 개인이나 집단이 경험하는 행위도 색채자원이 될 수 있다.

이 과정에서 공동체적 질서와 일치된 행동양식이 나타나는데 이것이 생활 양식자원이고, 여기에서 상징적인 색채가 나타날 수 있다. 공동체 의식을 기반으로 하는 전설, 축제, 전통놀이 등의 활동 역시 무형의 색채자원이며, 지역주민에 의해 형성된 문학, 음악, 무용 등과 그 주체인 예술인도 예술자원에 포함되므로 역사자원과 문화자원은 모두 색채자원이라고 할 수 있다.

표 2-4 문화경관의 색채현황 분석기준

문화경관자원	문화경관에 의한 색채현황 분석기준
역사적자원	역사적 사건 및 인물에 의한 색채
역사건조물자원	역사적 현장, 유적지, 문화재 등에 의한 색채
생활양식자원	관습, 음식, 복식, 공동체, 활동 등에 의한 색채
무형자원	축제, 전통놀이, 전설, 풍속 등에 의한 색채
예술자원	예술인, 문학 연극, 미술, 음악, 무용 등에 의한 색채

이상의 조사결과를 토대로 추출된 자연경관에 의한 색채, 인공경관에 의한 색채, 그리고 문화경관에 의한 색채를 토대로 정리하면 지역정체성을 형성하는 색채계획의 방향을 설정할 수 있다. 또한 색채의 기조를 이루는 자연경관과 인공경관의 색채, 사회구성원들이 공통적으로 연상하는 상징적인 색채 등 지역전반의 색채자원을 분석할 수 있다.

(2) 색채현황의 분석방법

자연경관 및 인공경관, 그리고 문화경관에서 보여지는 자연물과 기반시설 구조물, 주요 도로변의 건축물, 거리와 구역별 건축물 구성에 따른 특성, 역사적이거나 문화적인 활동에 의한 관습 등은 색채계획의 방향설정과 디자인 전개의 기초가 된다. 이에 따라 권역별, 경관축별, 조망점별 색채현황이 구체화되는데 그 방법은 다음과 같다.

① 현장조사 색채데이터 정리

현장조사를 위해 마련한 조사용 지도 및 체크리스트에 따라 관찰조사한 측색데이터를 정리하여 배열한다. 배열기준은 권역별, 경관축별, 조망점 등 기설정된 조사범위에 따라 원경과 중경, 근경의 색채, 랜드마크에서 나타나는 색채의 출현강도, 그리고 자연물이나 인공물에서 다수 보여지는 기조색의 출연빈도 등을 기준으로 분석한다.

② 디지털 색채데이터의 정리

디지털 촬영기법을 통해 수집한 원경과 중경, 근경의 색채현황은 이미지 원본파일(raw file)을 adobe photoshop program에서 Filter-Pixelate-Mosaic 처리한다. 그런다음 단순화된 모자이크의 대표색을 선정하고 Munsell Conversion Program에서 먼셀 기호로 변환시켜 색상, 명도, 채도의 H V/C순서로 기록한다.

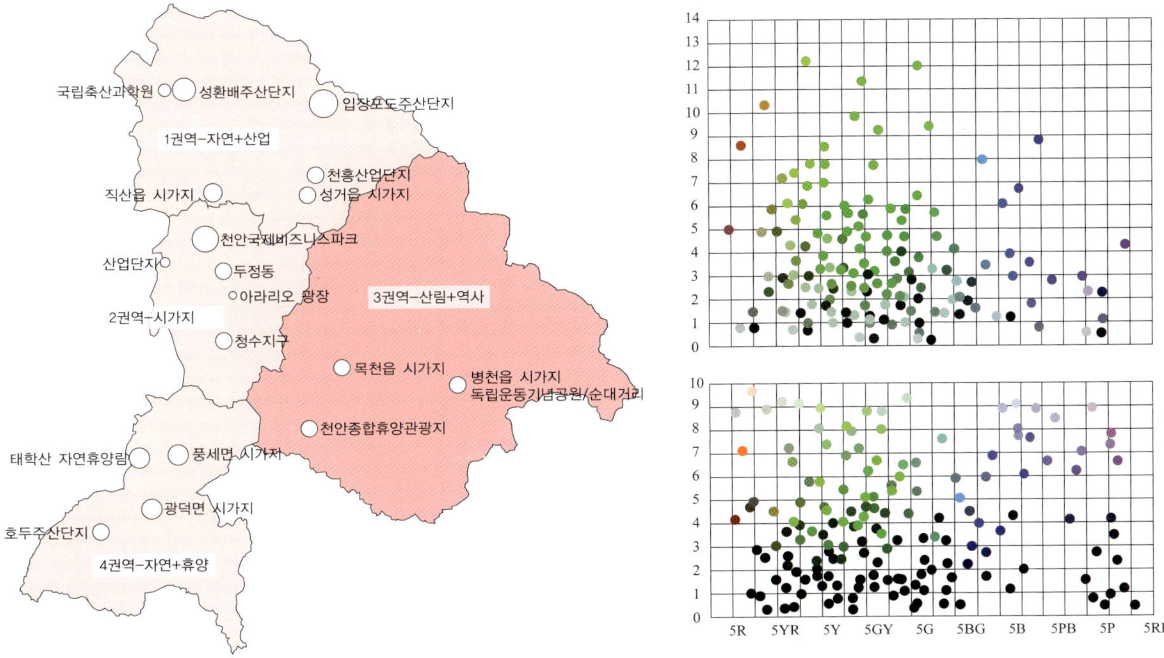

그림 2-6 현장조사의 색채데이터 정리

그림 2-7 색채데이터 변환 예시

(3) 색채데이터 분석에 의한 색채범위 도출

위에서 정리한 색채데이터들을 경관권역별, 조망점별, 색채자원별, 그리고 상징적 대표항목별로 색채 분포도를 작성한다. 이 때 도시의 전반적인 색채분위기를 결정하는 가장 넓은 범위의 기조색(base color)이 도출된다. 기조색은 색채자원 중 자연자원 및 인공자원, 문화자원 대부분에서 나타나는 색이며, 경관의 배경이 되는 자연자원에 의한 자연색에서도 파악된다. 도시화의 정도에 따라서 인공구조물 및 건축물이 기조색이 될 수도 있으며, 이것은 현장조사 자료의 면밀한 분석에 의해 결정된다. 이외에 전체적인 색채 범위를 파악할 수 있으며 동시에 색채현황의 문제점을 진단하고 이에 대한 색채계획의 방향을 설정할 수 있다.

4. 환경색채 디자인

1. 환경색채 디자인의 방향 설정

환경색채계획의 방향에서 건축공간은 공간디자인과 연계되고, 도시공간은 경관계획과 상관성을 가진다. 특히 도시공간에서 환경색채는 도시디자인 전반에 해당하는 색채계획으로 지속적으로 전개해 나가야 할 경관계획의 목표나 비전과의 정합성을 유지하는 차원에서 접근해야 한다.

기획단계에서 제시했던 환경색채계획의 목표와 같이 도시가 지향하는 이미지 및 정체성을 강화하는 색채계획이 필요한 것이다. 이를 위해 환경색채 디자인 단계에서는 계획대상 및 대상지와 관련된 법규, 선행사업, 상위계획 등의 직접적인 조건과 물리적, 문화적, 사회적 환경 등이 종합적으로 검토되어야 한다. 이를 토대로 색채디자인의 방향과 세부 실행전략을 제시하여야 하며 다음과 같이 구체화된다.

먼저 경관권역별로 색채이미지를 설정하는데, 색채계획의 방향성을 유지하면서 2단계의 조사에서 분석한 자료들을 중심으로 세부방향을 설정한다. 그런 다음 기획 및 현장조사, 색채분석에 근거하여 색채디자인으로 시각화한다. 마지막으로 현황의 개선방향과 지역정체성에 따른 도시이미지 및 디자인 방향을 설정한다.

환경색채는 건축공간 및 도시공간에서 다각적으로 접근하는 입체적인 디자인이므로 특정 대상만이 아니라 도시전체의 공간, 구조물, 건축물, 시설물 등 각각의 특성과 연계하여 계획의 방향을 설정하여야 한다. 기획 및 조사단계에서 검토된 지역의 지리적 조건과 문화, 역사 등에 기반을 둔 자연색과 인공색, 관습색 등을 정리하고 계획의 방향과 도시이미지를 다음과 같은 방법으로 설정한다.

(1) 자료분석을 통한 색채디자인 컨셉 설정

선행된 조사자료로부터 지역정체성을 형성하는 핵심어를 추출하고, 경관특성 및 색채자원의 특성, 색채범위 등을 중심으로 키워드를 수정, 보완하여 정리한다. 또한 기획단계의 문제점을 해결하고 지역정체성을 강화할 수 있는 색채디자인 컨셉을 도출한다. 그리고 기본경관계획 및 공공디자인계획에서 제시한 방향성과의 정합성을 유지하면서 색채디자인 컨셉을 구조화한다. 색채디자인은 지역정체성을 정립하는 차원에서 구체적으로 실천할 수 있는 방안을 색채로 제시하여야 한다.

(2) 지역정체성과 도시이미지를 위한 방향 설정

도출된 색채디자인 컨셉을 영역별 적용이 가능하도록 구체화하는데, 이때 기획단계에서 설정된 환경색채계획의 목표와 방향성에 부합되어야 한다. 지역의 대표항목 및 시민의식에 의한 지향이미지, 지역의 자연자원, 인공자원, 그리고 문화자원으로부터 지역정체성을 형성하는 색채를 확인한다. 지역정체성의 고유한 이미지와 지역을 상징하는 대표항목에서 추출한 색채, 그리고 색채디자인 컨셉이 일치하여야 한다. 또한 지역에서 추출한 색채가 색채계획의 토대가 되므로 각각의 지역정체성 요소들과 색채현황을 종합하여 색채디자인의 전략과 방향을 설정하며, 이 과정의 주안점은 다음과 같다.

① 색채디자인 컨셉과 현재의 이미지, 그리고 지향이미지가 지역정체성의 맥락에서 일관성을 가지는지 확인한다.

② 색채디자인 컨셉과 지향이미지를 경관권역별, 조망점별, 건축물별로 적용가능하도록 세분화하여 각각의 지향이미지 어휘를 선정한다.

③ 색채디자인 컨셉과 지향이미지, 경관권역별 색채현황을 종합한 다음 세분화한 지향이미지 어휘와 일치하는지 이미지스케일을 통해 확인한다.

④ 색채디자인 컨셉과 지향이미지, 시민들의 연상색, 상징색, 선호색 등을 종합하여, 세분화한 지향이미지 어휘와 일치하는지 이미지스케일을 통해 확인한다.

2. 환경색채디자인의 전개

(1) 기조색과 상징색 선정

색채디자인에서 제시하는 첫 번째 색채추출 과정으로 지역의 다양한 색채자원으로부터 기조색과 상징색을 선정한다. 이 색채는 도시의 자연환경과 역사, 문화 등 지역특성을 반영하고, 도시이미지와 지역정체성 확립을 위한 색채기준 역할을 한다. 설정 방법은 다음과 같다.

① 색채분석에서 정리된 자연경관의 색채, 인공경관의 색채, 그리고 문화경관의 색채범위 중에서 가장 넓게 분포된 색을 기조색으로 선정한다. 자연경관에서는 어디서나 조망 가능한 하늘이나 산, 바다 등의 자

연색, 인공경관에서는 도시구조물과 건축물의 재료색이 나타난다. 지리적 영역이나 도시구조에 따라 자연경관이 우세할 수도 있고, 구조물 및 건축물에 의한 인공경관이 도시의 기조색을 형성할 수도 있다. 문화경관에서는 일상생활과 연계되어 유동적이거나 일시적인 색으로 나타나기 때문에 기조색으로 선정되기 어렵지만, 자연경관이나 인공경관과 상호연관성을 가지면서 중복되어 나타날 수 있다.

② 도시의 지향이미지를 기반으로, 상징성을 가진 색채를 추출한다. 자연경관에서는 지역의 오랜 역사를 상징하거나 명물로 인식되어 온 자연물의 색채가 상징색이 되며, 인공경관에서는 문화재 및 역사적 건축물, 랜드마크 등의 색이고, 문화경관에서는 전통의례나 관습으로 지속되어 온 색 또는 현재 도시브랜드 및 CI 등에 적용된 색채를 말한다. 이러한 색채자원으로부터 지역정체성을 대표하는 상징색을 개발하고 색채계획 전반에 적용한다.

(2) 대표색 선정 및 컬러 팔레트 작성

색채현황으로부터 나타나는 기조색과 상징색을 추출한 다음, 색채디자인 컨셉을 종합하여 지역을 대표하는 색채를 정리한다. 대표색은 지역의 특성과 색채자원, 컨셉 등에 따라 다양한 색채가 도출될 수 있으며, 여러 가지의 색채를 색채디자인 방향과 일치시키면서 구조화하여 선정한다.

지역의 지향이미지와 지역정체성을 수반한 색채로 색채계획에서 대표성과 상징성을 부여하고 규정해야 하는 색이다. 따라서 대표색은 지역정체성을 확립하고 색채디자인을 전개하는 기준이 되며 경관색채를 조율하는 배색의 기준이 되는데 다음과 같은 방법으로 선정한다.

그림 2-8 컬러 팔레트 예시

① 기조색과 상징색 중에서 색채디자인 컨셉과 비교하여 일치되는 색채를 범주화하여 기조색과 상징색의 범위를 종합, 정리한다.

② 정리된 기조색과 상징색에서 지역을 대표할 수 있는 항목별 우선순위에 따라 선별하여 대표색군을 구성한다.

③ 대표색군은 색상을 기준으로 명도와 채도에 따라 배열하고, 전반적인 색채분포와 특성 등을 확인한다.

④ 기조색과 상징색을 토대로 선정된 대표색군의 범위를 설정하고 이를 효과적으로 배색할 수 있도록 사용가능한 범위의 컬러 팔레트(color palette)를 작성한다.

(3) 상징소재 및 대표재료 선정

색채계획에 적용되는 색채는 특정 소재에 대한 규정을 필요로 한다. 자연색의 경우는 자연자원 자체의 색이므로 해당되지 않으나 자연색이 도시의 기조색으로 선정되거나 상징색 또는 대표색일 경우에는 특정한 재료에 적용 가능하도록 기호화하여야 한다. 이를 위해 인공자원이나 문화자원에서 추출한 색채의 소재 및 재료 등 각각의 색채자원이 출현한 과정을 면밀히 검토하여야 한다.

이를 토대로 지리적 조건과 함께 역사성, 상징성 등을 수반한 색채와 소재를 파악할 수 있으며 그 과정은 다음과 같다.

① 기조색의 도출과정에서 나타난 색채유형을 자연물, 인공물, 문화산물 등으로 분류한다. 주조색을 구성하는 색채와 소재 또는 적용된 재료로 구분하여 정리한다.

② 상징색의 도출과정에서 나타난 소재를 분류한다. 상징색은 자연자원, 인공자원, 문화자원 등과 함께 지역의 대표항목에서 추출된 색이므로 이것들의 소재를 조사하는 것이다.

③ 대표색에 해당하는 색채군의 소재 및 재료를 분류한다. 대표색은 지역정체성을 형성하는 색으로 선정되었으므로 대표색에 해당하는 소재를 상징소재로 선정한다.

④ 기조색과 상징색, 그리고 대표색에서 추출한 상징소재 중에서 도시의 상징물, 구조물, 건축물 등의 소재 및 재료로 가능한 것을 선별하고, 각각의 재료별 성능, 구조, 패턴, 재질, 색채혼합 등을 종합하여 지역정체성을 정립할 수 있는 대표재료를 선정한다.

⑤ 대표재료는 재료의 특성을 그대로 노출시키는 범위의 색상을 중심으로 명도와 채도 단계별로 배열한다. 이 때 재료자체의 색을 인위적으로 조절 가능한 산업화된 재료들은 별도로 표기하고 재료의 특성에

의한 색채를 기준으로 패턴, 재질, 색채혼합을 정리하여 재료 일람표 (material schedule)를 작성한다.

그림 2-9 재료 일람표 예시

3. 가이드라인 설정

색채디자인을 특정 지역에 적용하기 위해서는 구체적인 방법을 제시하여야 한다. 색채디자인의 적용지침으로서 색채계획을 효율적으로 실행하기 위해 설정한 범위가 색채가이드라인이다. 색채의 사용방법과 허용 및 제한의 기준을 제시하며 구체적인 예시를 통해 상세하게 설명한다. 색채기준은 기조색과 상징색, 색채디자인 컨셉과 지향이미지를 통해 도출된 대표색을 기준으로 한다. 지역정체성을 보다 분명하게 제시하는 대표색은 상징성이 있으므로 색채계획에서 핵심적인 부분에 사용하며 소재 역시 중요하게 다뤄야 한다.

(1) 권역별 기준색 및 색채범위 설정

색채가이드라인에는 색채디자인 컨셉과 지향이미지를 세분화하고 조사단계의 경관계획, 공공디자인계획 등의 권역별 분류를 토대로 경관권역 및 경관축, 주요거리, 특화구역 등을 색채디자인의 권역으로 재설정한다. 각각의 특성에 따라 세부적인 색채지침을 제시하며, 그에 따른 기준색(theme color)과 재료의 적용범위, 적용방법 등을 다음과 같이 진행한다.

① 조망점에 따른 원경을 기준으로 사용색의 범위를 제시한다. 원경에서는 자연경관이 보이는 경우가 대부분이므로 4계절의 자연색과 조화를 이루는 색채조화기법을 적용한다. 이 때 경관권역 및 경관축을 따라 기준색이 선정되어야 하며, 특정한 위치를 점하는 거점, 특화구역 등을 고려하여 도시전체와 부분과의 관계에서 색채를 구상하여야 한다.

② 중경의 건축물 유형, 가로현황에 따른 색채범위를 제시한다. 도시의 선적인 구성요소로서 도로를 따라 형성된 가로의 특성과 가로를 구성하는 조경, 건축물의 재료, 공공시설물 등의 색채이다. 가로의 색채는 고속화도로나 대중교통 중심도로, 자전거 도로, 보행자 중심도로 등의 속도에 따라 주변이 연결되므로 시각적 변화의 연속성을 고려하여 자연스러운 색채의 흐름이 이루어지도록 한다.

③ 근경의 도시구조물, 공공시설물, 건축물 등의 유형이나 규모, 밀집정도에 따라 재료선정 기준과 색채범위를 제시한다. 인접한 가로주변이나 공공공간, 공원 등에 대한 규정으로서 도로와 보도, 가로시설물, 건축물, 옥외광고물 등이 해당한다.

④ 구역의 특성 및 상징성을 가진 시설물, 건축물 등에는 경관권역별 대표색의 기준보다 분명한 대표색을 선정한다. 지역정체성을 즉각적으로 표출하는 색채이므로 부분적으로 사용하면서 강조할 대상에 적용하고, 기조색의 배색으로부터 변화를 주도록 한다.

⑤ 색채범위를 제시할 때에는 색채조화를 고려하여 주조색과 보조색, 그리고 강조색의 범위를 설정한다.

(2) 권역별 색채적용 및 재료적용 기준 제시

권역별 대표색과 인접한 색채를 각각의 경관권역 내의 가로, 구조물, 시설물, 건축물 등에 적용할 수 있도록 배색하는 과정이다. 배색은 컬러 팔레트에서 제시한 색채 중에서 대표색을 중심으로 한 색채범위를 설정한 다음 대상의 전체비례를 고려하여 면적별로 제시한다.

① 주조색(dominant color)의 범위 및 적용

색채디자인 대상물에서 가장 많은 면적에 적용하는 색으로, 전체의 60~70%정도에 해당하는 색이다. 컬러 팔레트에서 대표색을 선정한 다음, 대표색과 인접한 색채로 전체 분위기를 설정한다. 권역별 색상은 컨셉 및 지향이미지에 따라 다양하게 선택할 수 있으며 중명도 이상, 저채도의 색채로 한정하는 것이 바람직하다.

② 보조색(assort color)의 범위 및 적용

색채디자인 대상물에서 전체 면적의 20~30%를 차지하는 부분으로 주조색을 보완해주는 색이다. 건축물의 경우 주조색보다 적은 면적의 색이므로 벽면의 일부나 난간, 기둥 등에 적용한다. 주조색과의 조화를 고려하여 한 가지 또는 여러 가지 색으로 배색할 수 있으며, 컬러 팔레트에서 주조색과 인접한 색을 선택하면 색조의 차이가 적어 통일감을 줄 수 있다. 주조색과 마찬가지로 중명도 이상, 저채도의 색채를 선택한다.

③ 강조색(accent color)의 범위 및 적용

주조색 또는 보조색과 대비되는 색으로 5~10%정도의 색이다. 전체 분위기를 유지하면서 기능성이나 상징성을 강조하고 변화를 주고자 할 때 사용한다. 건축물에서는 옥외광고물과 같이 대상의 중요한 부분이나 메시지를 전하고자 할 때 사용한다. 주조색이나 보조색과의 색상, 명도, 채도 차이가 클수록 효과가 크지만 고채도의 원색은 지양해야 한다. 다만, 상징성을 가진 랜드마크의 경우에는 색채사용에 대한 제한을 두지 않는 것을 원칙으로 한다.

④ 대상의 유형, 형태, 구조, 패턴

대상의 유형, 형태, 구조, 패턴 등을 고려하여 재료를 선택하여 색채를 적용하여야 한다. 재료에 의한 색채는 재료자체의 물성을 기반으로 가공방법에 따라 다양해지는 색채와 변색, 퇴색 등의 변화가 없는 반영구적인 색채로 구분할 수 있다.

석재, 목재, 철재 등의 재료색은 시간에 따라 바래거나 부식이 진행되는 색이며, 화학성분을 가진 도료, 합성수지 등에 의한 색은 균질한 품질을 유지하는 색이다. 재료에 의한 색채범위는 근경, 중경, 원경에서의 효과에 확연한 차이를 보이므로 경관축 및 조망점과의 관계를 면밀히 검토하여 적용기준을 설정하여야 한다.

⑤ 특정 소재

특정 소재가 대표색으로 추출될 경우, 그 소재는 지역정체성을 수반한 재료로서 유효하다. 따라서 지역을 대표하는 경관이나 특화구역, 랜드마크 등의 색채는 특정 재료로 상징성을 강조하고 재료 및 색채규정을 강화하여야 한다. 재료의 색을 사용할 경우에는 재료의 결, 표면의 광택유무나 음각과 양각정도, 패턴의 유형 및 결의 다양성, 패턴에 의한 병치혼합 등을 고려하여야 한다.

대표재료의 선정은 권역별 색채와 함께 생산가능한 범위내에서 지정한다. 대표재료의 색은 먼셀색표계로 표기하고 대표색의 범주에서 재료명칭의 대분류, 중분류 및 표면상태, 규격 등과 함께 제품명과 고유번호 등을 표기하여 적용의 편의성을 도모한다.

(3) 배색의 색채조화 및 컬러 시뮬레이션

경관권역별 기준색과 색채조화방법, 그에 따른 배색을 컬러 시뮬레이션(color simulation)한다. 환경색채에서 적용할 수 있는 색채조화방법은 대표색을 중심으로 색상이나 명도, 채도를 각각 또는 중복하여 조정하는 것으로 동일색 조화, 유사색 조화, 명도대비에 의한 조화, 무채색 조화 등이 있다.

표 2-5 색채조화 기법

색채조화	배색기법	예 시
동일색 조화	색상표시 기호가 같은 경우로 명도와 채도를 조정하여 배색	
유사색 조화	색상 각도 60도 이내, 명도 2도 이내, 채도 3도 이내의 배색	
명도대비의 조화	색상과 채도선택은 자유로우며, 명도의 차이로 구성되는 배색	
무채색 조화	무채색으로 구성되는 배색이며, 강조색에 유채색 사용시 효과적인 배색	

색채조화에 의한 배색을 토대로 색채적용의 예시를 사실적으로 보여주어야 한다. 배색 시뮬레이션의 방법은 사실성에 기반한 CG(computer graphic)기법을 통해 이해를 도모하고 정교한 배색을 할 수 있으며 적정성 여부를 확인할 수 있다.

배색 시뮬레이션을 통해 색채조화의 미묘한 차이를 조정하여 색채디자인의 품질을 확보한다. 또한 효과적인 배색척도를 제시하기 위하여 다음과 같이 주안점을 두어 시뮬레이션한다.

① 거리, 도시구조물, 공공시설물, 건축물 등에 적용되는 색채와 주변의 조화를 고려하여야 한다. 색채가 적용되는 대상은 특정 구역의 실제현황과 유사하게 시뮬레이션하여 전체이미지를 확인할 수 있도록 한다.

② 시뮬레이션하는 대상과 주변, 배경이 연속적으로 조화되는지 확인할 수 있도록 대상과 대상간의 관계, 대상을 구성하는 요소들 간의 관계, 재료 등을 고려하여 배색한다.

③ 배색 시뮬레이션은 균질한 단일면을 구성하는 도료 등의 색채배색, 재료의 물성과 패턴, 결 등에 의한 재료배색, 이상의 두 가지를 혼용한 색과 재료의 배색 등으로 제시한다.

5. 사후관리

1. 색채DB

(1) 대표색 및 기준색 색표집 제작

가이드라인을 설정하고 배색 시뮬레이션을 통해 색채조화가 검증되면 색채디자인은 종료된다. 다음 단계는 색채디자인에서 도출한 대표색 및 기준색을 체계적으로 정리하여 보급하기 위한 색채DB(database)를 구축하여야 한다. 색채디자인을 위해 마련된 컬러팔레트와 경관권역별 배색예시를 종합하여 공유할 수 있도록 다음과 같이 체계화한다.

① 색채디자인을 진행하면서 조정되었거나 중복 또는 미적용된 색채데이터를 정리한다. 배색에서 색채는 약간의 차이만으로도 전체분위기에 영향을 미칠 수 있으므로 허용오차는 기준색을 중심으로 색상, 명도, 채도별 ±1 이내로 규정한다.

② 계획의 전 단계에서 획득한 각종 색채자원과 대표항목, 기조색과 상징색, 기준색, 그에 따른 컬러 팔레트 등을 체계적으로 요약·정리하여 색채데이터를 정확하게 인지할 수 있도록 한다. 또한 연계된 계획 및 후속사업의 색채계획에 축적된 자료를 이용할 수 있도록 한다.

③ 최종적으로 정리된 색채데이터를 실용화하기 위한 공유방법 및 보급방식을 채택하여야 한다. 색채데이터는 육안으로 식별가능하도록 색채 실물을 제시하고 KS색표기법에 따라 먼셀기호로 표기하여 정보전달이 정확하게 이루어지도록 문서화해야 한다. 여기에는 색채 디자인의 주요내용을 포함하며 대표색 및 기준색, 배색관계 등의 설명을 통해 색채 가이드라인을 원활하게 사용하도록 색표집을 보급한다.

(2) 색채 시방서 작성

색채 시방서(color specifications)는 지정 재료의 제작회사, 제품번호와 색채번호 등 특정 색채를 지시할 수 있는 체계적이고 구체적 사항을 기록한 지침서를 말한다. 시공을 위해 필요한 요구 사항과 마감, 관리방법 등 계획보고서 및 색표집에서 지적하기 어려운 사항들이 포함된다.

따라서 색채 시방서는 색채계획의 일부로 보고서 및 색표집에 표기되지 않은 재료, 품질, 시공의 특기사항 등을 기록한 성과물의 일종이다. 주로 제조·시공과 관련된 사항을 문서로 규정하며, 사용재료의 재질·품질·치수 등, 제조·시공상의 방법과 정도, 제품·공사 등의 성능, 특정한 재료·제조·공법의 지정, 기술적 요구사항, 표면상태 등을 표기한다.

도료의 색을 적용할 경우, 도료의 종류·성능 등과 도장 공사에 대해 일반 사항·특정 도료선택·조색방법·시공 등의 내용을 문서로 규정한다. 문서는 사업명, 시공범위, 일반사항, 재료명, 제품명, 용량, 시공방법, 색상의 결정, 각 공정별 도장검사 기준, 공사시간 및 지체보상금, 기타사항, 준공검사 등으로 구성된다. 석재, 목재, 철재 등 기타 다른 재료들도 도료와 같은 형식의 시방을 작성하여 첨부한다.

2. 관리 및 유지방안

색표집 제작과 시방서 작성이 완료되면, 색채디자인 결과물이 지속될 수 있도록 관리 및 유지방안을 마련하여야 한다. 이를 위해 경관현황에 대한 객관적인 평가를 선행한 다음 경관과 연계되는 주요 대상물을 지정하여 시범사업을 수행하고 전체적인 평가를 시행한다. 시범사업으로 색채디자인의 적합성을 검증하고, 문제요소 및 개선점을 파악할 수 있다. 이를 통해 현황의 문제점과 색채디자인 적용의 문제점을 종합하여 체계적인 유지관리 계획을 세울 수 있다.

최종적으로 색채디자인 결과물 자체의 변형을 막고, 주변환경과의 조화를 도모하기 위해 유지관리 방안을 문서화하는 것이 필요하다. 이 과정에서 유지관리의 주체를 결정하고 관리자가 효율적으로 유지관리 할 수 있도록 매뉴얼을 작성한다. 색채디자인의 실행내용을 기준으로 각각의 항목마다 점검이 가능하도록 리스트를 작성하여 유지관리를 위한 필요요소들을 도출하는 체크리스트이다.

이 리스트는 색채디자인 실행의 주체 및 관리자를 위한 업무용 매뉴얼이며, 색채디자인의 품질을 확보하기 위한 필수항목을 통해 유지관리 방안을 제시하는 것으로 환경색채계획을 마무리한다.

03

신도시의 색채계획

PART 3 신도시의 색채계획

1. 신도시 색채계획의 프로세스

본 장에서는 1, 2장에서 정리된 환경색채디자인의 관점과 계획방법을 토대로 신도시의 색채계획의 방법을 사례를 통해 제시하고자 한다. 그 대표적인 예로 행정중심복합도시의 색채계획의 사례를 케이스스터디하고자 한다.

행정중심복합도시 색채계획은 차별화된 도시 이미지 형성을 위하여 도시의 정체성을 표출할 격조높은 색채계획을 확립할 필요성과 일관성있는 색채사용에 의한 도시이미지 형성으로 도시 브랜드 재고의 필요에 따라 시작되었다. 공간적인 범위는 행정중심복합도시 예정지역으로 지정·고시된 지역과 주변지역으로 지정·고시된 지역 중 예정지역으로 진입하는 간선도로변이다. 시간적인 범위는 2030년을 목표연도로 계획되었다.

계획의 주된 범위는 다음과 같다.

① 도시 기조색 추출 및 주거지 색채 조성방안

② 권역별 색채 조성방안

③ 부문별 색채 조성방안

④ 도시환경색채 특화구역 조성방안

⑤ 지구단위계획 적용 색채 가이드라인

⑥ 주변지역내 접근 가로변 색채 가이드라인

⑦ 도시환경색채 가이드라인 관리방안

1. 목 표

행정중심복합도시는 자연에 순응하고 대지의 잠재력을 극대화하여 자연이 숨쉬는 친환경 생태도시로서의 색채 경관을 형성하고자 하였다. 이를 위한 기본방향으로 세종시의 정체성 및 상징성이 표출된 색채이미지를 설정하고 복합도시로서의 다양한 도시기능을 표출할 수 있는 역동적인 색채경관을 계획하였다. 환상도시의 탈중심적 공간구조특성을 반영한 흐름과 이음의 개성있는 색채경관을 형성하여 걷고 싶은·볼거리 있는 색채경관을 형성하고자 하였다. 또한 도시개발 시기에 따라 사회변화에 대응할 수 있는 단계별 색채계획방향을 수립하는 것을 목표로 시작되었다.

2. 프로세스

(1) 기본방향 도출

① 주변 자연경관자원과의 조화를 고려한 자연친화형 색채계획을 수립을 기본으로 한다. 이를 위해 권역별 수종 등 자연경관 자원의 사계절별 이미지 변화를 고려한 색채계획을 수립한다. 또한 자연지형물(구릉, 산 등)과 연계한 조망축을 설정하고, 시각적 회랑부에 해당하는 보행자 녹지축 주변 건축물 색채에 주거지 유형별 색조변화에 의한 위계를 부여한다.

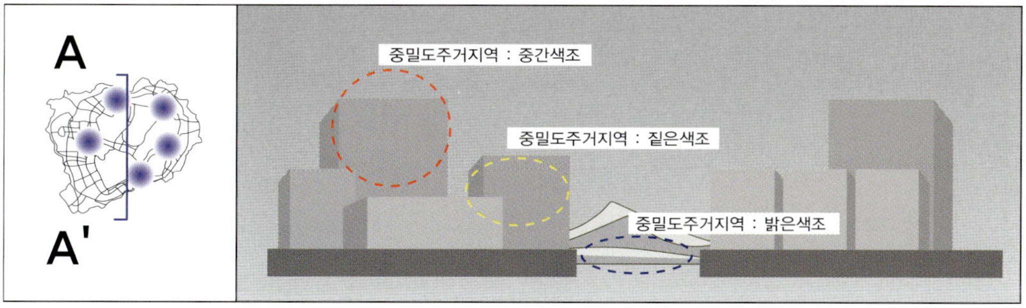

그림 3-1 주요조망축에서의 색채적용

② 행정중심복합도시의 도시이미지를 대표하는 기조색을 적용하여 도시 전체에 통일성을 유지한다. 기조색은 주변 자연경관자원과의 조화를 고려하여, 자연적인 도시이미지가 부각될 수 있도록 설정하고, 환상형 구도를 따라 개발지역 전체 주거단지를 중심으로 적용한다.

③ 각 권역별로는 해당 권역의 도시이미지 키워드에 따라 차별화된 색채 이미지를 유도한다. 도시의 주요기능을 중심으로 권역을 설정하여, 도시 주요 기능을 담당하는 시설물 색채군에 권역별 아이덴티티 색채를 적용하여 권역별 아이덴티티를 확보한다. 또한 각 생활권의 중심 센터 부분에는 생활권 단위의 응집력을 강조한 색채 개념을 적용하여 생활권별 아이덴티티를 확보하도록 한다.

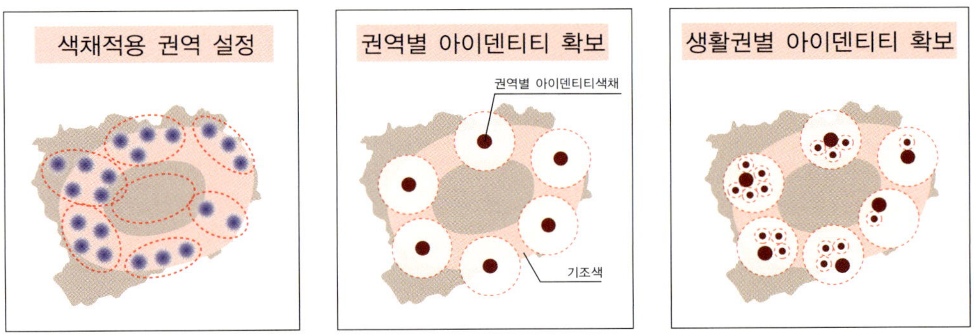

그림 3-2 권역별 색채 적용 개념도

④ 도시구조물, 공공시설물, 건축물, 옥외 광고물 등의 색채이미지를 통합적으로 관리할 수 있는 입체적인 색채계획을 수립한다.

⑤ 인공적인 채색을 최소화하고, 재료 고유의 색채를 최대한 적용하도록 재료와 연계된 색채계획을 수립한다.

⑥ 이동하며 연속적으로 경험하는 시퀀스적인 도시색채 이미지 스토리 라인을 설정하여 색채계획을 수립한다. 고밀도 주거지 및 주요기능별 시설물군 하단부는 재료 및 색채특화로 권역별 아이덴티티를 확보한다. 대중교통축을 따라 이동과 함께 연속적으로 조망되는 건축물 색

채에 색조와 재료변화를 중심으로 위계를 부여하여 시각적 단조로움을 탈피하고 주요경관 권역별 아이덴티티의 창출에 의한 스토리 라인을 설정한다.

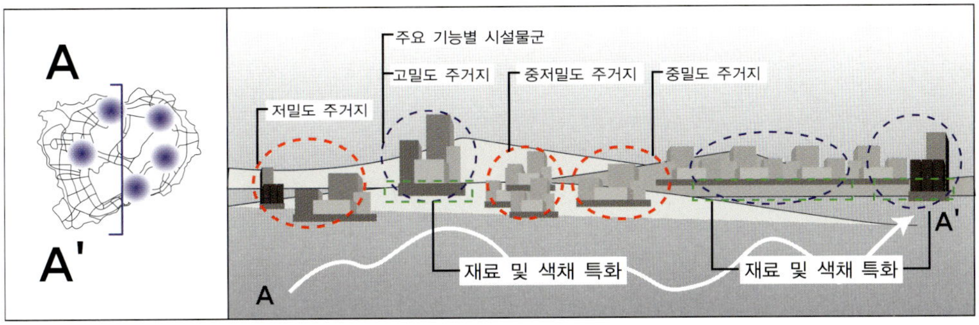

그림 3-3 도시의 색채 적용 개념도

⑦ 행정중심복합도시의 형성개념 및 도시구조를 파악하기 위해 도시건설 개발계획을 분석하고 도시색채와 관련된 타도시의 관리지침 사례를 분석하여 관리항목 및 범위를 설정하였다. 또한 국내외의 주요도시·신도시의 색채경관 특성을 분석하여 시사점에 따른 적용방안을 설정하는 것으로 색채계획의 기본방향을 도출하였다.

표 3-1 경관기본계획 분석

지 역	관리구분	지침요약
대구시	용도지역별 · 특성화지역	• **특화지역** : 다양한 색상표현으로 자유롭고 활기찬 느낌 극대화 유도 • **주거지역** : 아늑하고 밝은 느낌, 동일·유사조화 기법 적용 • **농업지역** : 원색규제, 자연환경과 조화 • **역사지역** : 전통적 이미지 • **시설물** : 원색, 강한 색채 제한
대전시	용도지역별 · 특수경관관리지역	• **주거지역** : 원색, 슈퍼그래픽 제한 • **기타용도지역 시설물** : 원색 제한, 채도 일정 범위 이하로 제한
울산시	행정구역별	• 권장 색채 개념 제시

(계속)

지 역	관리구분	지침요약
전라남도	입지조건별, 용도지역별· 특성화지역	• **주거지역** : 아늑하고 밝고, 편안한 느낌 • **구조물·옥외광고물** : 원색제한 • **특성화 지역** : 다양한 색상
인천 송도지구	권역별 색채이미지, 적용범위	• 권역별 주조색, 보조색, 강조색 적용범위 제시 • 주조색, 지붕색 권장
용인 동백지구	공동주택 /기타 건축물	• 주조색, 보조색, 강조색 적용범위 제시
인천공항 주변지역	공동주택 /단독주택	• 공동주택/단독주택 주조색, 보조색, 강조색 적용범위 제시

표 3-2 지구단위계획 분석

지 역	관리구분	지침요약
경기도 고양시		• **건축물외벽** : 원색제한
경기도 파주시	지구별	• **주거지역** : 보조색, 강조색의 명도, 채도 적용범위 제한
경기도 성남시 판교	공동주택 /단독주택	• **공동주택** : 주조색·보조색·강조·지붕색, 건축물 부위별 색채적용 범위 제한 및 브랜드명 표기 제한 • **단독주택** : 주조·보조·강조·지붕색, 건축물 부위별 색채적용 범위 제한
의정부 녹양지구	건축물 기능별	• 건축물 기능별 색채 적용 기본 방향 제시
아산시 배방지구	주거지구	• **주거지구** : 원색 제한, 채도 적용 범위 제한
군포 부곡	주거지구	• **주거지구** : 원색 제한, 지붕색채 이미지 및 적용 기본방향 제시
청주성화지구	건축물 기능별	• 원색 금지, 기능별 색채 기본방향 제시
울산시 구영지구	건축물 기능별	• 원색 제한, 기능별 색채 기본방향 제시
성남시 도촌지구	건축물 기능별	• 원색 제한, 기능별 색채 기본방향 제시
용인시 보라지구	공동주택 /단독주택	• 단독·공동주택 색채 기본방향 및 적용방법 제안

표 3-3 색채관련 계획 적용방안

지 역	관리구분	지침요약
경관 기본계획	• 도시 전체	• 기조색 지정
	• 권역별 색채계획	• 권역별 이미지 색채 지정
	• 특화거리, 특화구역	• 색채 범위 및 색채 적용 방법 제시
지구 단위계획	• 주거지역 (공동주택·단독주택)	• 주조색, 보조색, 강조색, 지붕색 색채 및 재료 적용범위 제한
	• 상업지역	• 주조색, 보조색, 강조색 및 재료 적용범위 제한
	• 공공업무지역	• 주조색, 보조색, 강조색 및 재료 적용범위 제한
	• 기타 지역	• 건축물 기능별 주조색, 보조색, 강조색 및 재료 적용 범위 제한
	• 기타 시설물	• 건축물을 제외한 시설물의 색채적용 범위 제시

표 3-4 기존 색채관련 계획 분석결과

지 역	관리구분	지침요약
경관 기본계획	• 용도별, 권역별	• 지향 이미지 지정 • 시설물의 원색 제한
	• 특성화지역 지정	• 다양한 색채표현 허용
	• 공동주택·단독주택 기타건물	• 주조색, 보조색, 강조색 적용 범위 • 원색 슈퍼그래픽 제한
지구 단위계획	• 주거지역 (공동주택·단독주택)	• 주조색, 보조색, 강조색, 지붕색 적용범위 제한 • 원색 제한
	• 건축물 기능별	• 색채 적용 방법 • 원색 제한

(2) 기조색 추출

① 기조색은 주조색과 다른 의미로, 적용범위에 있어서, 기조색은 도시 전체의 주를 이루는 색채를 의미하며, 주조색은 건축물에 있어 주를 이루는 색채를 의미하고, 기조색은 주변환경과 어울릴 수 있는 색채의 범위로 선정하였으며, 재료 자체의 색이나, 보조색, 강조색의 사용으로 변화감을 추구하도록 한다. 기조색, 주조색, 보조색, 강조색의 개념은 다음과 같다.

- 기조색 : 도시 전체에 있어 주가 되는 색채로, 도시의 주조색
- 주조색 : 건축물의 외관 중 가장 넓은 면적을 차지하고 있는 색으로, 건축물의 어느 한 면의 외벽면 중 유리창 부분을 제외한 벽면적의 70%이상을 차지하는 색
- 보조색 : 건축물의 외벽면에서 주조색을 보조하며, 전체 색채 이미지와 밸런스를 조정하는 색으로, 건축물의 어느 한 면의 외벽면 중 유리창 부분을 제외한 벽면적의 10~30% 미만을 차지하는 색
- 강조색 : 건축물의 외벽면에서 주조색, 보조색과 대비가 되는 색으로, 건축물의 어느 한 면의 외벽면 중 유리창 부분을 제외한 벽면적의 10% 미만의 작은 면적으로 개성을 연출하는 역할을 하는 색

② 도시의 기조색 추출방법은 예정지역의 자연환경색채를 원경, 중경, 근경 측면에서 조사·분석하고, 경관권역별 지정된 주수종에 따라 나타나는 계절별 색채변화를 분석하였다. 또한 분석된 자연환경에 건축물의 색채를 시뮬레이션 분석하여, 적정한 색채 사용 범위를 결정하여 도시기조색의 범위를 추출하였다. 또한 주거지의 유형을 분석하고, 유형별 도시기조색의 조성방안을 작성하였다.

표 3-5 자연환경색채 현황

측정계절	현황사진
여 름	
겨 울	

표 3-6 수목의 시점에 따른 팔레트

측정계절·시점		팔레트 및 현황사진
여 름	근경	
	중경	
	원경	
겨 울	근경	
	중경	
	원경	

표 3-7 자연환경색채 팔레트

측정대상·시점			여 름	겨 울
식생	풀	근경	2.5GY 4/4, 2.5GY 4/6, 5GY3/6, 5GY4/4 5GY5/4, 5GY5/6, 5GY5/8, 5GY5/10	7.5YR 8.5/1, 7.5YR 8/2, 10YR 9/1, 10YR 9/2 10YR 8.5/1, 10YR 8.5/2, 10YR 8/1.5, 2.5Y 8.5/2
	활엽수	중경	7.5GY 4/8, 7.5GY 7/3, 10GY 4.5/4, 10GY 6/6	10YR 9/1, 10YR 8.5/2, 10YR 8.5/1.5, 2.5Y 8.5/1
	침엽수	원경	2.5GY 5/6, 2.5GY 5/8, 2.5GY 6/8, 5GY4/6 5GY 7/7, 7.5GY4/6, 7.5GY4/8, 7.5GY5/8	7.5YR 8/2, 7.5YR 8/3, 10YR 8/2, 10YR 7/2 7.5YR 8.5/1, 7.5YR 8/1, 10YR 8/1, 10YR 7/1
산		중경	2.5G 5/4, 5GY4/3.5, 7.5GY2/4, 7.5GY4/4 7.5GY5/10, 7.5GY6/6, 7.5GY6/8, 7.5BG 5/2	5GY 6/2, 5GY 5/2, 7.5GY 5/2 7.5GY 5/4, 10GY 4/2, 10GY 5/2
		원경	5G 7/1.5, 7.5G 5/2, 7.5G 6/2, 7.5G 7.5/1.5 10BG 7/2, 10BG 8/2, 2.5B 8/2, 5B 7/1	5GY 6/2, 5GY 5/2, 7.5GY 5/2, 7.5GY 4/2 7.5GY 5/4, 10GY 4/2, 10GY 5/2
토양		근경	5R 3/2, 5YR 3/3, 5YR 4/3, 7.5YR 4/2 7.5YR 5/2, 7.5YR 5/4, 10YR 5/4, 10YR 6/2	2.5Y 8/2, 2.5Y 6/2, 5Y 8.5/1, 5Y 7/2 7.5YR 3/2, 10YR 7/2, 10YR 6/2
		중경	7.5YR 4/3, 7.5YR 5/4, 7.5YR 6/5, 10YR 7/4	7.5YR 4/3, 7.5YR 5/2, 10YR 7/2, 10YR 6/2
물		중경	7.5B 7/2, 2.5BG 6/2, 7.5BG 6/2	5B 7/1, 5B 7/2, 5B 7/4, 2.5B 8/2
		원경	2.5B 5/3, 2.5B 6/3, 5B 8/1	5B 8/1, 5B 8/2, 10B 8/1, 10B 8/2
하늘		원경	5B 8.5/2, 10B 8/2, 10B 9/2, 2.5PB 8/4 5PB 9/2, 7.5PB 7/6, 7.5PB 9/2, 10PB 8.5/3	10B 8/1, 10B 9/1, 10B 8.5/1, 5B 9/1 10B 8/2, 10B 9/2

③ 건축물의 배경이 되는 주변 환경의 색채변화를 예측하기 위하여, 예정지역에 경관권역별 계획된 주수종을 대상으로 계절별 색채변화를 예측하였다. 봄은 GY계열의 중명도/중·고채도의 색채가 도시 전역에 걸쳐 분포하게 된다.

그림 3-4 봄철의 주수종에 의한 색채분포

④ 여름은 전체적으로 녹음이 짙어져, GY, G계열의 중명도/중채도의 색채 분포를 보이게 되며, 다른 권역에 비해 도시행정기능지역, 대학/연구기능지역은 채도가 더 높을 것으로 예측된다.

그림 3-5 여름철의 주수종에 의한 색채분포

⑤ 가을은 첨단지식기반 기능지역, 교육/연구 기능지역, 문화/국제교류 기능지역은 중명도/중채도의 Y,YR계열의 색채가 분포하게 된다. 중앙행정기능지역, 의료/복지기능지역, 도시행정기능지역은 G,GY계열의 중명도/중채도의 색채가 분포하게 된다.

그림 3-6 가을철의 주수종에 의한 색채분포

⑥ 겨울은 전체적으로 YR,Y계열의 중명도/저채도의 색채가 분포할 것으로 예측된다.

그림 3-7 겨울철의 주수종에 의한 색채분포

⑦ 시뮬레이션 분석 결과 자연환경색채와 조화하는 색채의 범위를 추출하였다. R, YR, Y계열의 고명도/저채도의 색채와 고명도의 무채색이 자연환경색채와 조화를 이룰 수 있고, 시각적으로 어색함을 주지 않는 범위인 것으로 나타났다. 먼셀 표색계에 의한 색표집 중 도시 기조색의 색채범위를 나타내면 다음과 같다.

그림 3-8 먼셀색표에서의 도시 기조색 범위

표 3-8 기조색의 색채 범위

색채범위	색상환 분포	색조분포
무채색 명도 7이상	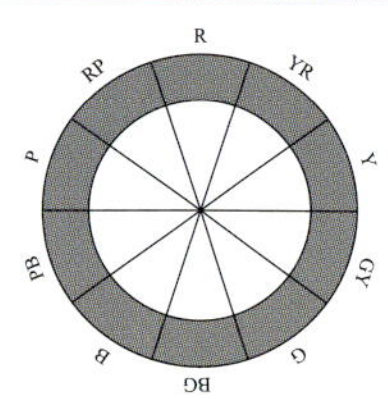	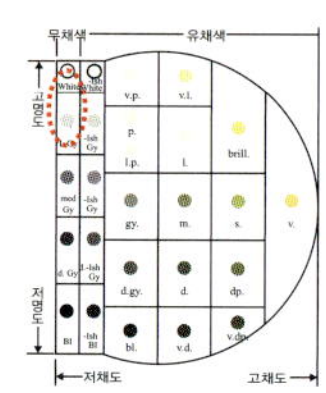
YR, Y계열의 명도 7이상, 채도 2이하	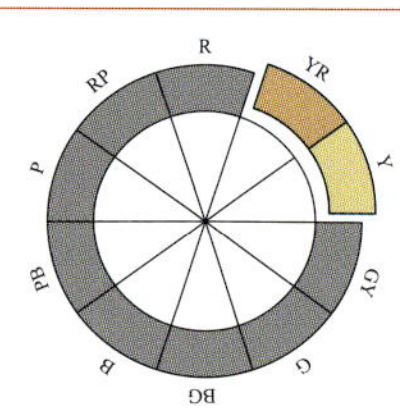	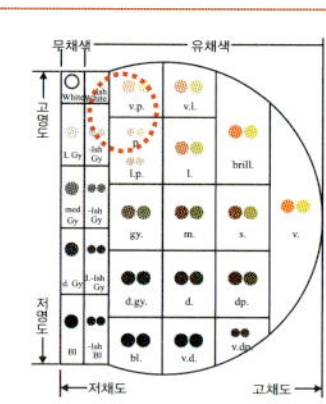
R, RP계열의 명도 8이상, 채도 1이하	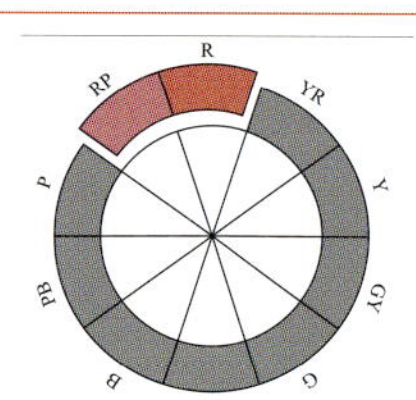	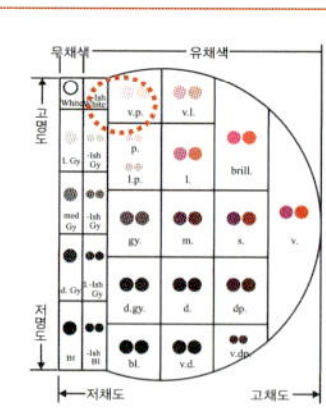

(3) 주거지 유형별 색채 조성방안

주거의 입지특성 및 유형 분류에 따라 다음과 같은 적용 체계를 갖추고 주거지 유형별 도시 기조색을 적용하였다.

표 3-9 주거유형별 기조색의 적용 체계

구 분	저밀주거	중·저밀주거	중밀주거	고밀주거 (주상복합)
주거유형	구릉지 등의 자연지형을 이용한 테라스형 주거	시각적 통로역할	다양한 주택유형 적용	역세권에 배치
기조색 적용방안	기조색 중 가장 밝은 톤을 적용	주변보다 차분한 색조 적용 (기조색 중 가장 진한 톤 적용)	통일성과 어메니티를 고려하여, 기조색 중 중간톤 개념 적용	기조색의 전 영역 적용

① 저밀주거는 구릉지, 공원녹지에 형성되는 테라스타입의 주거 유형이 형성되므로, 밝은 주조색과 차분한 gray톤의 지붕 색채를 적용하도록 한다. 벽체는 주로 고명도의 무채색이나 Y,YR계열의 의 Off-white를 적용한다. 벽체의 보조색으로는 고·중명도의 무채색이나, R,YR,Y,GY 계열의 중·고명도/중·저채도의 색채를 적용하도록 한다.

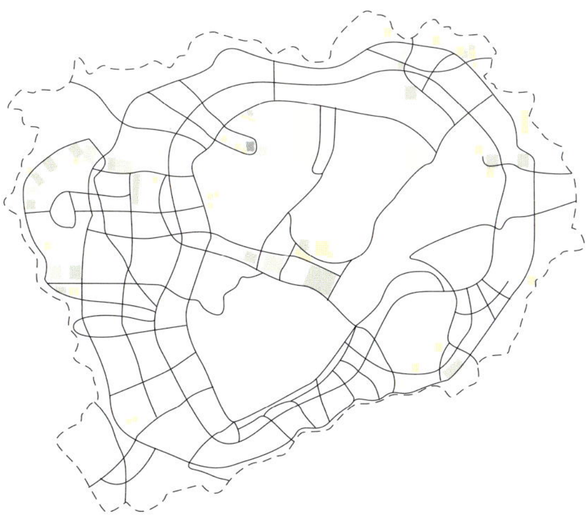

그림 3-9 저밀주거의 색채 개념 적용예시

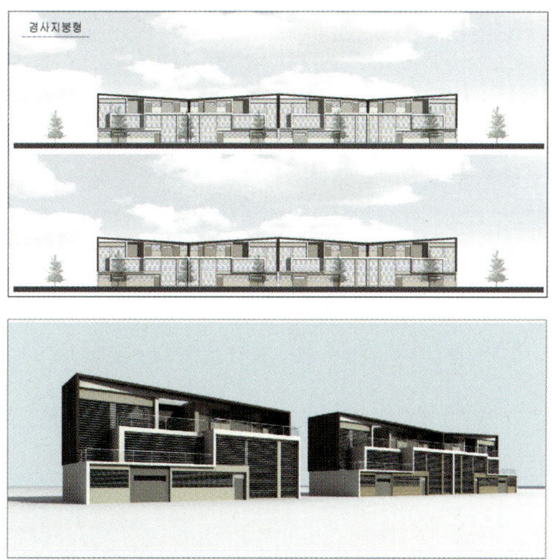

그림 3-10 저밀주거 색채적용 예시 경사지붕형

② 중·저밀주거는 블록형 타운 하우스, 연도형 타운하우스 등으로 시각적 통로로서의 위치에 해당이 되며, 주변보다 차분한 색조를 적용한다. 벽체의 주조색은 Y, YR계열의 고명도/저채도와 R, RP계열의 고명도/저채도, 고명도의 무채색을 사용한다. 벽체의 보조색으로는 고·중명도의 무채색이나, 중·고명도/저채도의 색채를 사용하도록 한다. 하단부는 재료고유의 색을 이용하여 다양한 색채를 적용하도록 하므로, 보행자 관점에서의 시각적 변화감을 유도하도록 한다.

그림 3-11 중저밀주거의 색채개념 적용 예시

그림 3-12 중저밀주거 색채적용 예시

③ 중밀주거는 기초생활권 중심부의 경관확보를 위해 외측부인 간선도로주변에 조성되며, 근린형 주상복합을 포함한 중정형, 연도형, 가구형 집합주택 등 다양한 주택유형이 가로경관의 통일성과 도시적 어메니티를 고려하여 계획될 예정이다. 벽체의 주조색은 Y, YR계열의 고명도/저채도와 R, RP계열의 고명도/저채도, 고명도의 무채색을 사용한다. 벽체의 보조색으로는 고·중명도의 무채색이나, 중·고명도/저채도의 색채를 사용하도록 한다. 하단부는 재료고유의 색을 이용하여 다양한 색채를 적용하도록 하므로 보행자 관점에서의 시각적 변화감을 유도하도록 한다.

그림 3-13 중밀주거의 색채개념 적용 예시

그림 3-14 중밀형주거 색채적용 예시

④ 도심형 고밀주거는 공동화 방지 및 야간에 활력을 유지할 수 있도록 상업·업무기능과 복합되는 고밀주거지를 주로 역세권주변지역에 계획하도록 하며, 저층부는 상업·업무용도로 하고, 판상형과 타워형 등 다양한 주거유형으로 계획한다. 상업·업무기능과 복합되는 형태이므로 색채도 상층부, 중층부는 도시 기조색의 질서에 따르나, 저층부는 권역별, 기능별 성격과 건축물 재료 특성에 따라 보조색, 강조색을 적용하도록 한다. 상단부는 Y, YR계열의 고명도/저채도, R, RP계열의 고명도/저채도, 중·고명도의 무채색을 적용한다. 하단부는 재료고유의 색을 이용하여 다양한 색채를 적용하도록 하므로 보행자 관점에서의 시각적 변화감을 유도하도록 한다.

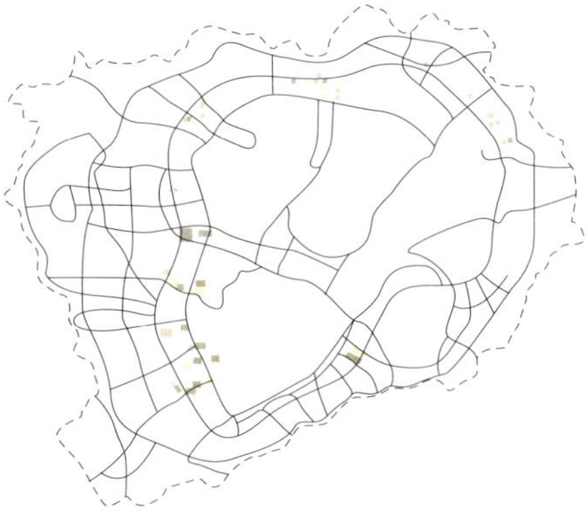

그림 3-15 고밀주거의 색채개념 적용 예시

그림 3-16 고밀형 주거 색채적용 예시

(4) 권역별 색채 조성방안

경관권역별 주요 기능에 따라 권역별 적용 이미지를 설정하고 경관권역별 이미지에 부합하는 재료와 주조색, 보조색의 적용범위 및 배색 방안을 작성하였다.

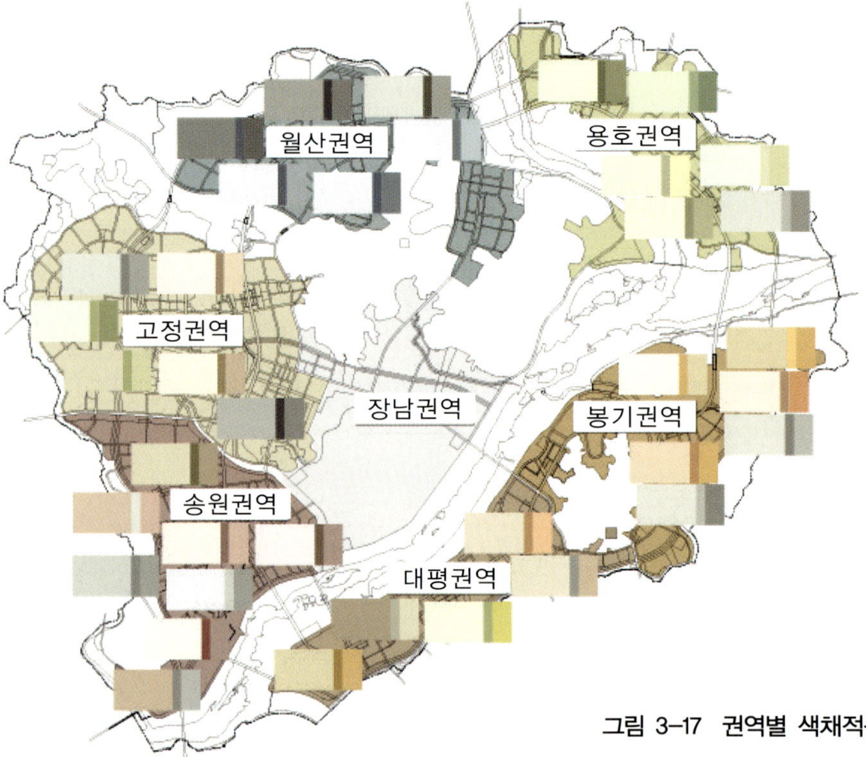

그림 3-17 권역별 색채적용 이미지

표 3-10 권역별 재료

권 역	기 능	도시이미지 키워드	재 료
고정권역	중앙행정(Coexistent City)	모던한, 중후한, 세련된	석재, 유리, 노출콘크리트, 금속
월산권역	첨단산업(Creative City)	첨단적인, 하이테크, 다이내믹	유리, 금속, 석재, 노출콘크리트
용호권역	의료/복지(Clean City)	청결한, 정돈된, 심플한	석재, 타일, 법랑, 유리
봉기권역	대학/연구(Connective City)	지적인, 창조적인, 편안한	노출콘크리트, 목재, 벽돌
대평권역	도시행정(Civil City)	친근한, 부드러운, 편리한	벽돌, 석재, 목재
송원권역	문화/국제교류 (Cross-Cultural City)	개방적인, 활기찬, 다양한	유리, 금속, 석재
장남권역	중앙녹지보존(Green City)	자연친화적인	석재, 유리, 금속

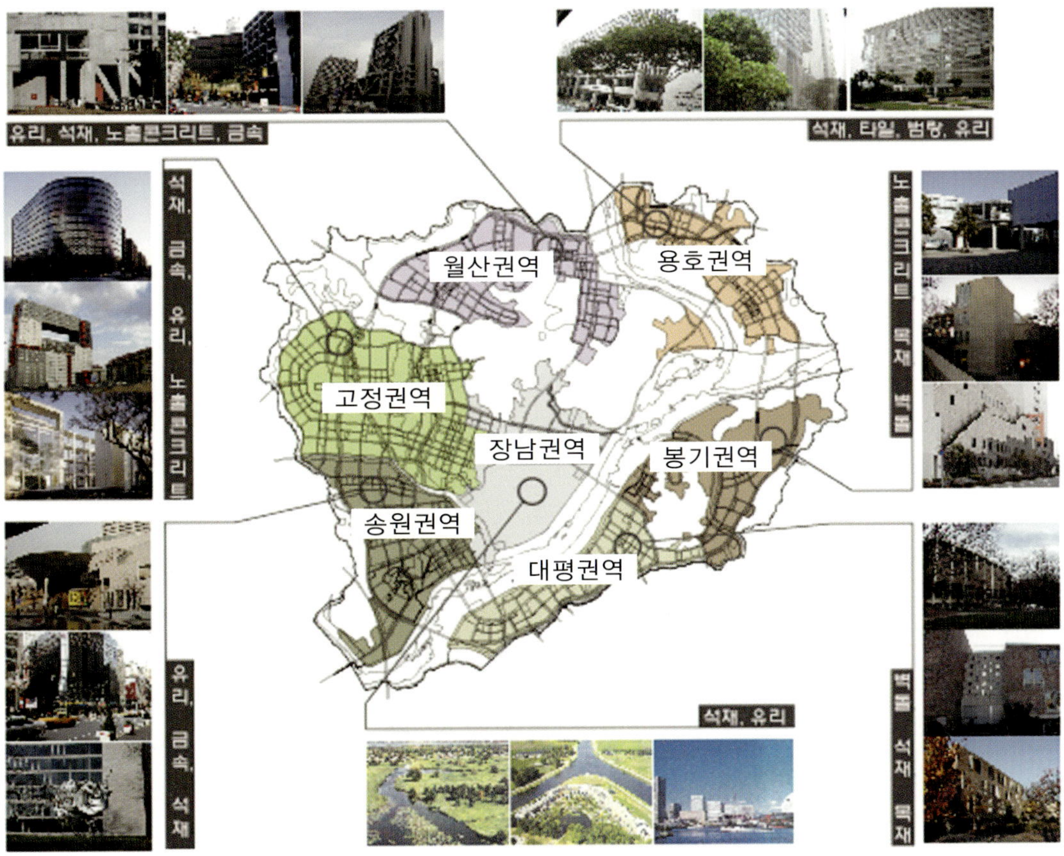

그림 3-18 권역별 재료 적용 예시

표 3-11 고정권역 (Coexistent City, 중앙행정기능)

구 분	내 용	
색채적용 기본방향	• 행정도시의 주요기능인 중앙행정 기능으로서, 상징성을 연출할 수 있도록 하며, 구체적인 지향 이미지는 모던한, 중후한, 세련된 이미지이다.	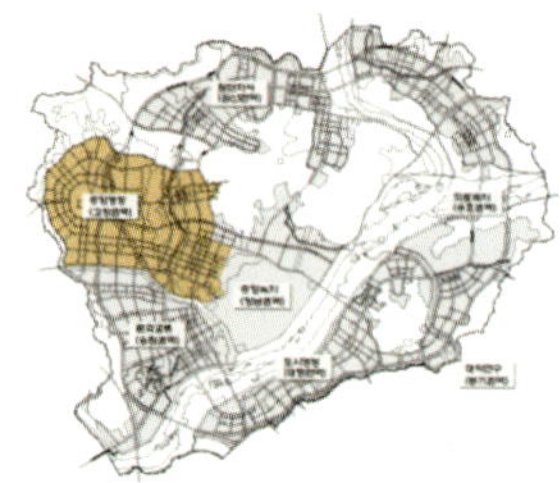
적용대상	• 중앙행정기관 • 대중교통 중심도로변 상업시설	
색채 사용범위	• 주조색 : 명도 6 이상의 무채색, 색상계열별 명도 9 이상/채도 1 이하 • 보조색 : 명도 6 이상의 무채색, YR, Y계열의 명도 5 이상/ 채도 4 이하 • 강조색 : 원색 제한 • 배 색 : 동일조화, 유사조화, 무채색조화	

구분	주조색									보조색								
명도	고			중			저			고			중			저		
채도	고	중	저	고	중	저	고	중	저	고	중	저	고	중	저	고	중	저
R			●															
YR			●									●			●			
Y			●									●			●			
GY			●															
G			●															
BG			●															
B			●															
PB			●															
P			●															
RP			●															
N	●			●						●			●					

구 분	내 용
재 료	• 석재, 유리, 노출콘크리트, 금속 등을 사용하여 상징성을 추구하도록 권장
이미지	

표 3-12 월산권역 (Creative City, 첨단지식기반)

구 분	내 용
색채적용 기본방향	• 첨단지식기반 기능으로서 미래 지향적 색채이미지를 추구하며, 구체적으로는 첨단적인, 하이테크한, 다이나믹한 이미지를 추구한다.
적용대상	• 대중교통 중심도로변 상업시설

구 분	내 용
색채 사용범위	• 주조색 : 명도 5 이상의 무채색, 색상계열별 명도 9 이상 / 채도 1 이하 • 보조색 : 명도 5 이상의 무채색, B,PB 계열의 명도 5 이상 / 채도 4 이하 • 강조색 : 원색 제한 • 배 색 : 동일조화, 무채색조화

구분	주조색									보조색								
명도	고			중			저			고			중			저		
채도	고	중	저	고	중	저	고	중	저	고	중	저	고	중	저	고	중	저
R			●															
YR			●															
Y			●															
GY			●															
G			●															
BG			●															
B			●									●			●			
PB			●									●			●			
P			●															
RP			●															
N		●			●						●			●				

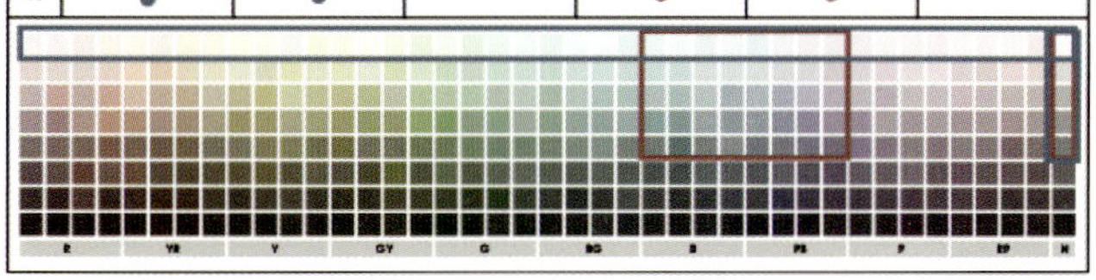

구 분	내 용
재 료	• 유리, 금속, 석재, 노출콘크리트를 권장한다.
이미지	

표 3-13 용호권역(Clean City, 의료/복지 기능)

<table>
<tr><th>구 분</th><th colspan="2">내 용</th></tr>
<tr><td>색채적용
기본방향</td><td>• 의료복지 기능으로서 청결하고, 정돈된, 심플한 이미지를 적용한다.</td><td rowspan="2">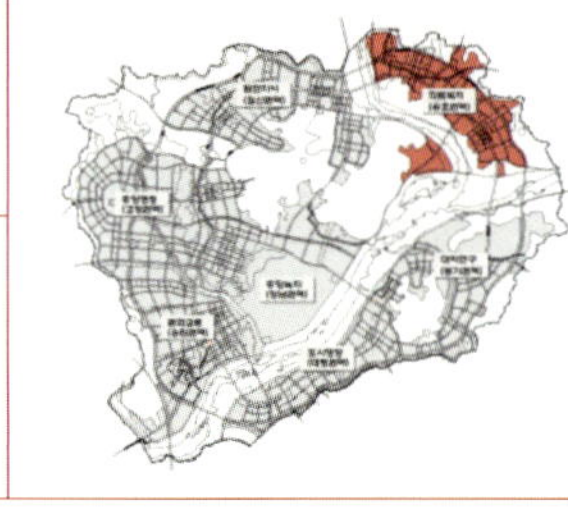</td></tr>
<tr><td>적용대상</td><td>• 의료시설
• 대중교통 중심도로변 상업시설</td></tr>
<tr><td>색채
사용범위</td><td colspan="2">• 주조색 : 명도 6 이상의 무채색, 색상계열별 명도 9 이상 / 채도 1 이하
• 보조색 : 명도 5 이상의 무채색, Y, GY계열의 명도 5 이상 / 채도 4 이하
• 강조색 : 원색 제한
• 배 색 : 동일조화, 무채색조화
<table>
<tr><td>구분</td><td colspan="9">주 조 색</td><td colspan="9">보 조 색</td></tr>
<tr><td>명도</td><td colspan="3">고</td><td colspan="3">중</td><td colspan="3">저</td><td colspan="3">고</td><td colspan="3">중</td><td colspan="3">저</td></tr>
<tr><td>채도</td><td>고</td><td>중</td><td>저</td><td>고</td><td>중</td><td>저</td><td>고</td><td>중</td><td>저</td><td>고</td><td>중</td><td>저</td><td>고</td><td>중</td><td>저</td><td>고</td><td>중</td><td>저</td></tr>
<tr><td>R</td><td></td><td></td><td>●</td><td></td><td></td><td></td><td></td><td></td><td></td><td></td><td></td><td></td><td></td><td></td><td></td><td></td><td></td><td></td></tr>
<tr><td>YR</td><td></td><td></td><td>●</td><td></td><td></td><td></td><td></td><td></td><td></td><td></td><td></td><td></td><td></td><td></td><td></td><td></td><td></td><td></td></tr>
<tr><td>Y</td><td></td><td></td><td>●</td><td></td><td></td><td></td><td></td><td></td><td></td><td></td><td></td><td>●</td><td></td><td></td><td>●</td><td></td><td></td><td></td></tr>
<tr><td>GY</td><td></td><td></td><td>●</td><td></td><td></td><td></td><td></td><td></td><td></td><td></td><td></td><td>●</td><td></td><td></td><td>●</td><td></td><td></td><td></td></tr>
<tr><td>G</td><td></td><td></td><td>●</td><td></td><td></td><td></td><td></td><td></td><td></td><td></td><td></td><td></td><td></td><td></td><td></td><td></td><td></td><td></td></tr>
<tr><td>BG</td><td></td><td></td><td>●</td><td></td><td></td><td></td><td></td><td></td><td></td><td></td><td></td><td></td><td></td><td></td><td></td><td></td><td></td><td></td></tr>
<tr><td>B</td><td></td><td></td><td>●</td><td></td><td></td><td></td><td></td><td></td><td></td><td></td><td></td><td></td><td></td><td></td><td></td><td></td><td></td><td></td></tr>
<tr><td>PB</td><td></td><td></td><td>●</td><td></td><td></td><td></td><td></td><td></td><td></td><td></td><td></td><td></td><td></td><td></td><td></td><td></td><td></td><td></td></tr>
<tr><td>P</td><td></td><td></td><td>●</td><td></td><td></td><td></td><td></td><td></td><td></td><td></td><td></td><td></td><td></td><td></td><td></td><td></td><td></td><td></td></tr>
<tr><td>RP</td><td></td><td></td><td>●</td><td></td><td></td><td></td><td></td><td></td><td></td><td></td><td></td><td></td><td></td><td></td><td></td><td></td><td></td><td></td></tr>
<tr><td>N</td><td colspan="3">●</td><td colspan="3">●</td><td colspan="3"></td><td colspan="3">●</td><td colspan="3">●</td><td colspan="3"></td></tr>
</table>
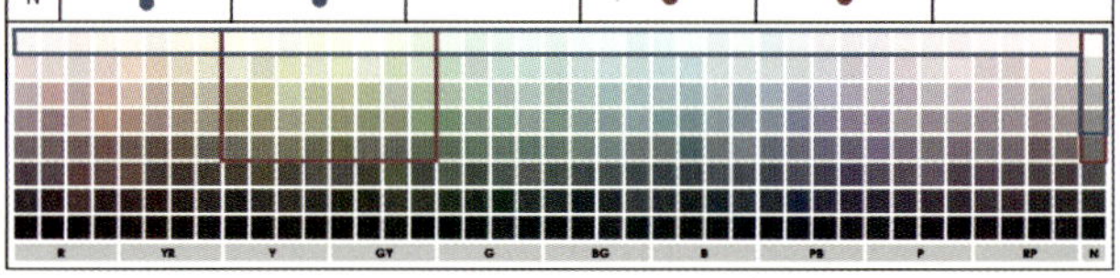</td></tr>
<tr><td>재 료</td><td colspan="2">• 석재, 타일, 법랑, 유리를 사용하여 의료복지 기능의 Clean한 이미지를 연출하도록 권장한다.</td></tr>
<tr><td>이미지</td><td colspan="2"></td></tr>
</table>

표 3-14 봉기권역(Connective City, 대학/연구 기능)

<table>
<tr><th>구 분</th><th colspan="2">내 용</th></tr>
<tr><td>색채적용
기본방향</td><td>• 대학연구 기능으로서 재료 자체색을 기본으로 색채를 구성하여 지적이고, 창조적이며, 편안한 분위기를 연출하도록 한다.</td><td rowspan="2">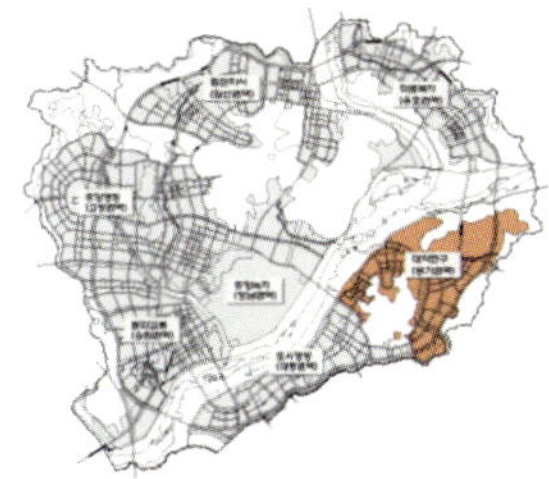</td></tr>
<tr><td>적용대상</td><td>• 교육연구시설
• 대중교통 중심도로변 상업시설</td></tr>
<tr><td>색채
사용범위</td><td colspan="2">• 주조색 : 명도 6 이상의 무채색, 색상계열별 명도 9 이상 / 채도 1 이하
• 보조색 : 명도 6 이상의 무채색, YR, Y계열의 명도 5 이상/ 채도 4 이하
• 강조색 : 원색 제한
• 배 색 : 동일조화, 무채색조화
<table>
<tr><td>구분</td><td colspan="9">주 조 색</td><td colspan="9">보 조 색</td></tr>
<tr><td>명도</td><td colspan="3">고</td><td colspan="3">중</td><td colspan="3">저</td><td colspan="3">고</td><td colspan="3">중</td><td colspan="3">저</td></tr>
<tr><td>채도</td><td>고</td><td>중</td><td>저</td><td>고</td><td>중</td><td>저</td><td>고</td><td>중</td><td>저</td><td>고</td><td>중</td><td>저</td><td>고</td><td>중</td><td>저</td><td>고</td><td>중</td><td>저</td></tr>
<tr><td>R</td><td></td><td></td><td>●</td><td></td><td></td><td></td><td></td><td></td><td></td><td></td><td></td><td></td><td></td><td></td><td></td><td></td><td></td><td></td></tr>
<tr><td>YR</td><td></td><td></td><td>●</td><td></td><td></td><td></td><td></td><td></td><td></td><td></td><td></td><td>●</td><td></td><td></td><td>●</td><td></td><td></td><td></td></tr>
<tr><td>Y</td><td></td><td></td><td>●</td><td></td><td></td><td></td><td></td><td></td><td></td><td></td><td></td><td>●</td><td></td><td></td><td>●</td><td></td><td></td><td></td></tr>
<tr><td>GY</td><td></td><td></td><td>●</td><td></td><td></td><td></td><td></td><td></td><td></td><td></td><td></td><td></td><td></td><td></td><td></td><td></td><td></td><td></td></tr>
<tr><td>G</td><td></td><td></td><td>●</td><td></td><td></td><td></td><td></td><td></td><td></td><td></td><td></td><td></td><td></td><td></td><td></td><td></td><td></td><td></td></tr>
<tr><td>BG</td><td></td><td></td><td>●</td><td></td><td></td><td></td><td></td><td></td><td></td><td></td><td></td><td></td><td></td><td></td><td></td><td></td><td></td><td></td></tr>
<tr><td>B</td><td></td><td></td><td>●</td><td></td><td></td><td></td><td></td><td></td><td></td><td></td><td></td><td></td><td></td><td></td><td></td><td></td><td></td><td></td></tr>
<tr><td>PB</td><td></td><td></td><td>●</td><td></td><td></td><td></td><td></td><td></td><td></td><td></td><td></td><td></td><td></td><td></td><td></td><td></td><td></td><td></td></tr>
<tr><td>P</td><td></td><td></td><td>●</td><td></td><td></td><td></td><td></td><td></td><td></td><td></td><td></td><td></td><td></td><td></td><td></td><td></td><td></td><td></td></tr>
<tr><td>RP</td><td></td><td></td><td>●</td><td></td><td></td><td></td><td></td><td></td><td></td><td></td><td></td><td></td><td></td><td></td><td></td><td></td><td></td><td></td></tr>
<tr><td>N</td><td colspan="3">●</td><td colspan="3">●</td><td colspan="3"></td><td colspan="3">●</td><td colspan="3">●</td><td colspan="3"></td></tr>
</table>
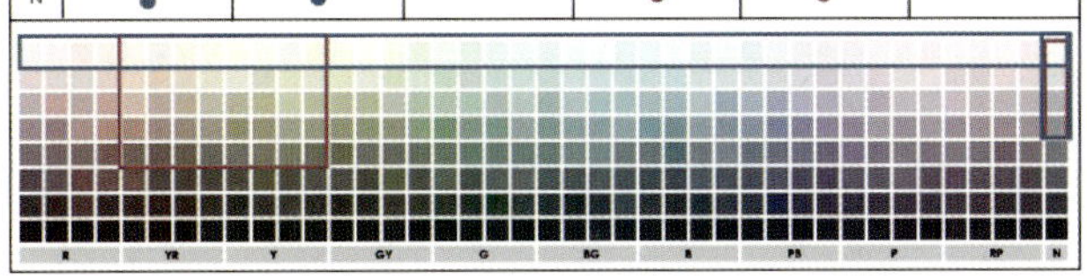</td></tr>
<tr><td>재 료</td><td colspan="2">• 노출콘크리트, 목재, 벽돌을 사용하여 대학연구 기능을 표현하도록 권장한다.</td></tr>
<tr><td>이미지</td><td colspan="2"></td></tr>
</table>

표 3-15 대평권역(Civil City, 도시행정 기능)

구 분	내 용	
색채적용 기본방향	• 도시행정 기능으로서 시민들에게 친근감을 제공하는 재료계획과 부드러운, 편리한 이미지의 색채를 적용하도록 한다.	
적용대상	• 지방자치단체 청사 • 대중교통 중심도로변 상업시설	
색채 사용범위	• 주조색 : YR, Y계열의 명도 7 이상/ 채도 2 이하 Off-white(색상계열별 명도 9 이상 / 채도 1 이하) • 보조색 : 명도 6 이상의 무채색, YR,Y계열의 명도 5 이상/ 채도 2 이하 • 강조색 : 원색 제한 • 배 색 : 동일조화, 유사조화	

구분	주조색									보조색								
명도	고			중			저			고			중			저		
채도	고	중	저	고	중	저	고	중	저	고	중	저	고	중	저	고	중	저
R			●															
YR			●									●			●			
Y			●									●			●			
GY			●															
G			●															
BG			●															
B			●															
PB			●															
P			●															
RP			●															
N											●			●				

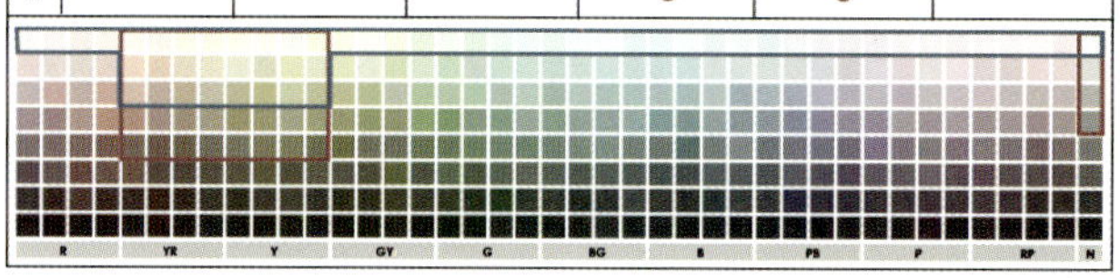

구 분	내 용
재 료	• 벽돌, 석재, 목재를 사용을 권장한다.
이미지	

표 3-16 송월권역 (Cross-Cultural City, 문화교류기능)

구 분	내 용	
색채적용 기본방향	• 도문화/국제 교류기능으로서 주변공간과 연계하여 격조높은 문화적 이미지를 연출할 수 있도록 하며, 구체적인 지향 이미지는 개방적인, 활기찬, 다양한 이미지로 한다.	
적용대상	• 문화 및 집회시설 • 대중교통 중심도로변 상업시설	
색채 사용범위	• 주조색 : N8이상, Off-white(색상 계열별 명도 9 이상/채도 1 이하) YR,Y계열의 명도 8 이상/채도 2 이하 • 보조색 : 명도 6 이상의 무채색, R,YR,Y계열의 명도 5 이상/ 채도 4 이하 • 강조색 : 원색 제한 • 배 색 : 동일조화, 유사조화, 무채색조화	
재 료	• 유리, 금속, 석재와 같은 투명소재나 메탈릭한 소재를 사용을 권장한다.	
이미지		

구분	주 조 색									보 조 색								
명도	고			중			저			고			중			저		
채도	고	중	저	고	중	저	고	중	저	고	중	저	고	중	저	고	중	저
R			●									●			●			
YR			●									●			●			
Y			●									●			●			
GY			●															
G			●															
BG			●															
B			●															
PB			●															
P			●															
RP			●															
N	●									●			●					

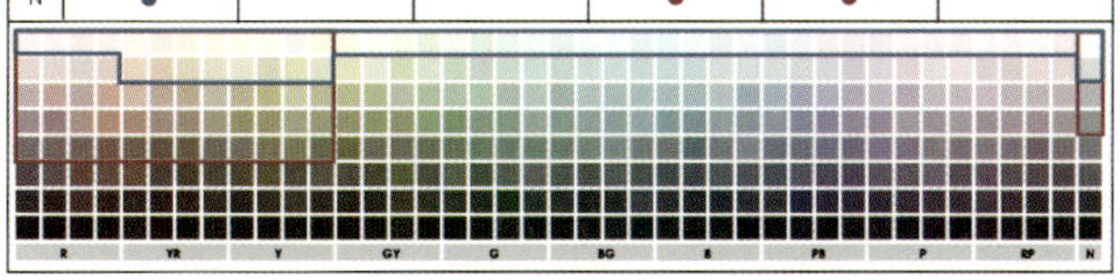

표 3-17 장남권역 (Green Heart, 중앙녹지보존)

구 분	내 용
색채적용 기본방향	• 중앙녹지·수변 주변의 시설물 등은 주변자연 환경 이미지와 조화되도록 조성한다.
적용대상	• 중앙녹지 공원에 건축되는 시설물

구 분	내 용
색채 사용범위	• 주조색 : 명도 7 이상의 무채색, 색상계열별 명도 9 이상/채도 1 이하 • 보조색 : 명도 5 이상의 무채색, R, YR계열의 명도 5 이상/ 채도 4 이하 • 강조색 : 원색 제한 • 배 색 : 동일조화, 무채색조화

구분	주조색									보조색								
명도	고			중			저			고			중			저		
채도	고	중	저	고	중	저	고	중	저	고	중	저	고	중	저	고	중	저
R			●															
YR			●									●			●			
Y			●									●			●			
GY			●															
G			●															
BG			●															
B			●															
PB			●															
P			●															
RP			●															
N		●									●			●				

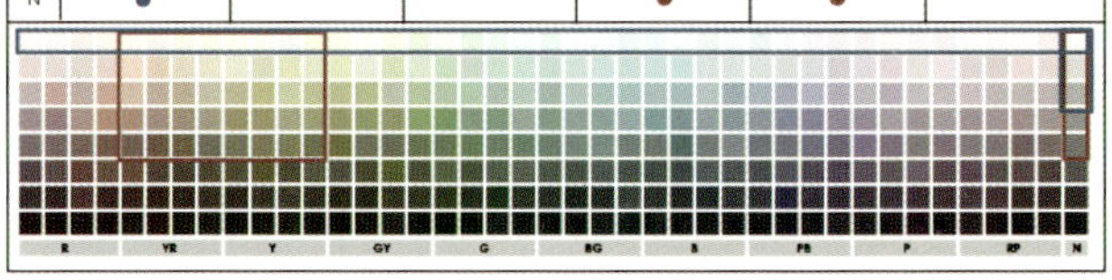

구 분	내 용
재 료	• 석재, 유리, 금속패널의 사용을 권장한다.
이미지	

(5) 부문별 색채 조성방안

부문별 색채 가이드라인 작성을 위해 도시를 구성하고 있는 요소들을 점적인 유형, 선적인 유형, 면적인 유형으로 분류하였다. 점적인 유형은 공공시설물, 옥외광고물, 도시구조물, 선적인 유형은 특화가로, 대중교통 중심도로, 수변공간, 보도, 자전거전용도로, 보행자도로, 면적인 유형은 복합 커뮤니티, 공원녹지부분으로 분류하였다.

각각의 대상에 대하여 색채 적용 개념 및 적용방안을 토대로 색채 조성방안을 작성하였다.

표 3-18 유형분류

<table>
<tr><th>점적 유형</th><th>선적 유형</th><th>면적 유형</th></tr>
<tr><td></td><td></td><td></td></tr>
<tr><td>공공시설물, 옥외광고물,
도시구조물</td><td>특화가로, 대중교통중심도로,
수변공간, 자전거 전용도로,
보도, 보행자도로</td><td>복합 커뮤니티, 공원녹지</td></tr>
<tr><td>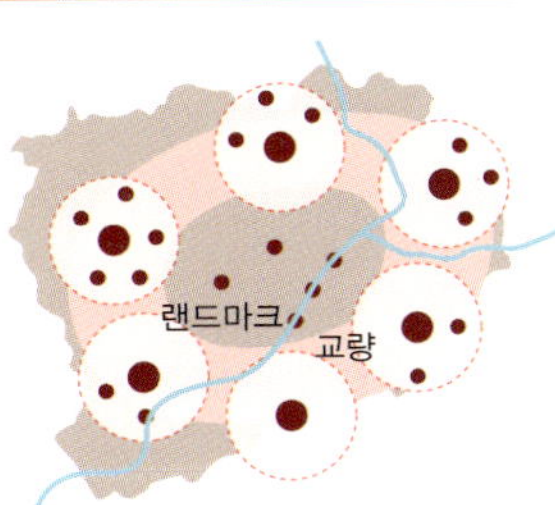
</td><td>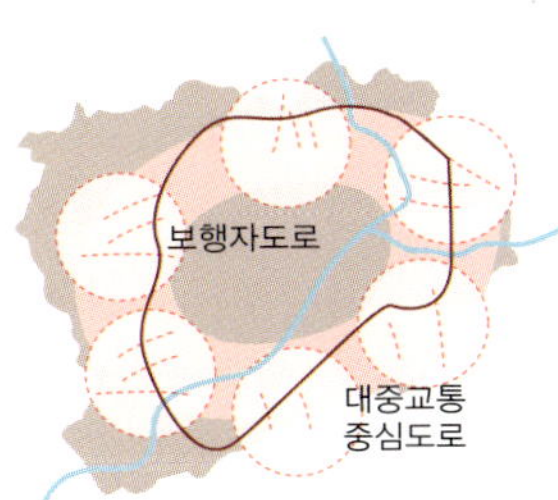
</td><td>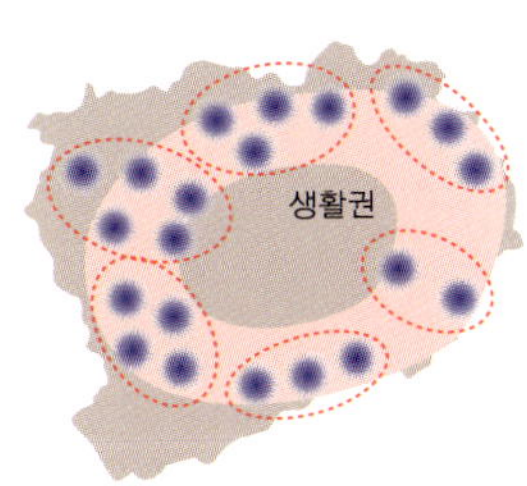
</td></tr>
</table>

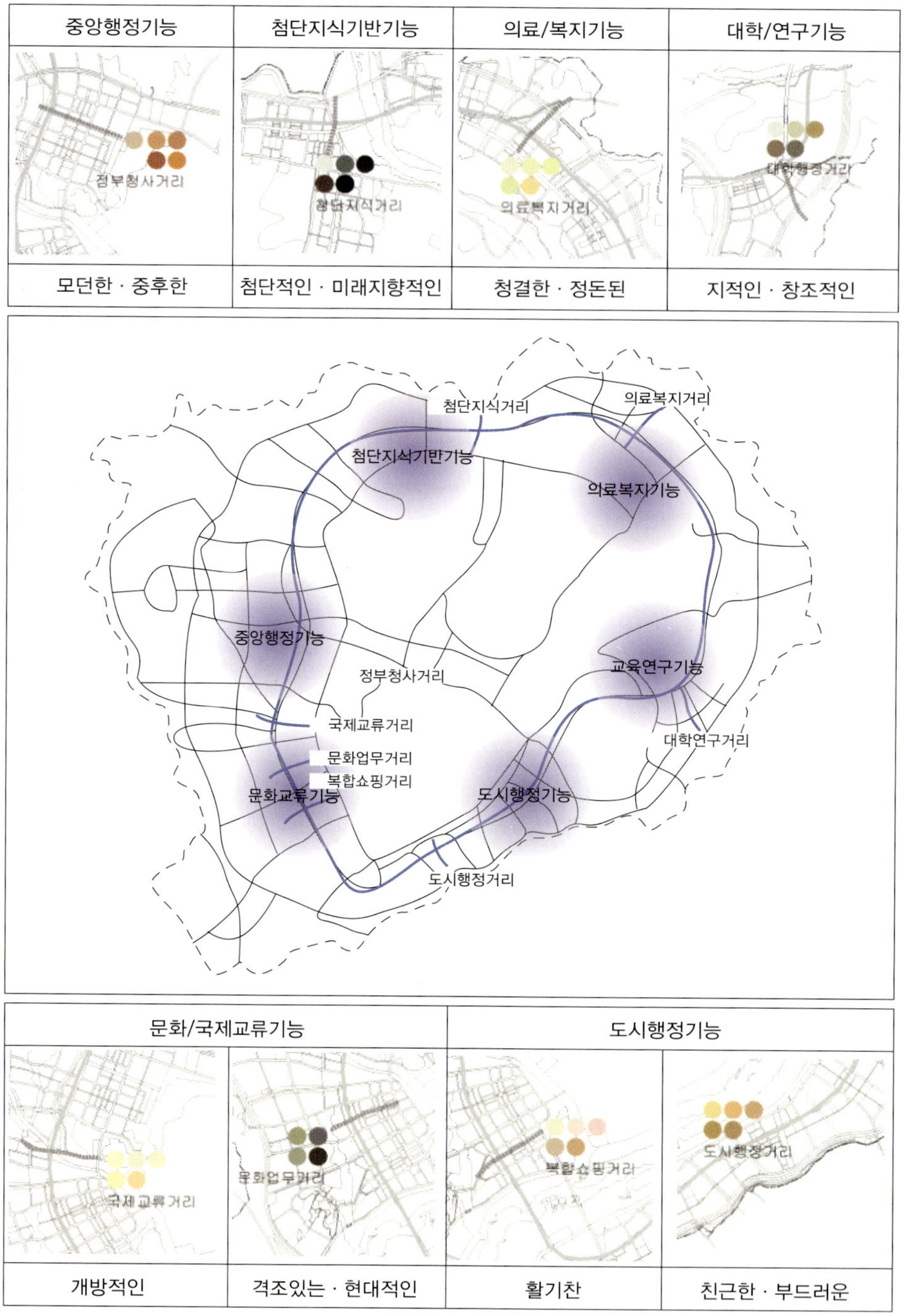

그림 3-19 특화가로의 적용 이미지

표 3-19 특화가로의 색채적용 개념

특화가로		적용 이미지	색채적용
중앙 행정	정부청사거리	모던한·중후한	• 건축물군을 중심으로 색채이미지 조성 – 마감재료 자체색에 의한 특화 • 재료적용의 통일 – 건축물 적용재료 범위 지정
첨단 지식 기반	첨단지식기반	첨단적인·미래지향적인	• 건물색채는 마감재 자체색으로 유도 • 건축물 색채 범위 지정 • 광고물 및 사인 체계에는 강조색채 적용
의료·복지	의료·복지	청결한·정돈된	• 건축색채는 마감재 자체색으로 유도 • 건축물 색채 범위 지정 • 광고물 및 사인 체계에는 강조색채 적용
대학 연구	대학연구	지적인·창조적인	• 건물색채는 마감재 자체색으로 유도 • 건축물 색채 범위 지정 • 광고물 및 사인 체계에는 강조색채 적용
도시 행정	도시행정	친근한·부드러운	• 건물색채는 마감재 자체색으로 유도 • 건축물 색채 범위 지정 • 광고물 및 사인 체계에는 강조색채 적용
문화·국제 교류	국제교류거리	개방적인	• 건축물 형태, 재료는 자유로우나 색채는 통합된 이미지로 표현 – 건축물 적용색채범위 지정
	문화업무거리	격조있는·현대적인	• 공공시설물 색채 적용의 통일 – 지정색채적용
	복합쇼핑거리	활기찬	• 광고물 보행공간 공공시설물 색채특화 볼거리 제공

표 3-20 특화가로의 이미지 포지셔닝 분석

특화가로	이미지	분석	이미지 포지셔닝
정부청사거리	모던한·중후한	정부청사거리는 고중명도의 무채색에 YR, Y계열의 색채를 보조색으로 사용한다. 이 범위의 색채는 정적인 이미지로서, 친근한, 중후한 이미지와 잘 부합되는 것으로 파악된다.	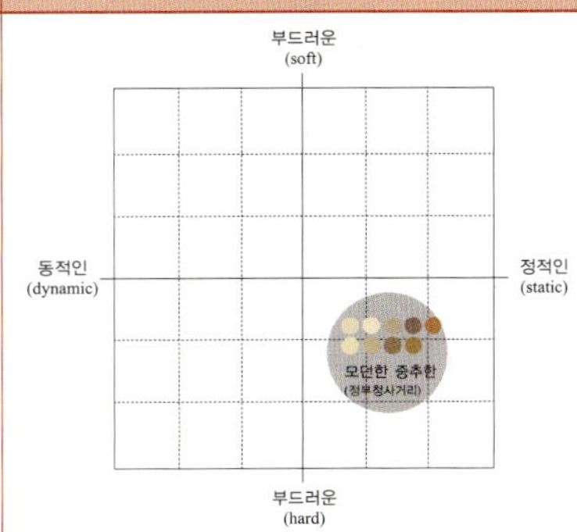

(계속)

첨단 지식 기반 거리	첨단적인 · 미래 지향적인	첨단지식기반거리는 고중명도의 무채색을 주조로 하여, 동적이면서 딱딱한 이미지의 첨단적, 미래지향적인 이미지와 잘 부합되는 것으로 파악된다.	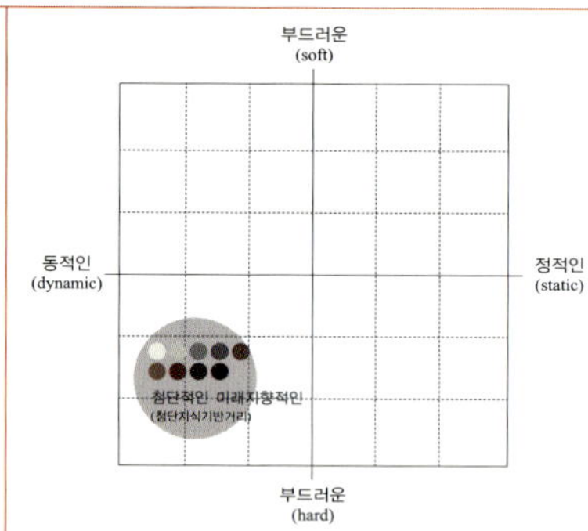
의료 복지 거리	깨끗한 · 정돈된	의료복지거리의 주조색으로 선정된 Y, YR계열의 고명도/저채도의 색은 부드럽고 정적인 이미지로서, 는 깨끗한, 정돈된 이미지에 잘 부합되는 것으로 분석된다.	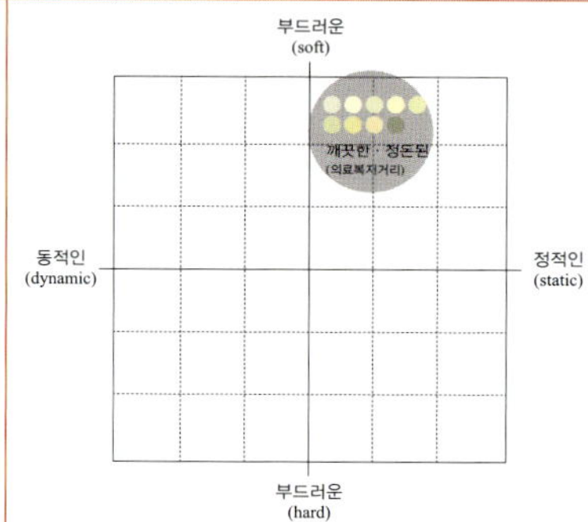
복합 쇼핑 거리	활기찬	복합쇼핑거리는 R,YR계열의 고명도/저채도의 색을 주조로 한다. 이러한 색채는 동적인 이미지로서 복합쇼핑거리가 추구하는 활기찬 이미지와 잘 부합되는 것으로 파악된다.	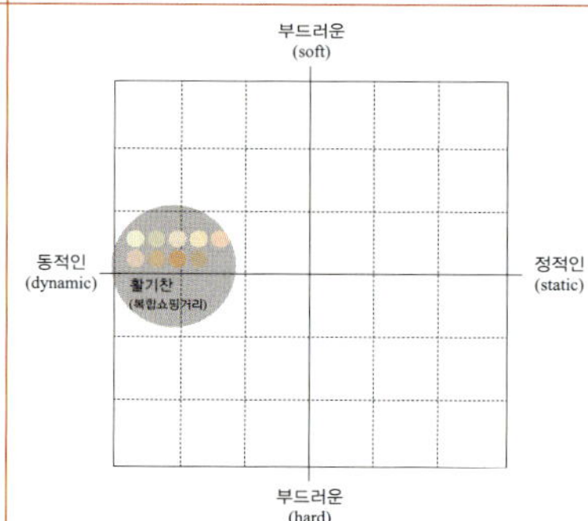
문화 업무 거리	격조있는 · 현대적인	문화업무거리는 YR,Y계열의 고중명도/저채도의 색을 주조로 하여, 딱딱한 느낌의 격조있고 현대적인 이미지를 잘 연출하는 것으로 분석된다.	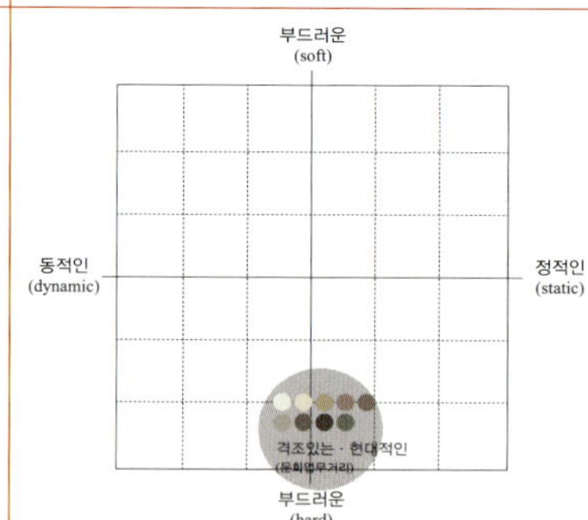

① 정부청사거리는 고중명도의 무채색에 YR, Y계열의 색채를 보조색으로 사용하여 친근하고 중후한 이미지를 연출하도록 한다.

그림 3-20 정부청사거리 이미지 예시

② 첨단지식기반거리는 고중명도의 무채색을 주조로 하여 첨단적, 미래지향적인 이미지를 연출한다.

그림 3-21 첨단지식기반거리 이미지 예시

③ 의료복지거리의 주조색은 Y,YR계열의 고명도/저채도의 색으로 깨끗한, 정돈된 이미지를 표현한다.

그림 3-22 의료복지거리 이미지 예시

④ 대학연구거리는 고중명도/저중채도의 R,YR계열의 색채를 주조로 하며, 지적인, 창조적인 이미지를 연출하도록 한다.

그림 3-23 대학연구기능 거리 이미지 예시

⑤ 도시행정거리는 YR,Y계열의 고중명도/저채도의 색을 주조로 하여, 친근하고 부드러운 이미지를 표현하도록 한다.

그림 3-24 도시행정기능거리 이미지 예시

⑥ 국제교류거리는 YR,Y계열의 고명도/저채도의 색을 주조로 하여, 개방적인 이미지를 표현하도록 한다.

그림 3-25 국제교류거리 이미지 예시

⑦ 문화업무거리는 YR,Y계열의 고중명도/저채도의 색을 주조로 현대적인 이미지를 연출하도록 한다.

그림 3-26 문화업무거리 이미지 예시

⑧ 복합쇼핑거리는 R,YR계열의 고명도/저채도의 색을 주조로 활기찬 이미지를 표현하도록 한다.

그림 3-27 복합쇼핑거리 이미지 예시

(6) 도시환경 색채 특화구역 조성방안

색채 특화구역의 적용방안을 도시환경색채의 이미지 형성 방안을 고려하여, 3가지 시나리오를 작성하였으며, 시나리오의 이미지를 설정하고 색채 적용 방안을 건축물의 유형 및 공공시설물 등의 적용개념을 중심으로 설정하였다.

표 3-21 시나리오별 색채적용기법

구분	단지조성 이미지	건축물군 구성 조건	색채적용기법 예시
시나리오 I	전위적인 역동감있는	형태와 재료구성이 다양하고 자유스러움	• 공공건축물, 주거건축물에 과감한 색채 기법 적용 • 건물 주조색·보조색·강조색 사용범위 제한 없음 • 보색기법·단색배색기법·무채색기법 등의 혼용, 단, 존을 나누어 존별 동일기법 적용 할 수 있음 –공중전화, 휴지통 등 공공시설물은 지정색채 적용 • 공중전화박스 : 투명재질에 무채색 프레임 적용 • 벤치 : N 3~7 • 휴지통 : N 2~6
시나리오 Ⅱ	로맨틱한	형태와 재료 구성에 일관성 있는 패턴이 존재	• 주거건축물 • 파스텔톤 기조의 부드럽고 다양한 색채 적용 • 건물 주조색·보조색 –다양한 색상계열 적용 –고명도/저채도 색채 적용 • 유사·동일 조화 배색기법 적용 • 공공커뮤니티 존은 무채색 배색기법 –건축물 존별 구분 없음 –공공시설물에 시각적 포인트 개념 적용 : 원색의 제한 등을 두지 않음
시나리오 Ⅲ	도회적인 · 세련된	형태와 재료 구성에 일관성이 있는 패턴이 존재	• 복합 커뮤니티 등 공공 건물군에 다이나믹한 색조의 단색 배색기법 적용 • 주거건축물에는 특화개념 적용 없음 • 공공시설물에 시각적 포인트 개념 적용 : 원색의 제한 등을 두지 않음.

(7) 지구단위계획 적용 색채가이드라인

건축물 외장재료의 색채표현 방식에 따라 외장재의 유형을 세 가지로 분류였다. 먼저 도장 및 도장방식에 의해 재료의 색채가 표현되는 경우와 재료 자체의 물성에 의해 색채가 표현되는 경우, 두 가지 유형에 해당하지 않거나 별도의 색채계획을 하고자 하는 경우의 세 가지로 분류하여 작성하였다. 또한 도장 및 도장방식에 의해 재료가 표현되는 경우는, 주거지는 용지별로, 주거지 이외의 용지는 건축물의 용도별로 분류하여 제시하였다.

마지막으로 재료 자체의 물성에 의해 색채가 표현되는 경우는 건축물 전체에 사용되는 경우, 건축물의 상단부에 사용되는 경우, 건축물의 하단부에 사용되는 경우로 분류하여 제시하였다. 이 유형에 해당하지 않는 재료일 경우 건축위원회의 심의를 거친 후 사용하도록 하였다. 또한 건축물 이외의 시설물에 대하여는 재료를 중심으로 가이드라인을 작성하였다.

(8) 주변지역 내 접근가로변 색채 가이드라인

행정중심복합도시 예정지역의 주변지역에 대하여 접근가로를 중심으로 가로공간 구성 특성 및 색채·재료의 현황을 분석하였다. 또한 주변지역의 색채 개선 항목을 도출하고, 이에 따른 색채 정비를 위한 가이드라인을 작성하였다.

(9) 도시환경 색채 가이드라인 관리방안

색채관리 제도로 어드바이져 제도와 색채 심의 제도를 제안하였으며, 색채 심의 제도에 대하여는 구체적인 관리방안을 제시하였다. 또한 시민의식 개혁을 위한 시민참여제도로서 시민 참가 거리 만들기 등의 해외 선진 사례를 제시하였다.

이상의 계획 방법은 현재 많은 신도시 환경색채계획의 기본방향에 큰 시사점을 제공하였다. 그러나 환경디자인이 지역의 특성에 맞는 디자인 형성을 기본으로 한다는 점에서 위의 사례를 참고로 각 대상지의 장소적 특성과 구성원의 지향을 모아나간다면 더 바람직한 환경색채계획이 될 것으로 기대한다.

04

도시건축의 색채계획

1. 도시건축 색채계획의 방향

1. 도시건축 색채계획의 관점

도시에서 건축물은 단독으로 존재하기 보다는 해당 지역, 주변 환경, 이용 특성 등과 밀접한 관계가 있다. 따라서 건축물에 사용할 색채를 선정할 때에는 주변과의 관계에서 고려해야 할 몇 가지 사항이 있다.

(1) 지역에 어울리는 색을 선택한다.

건축물이 입지하는 지역별 환경조건에 따라 사용하는 색채가 다르게 나타난다. 크게는 서울에서의 선호색과 부산에서의 선호색이 다르다. 이는 서울과 부산의 자연광 세기에 차이가 있기 때문이다. 또 지역에서 산출되는 재료에 따라서도 건축물의 색채는 다르게 나타난다. 따라서 건축색채는 건축물이 위치하는 지역의 색채환경과 어울리는 색채를 사용해야 한다.

(2) 건축물 용도에 맞는 색을 선택한다.

건축물은 용도에 따라 주거건축, 상업건축, 공업건축 등으로 구분할 수 있으며 도시는 동일 용도의 건축물이 모여서 주거지역, 상업지역, 공업지역 등을 형성하고 있다. 건축물은 용도지역에 따라 주거지역은 안정적이고, 상업지역은 활기 있고, 공업지역은 활력 있는 이미지를 가지고 있다. 따라서 해당 건축물이 위치하는 용도지역의 이미지에 적합한 색채를 사용해야 한다.

주거건축

상업건축

(3) 건축물 사용자의 색채감성을 반영한다.

건축물은 사용목적이 같아도 사용자의 연령에 따라 사용대상이 구분되는 경우가 있다. 특히 교육용 건축물에는 유치원, 초등학교, 중학교, 고등학교, 대학교 등이 있는데 이들은 동일 용도이지만 사용자의 연령층이 다르다. 또한 노인요양원, 실버타운 등은 사용자의 연령이 높은 편이다. 따라서 건축물을 사용하는 연령을 파악하여 사용연령에 적합한 색채를 사용해야 한다.

중학교

고등학교

2. 도시건축 색채계획의 방향

도시에서 건축물은 가로에 접하여 연속적인 형태를 갖는다. 그러니 건축물의 색채는 주변 건축물과의 관계 속에서 선택되어야 한다. 가로경관의 연속성을 위해서는 해당 건축물이 원경, 중경, 근경에서 보이는 부위와 이들의 연출방향에 따라 사용하는 색을 정해야 한다.

(1) 원경에서 통일되게 한다

건축물을 원경에서 볼 때는 건축요소 보다는 외벽과 지붕이 인지된다. 가로에서는 건축외벽이, 산지에서는 건물지붕이 보인다. 건축물의 외벽과 지붕은 넓은 면적을 차지하기 때문에 가로에서 배경적 역할을 할 수 있도록 통일성 있는 이미지로 연출하는 것이 좋다.

(2) 중경에서 조화롭게 한다

건축물을 중경에서 볼 때는 외벽과 건축요소가 보이게 되는데, 고층건축물은 중층부가, 저층건축물은 외벽전체가 해당된다. 중경은 이들 외벽이 연속적으로 보이기 때문에 인접 건축물의 외벽색채와 동일하거나 유사한 색채를 사용하여 조화롭게 하는 것이 좋다.

(3) 근경에서 변화있게 한다

건축물을 근경에서 볼 때는 저층부 요소가 보이게 되는데, 고층건축물은 1층부의 창문, 차양막, 간판 등이며, 저층건축물은 창틀, 담장, 펜스 등이 해당된다. 근경은 이들 요소가 보행자에게 즐거움을 줄 수 있도록 변화있는 색채를 사용하되 인접건축물과 색차를 조절하여야 한다.

3. 도시건축 색채계획의 기초

건축물은 외관 전체의 색채균형이 중요하기 때문에 베이스가 되는 넓은 면적에 사용되는 색과 악센트가 되는 작은 면적에 사용되는 색의 적합한 설정이 필요하다. 건축물의 넓은 면적을 차지하는 색은 주로 고명도·저채도의 색을 사용하고, 작은 면적에 사용하는 색은 상징적 이미지를 부여하는 강조색이나 중채도 이상의 색도 사용할 수 있다.

(1) 주조색

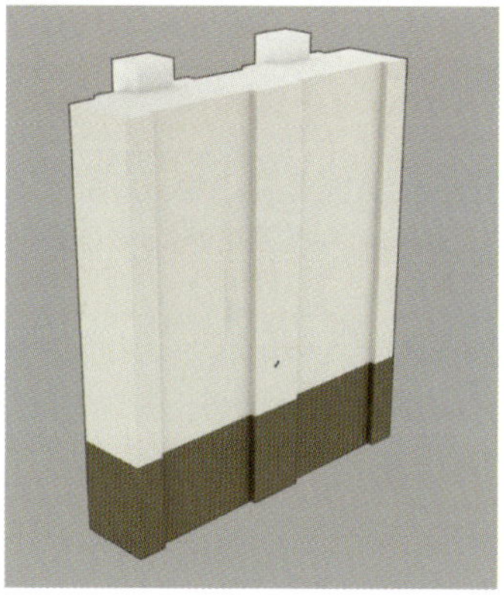

주조색은 건물외관에서 가장 넓은 면적을 차지하는 색으로, 건물 전체의 이미지를 결정한다. 일반적으로 저채도의 혼합색을 사용하며 인접하는 건축물과의 색차를 줄이도록 하여 동일 가로에서의 연속성을 형성하도록한다. 전체 면적의 50% 이상에서 80% 미만의 면적을 차지한다.

(2) 보조색

보조색은 주조색과 함께 사용하여 주조색을 보조해 주는 색으로 건축입면에 변화를 부여하고 단조로움을 방지한다. 일반적으로 주조색과 동일색상계열을 사용하여 톤 배색을 원칙으로 하고 동일 건물에서는 통일감을 형성한다. 전체 면적의 10% 이상에서 30% 미만의 면적을 차지한다.

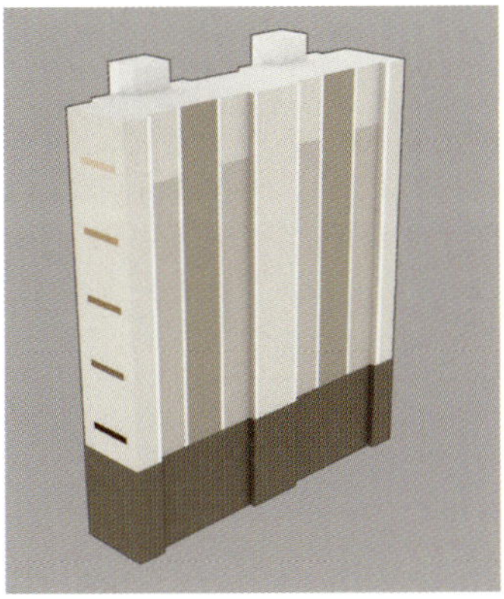

(3) 강조색

강조색은 작은 면적에 사용하여 개성을 연출하는 색으로 주조색, 보조색과 대비되는 이미지를 갖는다. 주조색과 동일 색상계열을 사용하거나 보색계열을 사용하여 작은 면적에 포인트 역할로 사용하도록 하고, 거리의 변화감을 주는 역할을 한다. 전체 면적의 10% 미만의 면적을 차지한다.

2. 도시건축 색채계획의 프로세스

1. 도시건축 색채계획의 프로세스

도시건축의 색채계획 프로세스는 건축유형이나 연출목적에 따라 정도가 다를 수 있지만 일반적으로 다음 7단계의 프로세스에 따라 진행한다. 먼저 색채계획의 목적을 파악하고, 대상건축물의 현황을 분석한다. 관련법규 및 계획을 조사하고 해당 건축색채와 유사사례를 분석한다.

다음으로 색채 기본구상을 설정하고, 색채 기본계획을 수립하며, 색채 상세디자인을 마련한다. 각 단계별 구체적인 내용과 방법은 2. 색채계획 단계별 내용 및 방법에 기술한다.

표 4-1 도시건축 색채계획의 프로세스

단계	내용
Step 1	**색채계획의 목적을 파악한다.** 색채계획의 목적은 건축물 용도에 따라 달라질 수 있으며 동일 용도라 하더라도 도시나 가로에서의 역할에 따라서도 달라질 수 있다.
Step 2	**색채계획 대상건물의 현황을 분석한다.** 색채계획 대상건물의 용도, 외관특징, 주변색채 등에 대한 현황분석을 통하여 색채디자인의 주안점을 도출한다.
Step 3	**관련법규 및 계획을 조사한다.** 색채계획 대상건물 및 대상지역과 관련이 있는 법규와 계획을 조사한다. 건축법, 경관법, 경관계획, 경관색채계획 등이 있다.
Step 4	**해당 건축물의 색채계획과 유사사례를 분석한다.** 색채계획 유사사례는 건축용도별, 연출방향별, 우수건축별 등으로 분석할 수 있고, 이에 따른 잠재력을 도출해야 한다.
Step 5	**색채 기본구상을 설정한다.** 색채 기본구상은 색채계획의 테마설정을 통해 사용색 팔레트와 디자인 모티브를 추출하고 색채와 패턴의 연출방향을 설정한다.
Step 6	**색채 기본계획을 수립한다.** 색채 기본계획은 단지형 건축물과 단일형 건축물에 따라 주변과의 관계를 고려한 입면색채계획을 수립한다.
Step 7	**색채 상세디자인을 마련한다.** 색채 상세디자인은 입면의 세부사항, 입면의 부속시설물 색채, 건축물 주변의 부대시설에 대한 색채를 결정한다.

2. 색채계획 단계별 내용 및 방법

(1) 1단계 : 색채계획의 목적을 파악한다.

건축물의 색채계획을 하는 목적에는 여러 가지가 있을 수 있다. 건축물의 용도에 따라서 달라질 수 있지만 같은 용도라 하더라도 도시나 가로에서의 역할에 따라서도 달라질 수 있다. 따라서 해당 건축물 색채계획의 목적을 명확히 설정하여야 한다.

건축 색채계획의 목적은 기능성 고양, 미관성 향상, 상징성 부각 등 여러 가지가 있다. 예를 들어 공장건축에서 탱크색채나 배관색채 등을 차별화하는 것은 기능성을 높이기 위한 것이고, 주거건축에서 외장색과 그래픽 등을 디자인하는 것은 미관성을 향상시키기 위한 것이며, 특정건축에서 외장색채를 다채롭게 디자인 하는 것은 상징성을 부각시키기 위함이다. 물론 같은 용도의 건축물도 다른 목적을 가질 수 있다.

기능성

미관성

상징성

안전성

그림 4-1 색채계획의 목적

따라서 건축 색채계획의 목적은 건축물 용도와 경관적 역할에 따라 설정하는 것이 필요하다. 주변 건축물이 돋보이기 위해서는 순응하도록 계획하거나, 가로 전체의 테마에 맞추어 주변 건축물과 조화를 이루도록 하거나, 주변 건축물보다 돋보이게 계획하도록 할 수 있다. 같은 용도의 건축물이라 하더라도 주변 건축물과의 관계에 따라 목적을 다르게 설정할 수 있다.

물론 건축 색채계획에서 여러 가지의 목적을 복합적으로 설정할 수도 있다. 기능성·미관성·상징성 등을 함께 설정할 수 있다. 이때에는 색채계획의 방향이나 건축물의 부위별로 다른 목적을 적용할 수도 있다.

(2) 2단계 : 색채계획 대상건물의 현황을 분석한다.

색채계획 대상 건축물의 입지지역, 건축용도, 외관특징, 주변색채 등에 대한 현황을 분석하도록 한다.

색채계획 대상건물의 용도는 크게 주거건축, 상업건축, 공공건축, 공업건축 등으로 구분할 수 있고, 집합주택, 단독주택, 근린생활시설, 상업시설, 업무시설, 문화시설, 교육시설, 체육시설, 창고시설, 발전시설, 의료시설, 종교시설 등으로 세분화할 수 있으며, 이에 따라 색채계획의 방향이 달라질 수 있다. 또한 대상 건물은 토지이용에 따라 주거지역, 상업지역, 공업지역, 미관지구, 경관지구, 개발제한구역, 지구단위계획구역, 중점경관관리구역 등에 해당되며 주변에 어떤 건축물이 입지하고 있는지에 따라 색채계획이 달라질 수 있다.

법적요건은 아니지만 녹지, 수변, 도심 등 입지지역에 따라서도 색채계획의 방향은 달라질 수 있다. 특정 용도의 건축물은 사용자의 연령이나 성별에 따라 색채특성을 규정할 수 있기 때문에 사용자의 특성도 파악해야 한다.

색채계획 대상건물의 입면은 크기, 길이, 거리, 형태, 재료, 장식물 등에 따라 색채계획의 방향이 달라질 수 있다. 건물높이에 따라 고층의 주거건축물이나 상업건축물은 높이로 인한 압박감을 줄여주어야 하고, 가로로 긴 형태의 공장건물이나 학교건물은 길이가 길어 보이지 않게 해야 한다. 입면의 요철유무에 따라 입면에 요철이 없는 경우에는 다른 색으로 변화감을 주기도 하고 요철이 있는 경우에는 많은 색을 사용하지 않는 것이 좋다.

건물배치에서는 배치방향이나 주동간격에 따라 햇빛을 많이 받기도 하고 적게 받기도 하기 때문이다. 건축물 마감재의 종류나 수량은 사용색의 수를 결정하는 데 중요하다. 건축물 외관에 노출된 설비시설의 종류와 규모도 파악한다.

색채계획 대상건물 주변의 환경색채는 자연환경색채, 인문환경색채, 인공환경색채 등으로 구분하여 분석한다. 자연환경색채는 하늘, 물, 수목, 꽃, 토양 등의 자연환경요소에 따른 색채를 말하며 지역별 색채특성을 파악할 수 있다. 인문환경색채는 역사자원, 문화자원 등의 색채를 말하며 이를 통해 지역의 특징적인 역사문화적 색채를 파악할 수 있다. 인공환경색채는 인접한 건축물이나 구조물 등의 색채현황으로서 돌출되는 색채를 분석할 수 있다.

• 건축물의 규모에 따른 특성

저층 단독주택

고층 공동주택

그림 4-2 색채계획 대상건물 주변의 환경색채 (1)

• 건축물의 길이에 따른 특성

길이가 짧은 근생시설

길이가 긴 공업시설

그림 4-2 색채계획 대상건물 주변의 환경색채(2)

(3) 3단계 : 관련법규 및 계획을 조사한다.

색채계획 대상 건물과 관련이 있는 법규와 계획을 조사한다. 관련법규에는 국토의 계획 및 이용에 관한 법, 건축법, 문화재보호법, 경관법 등과 밀접한 관련이 있고, 관련계획에는 도시기본계획, 지구단위계획, 경관계획, 경관색채계획, 공공디자인 가이드라인 등이 있다.

도시기본계획에는 "경관계획" 부문에 경관 기본방향에 따라 색채 기본방향을 설정하고 있으나 구체적인 색채범위를 지정하고 있지는 않다. 도시 전체의 분위기를 파악할 수 있으므로 이에 따른 색채계획이 필요하다.

도시마다 경관계획을 수립하고 있으며, 경관계획에는 색채가이드라인이 있다. 경관권역이나 건축용도별로 수립하고 있는 경우가 있다. 경관계획은 경관조례와 연계하여 운영하는 경우가 있으며, 공동주택의 색채계획, 경관심의대상 건축물은 색채계획을 별도로 요구하고 있는데 인천시, 용인시 등이 그 예이다. 최근에는 지자체에서 별도의 색채지침을 마련하는 경우도 있으며, 부산시, 청주시, 성남시 등이 해당되며 이에 따른 색채계획이 필요하다. 일반 필지는 지자체의 색채계획에 따라야 한다.

색채계획과 밀접하게 관련이 있는 법정계획으로는 지구단위계획이 있다. 지구단위계획에는 상당수가 색채계획이 포함되어 있기 때문에 대상지가 지구단위계획구역인 경우에는 반드시 지구단위계획의 색채계획이나 색채지침의 유무를 파악하고 이를 따라야 한다. 인천 송도국제업무지구, 광교신도시. 용인 흥덕지구, 용인 구갈3지구 등은 지구단위계획의 색채지침을 따라야 한다.

그림 3-3 용인시 기본경관계획 중 경관색채지침(공동주택)

(4) 4단계 : 해당 건축물의 색채계획과 유사사례를 분석한다.

색채계획을 위한 유사사례는 건축용도별, 연출방향별, 우수건축별 등으로 분석할 수 있고, 이에 따른 종합분석을 통한 잠재력을 도출해야 한다.

건축용도별 색채사례는 대상건축물의 용도와 유형이 동일한 사례의 색채경향을 분석한다. 좋은 사례와 나쁜 사례를 분석함으로서 사용하면 좋을 연출방향과 유의해야 할 연출방법 등을 분석할 수 있다.

연출방향별 색채사례는 대상 건축물의 연출이미지에 적합한 사례를 분석한다. 통일된 이미지를 연출하는 방법, 강조색을 적용하는 방법 등 다양한 연출방법에 따른 색채사례를 분석하여 대입 가능한 요소를 찾을 수 있다.

우수건축별 색채사례는 대상건축물과 건축용도는 다르더라도 건축물 디자인이나 색채가 우수한 사례를 분석하여 적용 가능한 연출방법을 추출한다. 특히 최근의 색채동향을 조사할 필요가 있다.

그림 3-4 건축색채 사례분석

(5) 5단계 : 색채 기본구상을 설정한다.

색채 기본구상은 색채계획의 테마설정을 통해 사용색 팔레트와 디자인 모티브를 추출하고 색채와 패턴의 연출방향을 설정하는 것이다.

색채계획의 테마는 별도로 설정하는 것이 아니라 건축설계와 연장선 상에서 이루어져야 한다. 테마는 색채이미지가 나타날 수 있는 단어나 문장으로 표현하는 것이 좋다. 예를 들어 'Natural Village'라고 하면 누구나 '자연 속의 마을' 을 연상하게 되며, 'Color Wave'는 '색채가 물결처럼 흐르는 것' 을 연상할 수 있듯이 색채계획의 테마는 이미지가 구체적으로 연상되는 것을 설정하는 것이 좋다. 테마가 나타내는 이미지는 사용색 팔레트와 디자인 모티브의 이미지와도 일관성이 있어야 한다.

사용색 팔레트는 색채계획의 테마를 색채이미지 스케일과 중첩시키고 이들 중 상위계획에 부합하는 색을 추출한다. 추출된 칼라팔레트는 사용면적에 따라 주조색, 보조색, 강조색으로 구분하고 각각의 사용부위를 설정한다. 이때 주조색, 보조색, 강조색은 유사색 계열에서 선택하는 것을 권장한다.

디자인 모티브는 테마의 이미지에 적합한 패턴을 추출한다. 즉 테마를 표현하는 사진 등에서 이미지를 단순화하고 패턴화하여 건축물에 적합한 패턴을 추출하게 된다. 패턴은 적용하지 않을 수도 있고, 한 가지만 적용하는 단일 패턴일 수도 있고, 베이스 패턴, 포인트 패턴 등 강약에 따른 패턴을 추출하여 건축물에 배치할 수 있다. 단, 건축물 외장에 적용하는 패턴은 구체적인 형태나 복잡한 형태를 지양하고 단순하고 간결한 것을 적용하도록 한다.

사용색 팔레트와 디자인 모티브를 적용할 때의 색채연출방향을 설정한다. 색채 연출방향은 해당 건축물이나 건축물군의 순응·조화·강조 등 역할에 따라 원경, 중경, 근경에서 색채개념을 설정하고, 단일 건축물에서는 저층부, 중층부, 고층부의 부위별 색채개념을 정하거나, 단지 건축물에서는 인접 건축물간의 연속적 색채개념을 정하는 것이다.

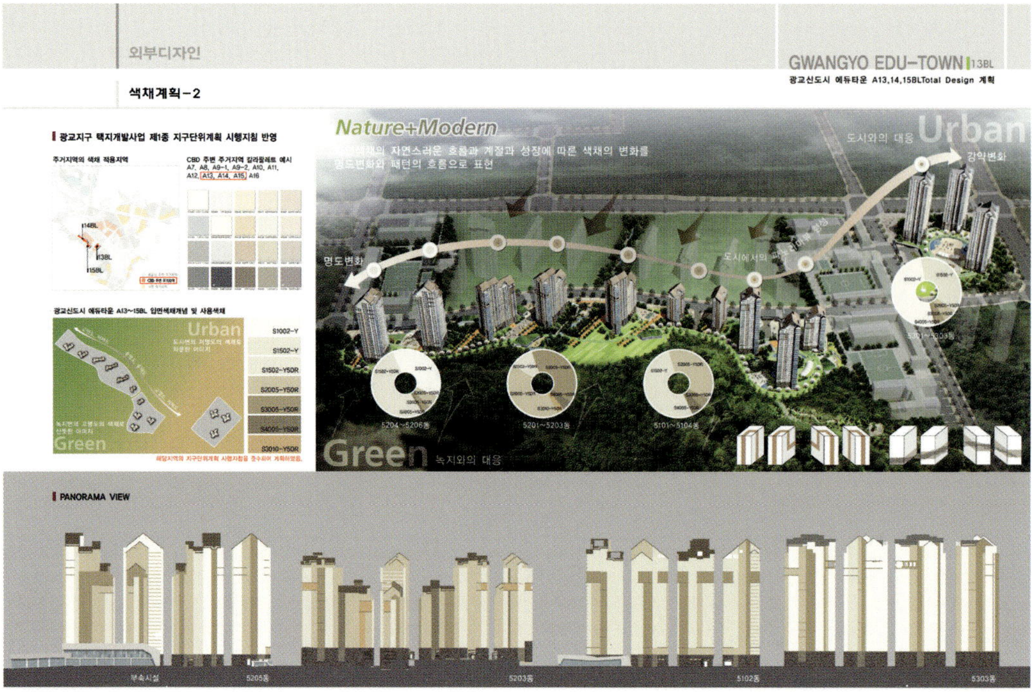

그림 3-5 색채기본구상

(6) 6단계 : 색채 기본계획을 수립한다.

건축색채 기본계획은 공동주택이나 공장건축 등과 같이 여러 건축물에 의해 단지로 이루어지는 단지형 건축물과 단독주택, 공공건축물, 상업건축물 등과 같이 하나의 건축물로 이루어지는 단일형 건축물로 구분할 수 있다. 단지형 건축물은 전체를 하나로 보고 배치계획을 해야 하며 단일형 건축물은 주변과의 관계를 고려한 입면계획을 수립해야 한다.

단지형 건축물의 색채기본계획에서는 개별 건축물의 색채계획보다는 단지 전체의 색채연출을 먼저 생각해야 한다. 단지 내에서 주조색과 보조색을 어떤 흐름으로 연출하고 강조색을 어느 위치에 배치할 것인지 결정한다. 예를 들면 주동별 주조색과 보조색의 면적비를 달리하여 톤변화에 의한 단지 전체의 변화감, 리듬감을 부여하는 색채계획을 할 수 있다.

강조색은 단지 전체에 적용할 수 있는 비율을 확인하고, 순응·조화·강조의 연출방향에 따라 외부에서 노출되지 않는 부위에 배치하거나, 주출입구와 주요 동선에서 잘 보이는 위치에 배치할 수 있다.

단일형 건축물의 색채 기본계획에서는 순응·조화·강조의 연출방향에 따라 건축물의 규모와 형태에 적합한 입면색채계획을 수립한다. 고층건축물은 높이를 분절하여 위압감을 해소할 수 있는 색채계획을 하고, 저층건축물은 복잡하지 않고 간결한 색채계획을 하며, 돌출과 후퇴가 있는 복잡한 형태의 건축물은 형태미를 살릴 수 있는 간결한 색채계획을 하고, 가로로 긴 장방형 건축물은 세로선형의 면분할에 의한 시각적 분절로 입체감있는 색채계획을 하는 등 입면특성에 맞는 색채계획이 필요하다.

색채계획에서 주의할 점이 있다. 하얀 도면 위에서는 간결한 색을 사용하거나 고명도색을 사용했을 때 도면색과 색차가 적어 잘 표현되지 않기 때문에 여러 가지 색을 사용하거나 명도를 낮추는 등의 오류를 범하기 쉽다.

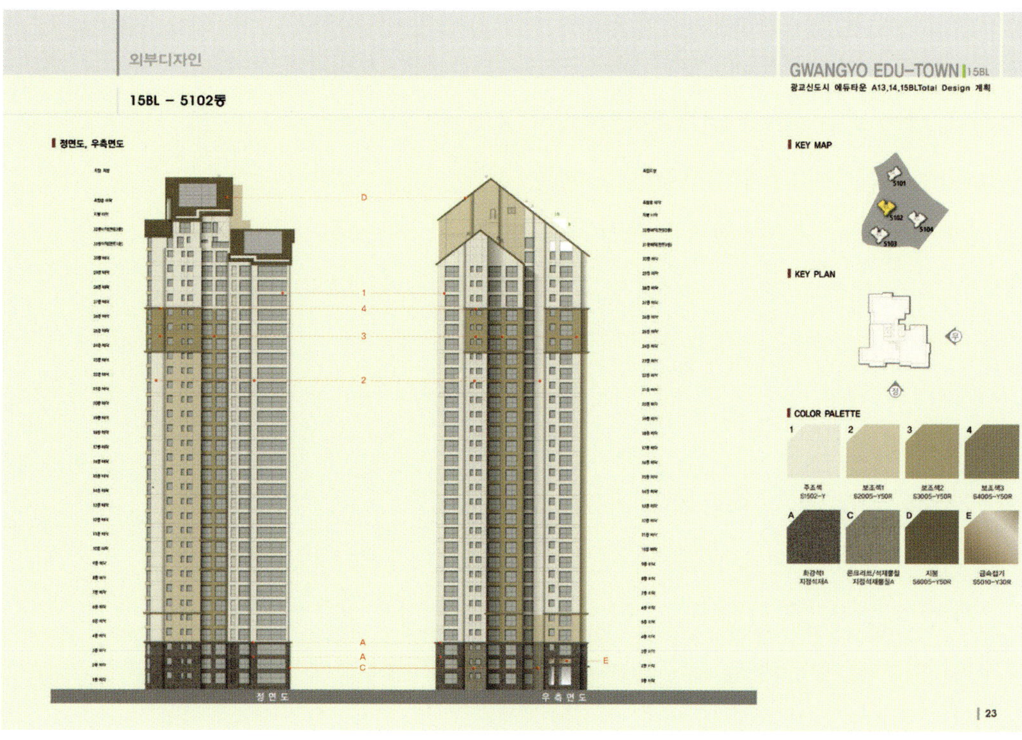

그림 4-6
외부디자인

따라서 주변과의 관계를 상상하거나 도면에 주변의 색채를 같이 표현해 보는 것이 좋다.

(7) 7단계 : 색채 상세디자인을 마련한다.

색채 상세디자인은, 입면색채의 세부사항, 건축물 입면의 부속시설물에 대한 색채, 건축물 주변의 부대시설에 대한 색채를 결정하는 것이다. 여기에는 시공성을 고려한 사항도 포함되어야 한다.

입면색채의 세부사항은, 건축물 외장의 넓은 면과 건축물 이미지 형성에 영향을 미치는 몰딩, 옥탑, 파라펫 등의 구조물에 대한 색을 선정하는 것이다. 저층부, 중층부, 고층부를 구분할 때 저층부를 몇 층으로 하고 어느 부분으로 할 것인가, 몰딩, 옥탑, 파라펫 등의 구조물은 어떤 색으로 할 것인가, 건축물의 요철이 있는 경우 어느 색을 어디까지 칠할 것인가 등 전체 색채이미지 형성에 영향을 미칠 수 있는 내용을 결정한다.

부속시설물에 대한 색채는, 건축물에 부착되어 있으면서 작은 면적을 차지하는 창틀, 캐노피, 루버, 그릴, 난간, 도어, 설비시설, 오버브릿지, 차양막 등에 대한 색을 선정하는 것이다. 이러한 요소들이 차지하는 색채면적은 작지만 건축이미지에 상당한 영향을 미칠 수 있는 요소들이다. 창틀, 난간, 설비시설 등은 건축외장색과 동일색 또는 유사색으로 하여 돌출되지 않도록 하고, 루버, 그릴, 오버브릿지, 차양막 등은 건축물의 연출방향에 따라 주조색, 보조색, 강조색을 사용할 수 있다.

부대시설에 대한 색채는, 건축물에서 떨어져 있으면서 대상지 내에 존재하는 옹벽, 담장, 펜스, 게이트, 가로시설물, 방음벽, 드라이에어리어 등에 대한 색채를 선정하는 것이다. 부대시설의 색채는 대상지 내에서의 역할에 따라 색을 선정하는 것이 필요하다. 건축물이 돋보이기 위해서는 강조색을 사용하지 않는 것이 바람직하며, 규모가 큰 것은 위압감을 해소할 수 있는 색채계획이 필요하다. 동일 부대시설이라고 하더라도 강조요소로 활용할 경우에는 강조색을 적용할 수 있다.

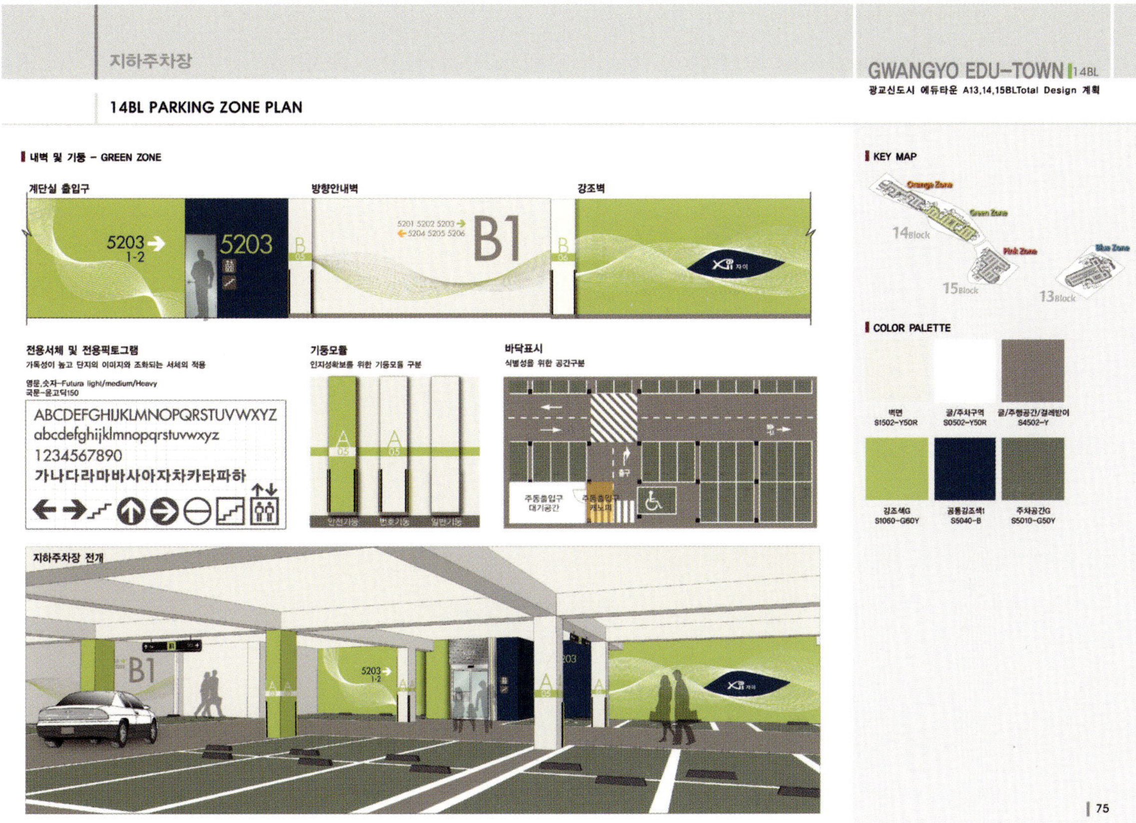

그림 4-7 색채 상세디자인 (지하주차장)

3. 도시건축 색채계획의 사례

1. 도시건축 색채계획의 사례

도시건축 색채계획의 사례에서는 건축물 유형에 따른 색채계획의 주요 내용과 방법을 제시하고자 한다.

건축물의 유형은 크게 주거용, 상업용, 공업용, 공공용 등으로 구분되며,

주거용은 사용자에 따라 집합주택과 단독주택으로 구분할 수 있다. 규모나 형태 등에 따라서도 다양하게 구분할 수 있다. 상업용은 상업건축과 업무건축으로 구분할 수 있다. 물론 복합용도도 있으며, 상업건축은 고층형과 저층형으로 구분되기도 한다. 공공용은 사용목적에 따라 공공청사, 주민자치센터, 도서관, 청소년수련관, 학교건축 등 다양하다. 특히 학교건축은 유치원, 초등학교, 중학교, 고등학교, 대학교 등 사용자의 연령이 명확히 구분되기도 한다.

도시건축 색채계획에서 다루고자 하는 건축물은 도시건축 중에서 건축색채계획의 차이가 명확히 구분되고 도시에서 건축색채의 영향이 크다고 판단되는 집합주택, 단독주택, 상업건축, 공장건축, 공공건축의 5가지 유형에 대해 다루고자 한다.

이들에 대한 색채계획의 주요 내용은 앞서 설명한 색채계획의 프로세스 중에서 계획방향, 현황분석, 기본구상, 기본계획으로 단계를 구분하고, 각 단계에서 건축물 유형에 따라 차이가 발생하는 부분에 대한 내용을 위주로 다루고자 한다.

(1) 집합주택 색채디자인

① 계획방향

집합주택은 주거용도로 사용되는 건축물이므로 편안하고 안정감 있는 색채계획이 필요하다. 또한 집합주택은 모든 연령대가 이용하므로 개인의 취향보다는 모든 연령에 통용되는 색채사용이 고려되어야 한다. 그러나 실버타운, 학생기숙사 등 사용자가 특정 연령층에 국한된 경우에는 그 대상에 맞게 색채계획을 해야 한다.

② 현황분석

집합주택은 1개 이상의 주동이 하나의 단지를 이루고 있는 경우가 많다. 하나의 주동보다는 단지 전체를 고려해야 한다. 또한 단지의 위치, 주변의 토지이용, 단지의 규모, 주동의 간격 등에 따라 색채가 다르게 보일 수 있기 때문에 현황분석이 면밀히 이루어져야 한다. 집합주택은 주동의 층수에 따라 초고층형, 고층형, 중층형, 저층형으로 구분되고, 주동의 유형에 따라 판상형, 탑상형, 복합형으로 구분되는데 이러한 상황에 맞게 색채계획을 위해서는 주동에 대한 특성도 분석되어야 한다.

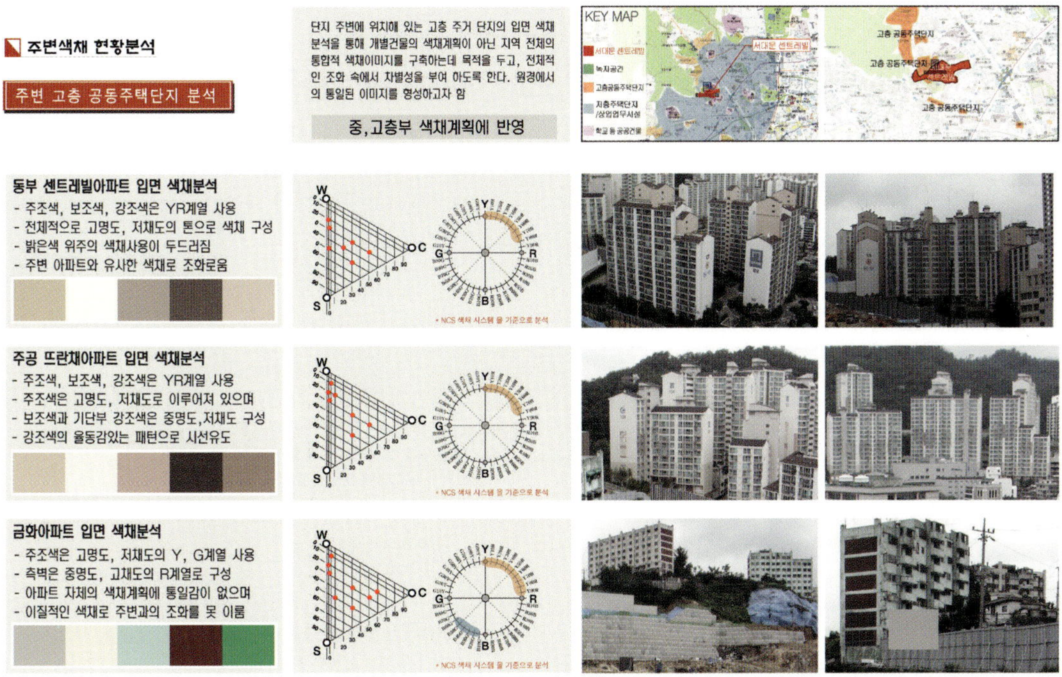

그림 4-8 주변색채 분석

③ 기본구상

기본구상에서는 사용색과 그래픽을 정하고 이를 단지 전체에 적용하는 연출방향과 개별 주동에 적용하는 연출방향을 설정해야 한다.

집합주택은 외부에서 단지 전체의 통일감을 부여하기 위해서는 하나의 단지로 인식시킬 수 있는 색채계획이 필요하고 이를 위해서는 조닝계획은 하지 않는 것이 좋다. 조닝구분이 꼭 필요하다면 주조색을 통일되게 적용하여 전체적인 통일감을 유지하도록 해야 한다.

주요 도로변에 주동이 연속적으로 배치될 때에는 연속된 주동을 하나로 계획해야 한다. 판상형의 측벽이나 정면이 일렬로 배치될 때에는 스카이라인의 변화를 주는 것이 좋고, 타워형 주동이 연속적으로 배치될 때에는 하나의 주동을 주조색, 보조색, 강조색 등으로 구분하는 것보다 하나의 주동에 하나의 주조색을 사용하여 주동마다 주조색을 변화시키는 것이 좋다. 주동 간격이 좁을 때에는 주조색의 명도를 높이고 이들의 사용면적을 넓게 하는 것이 바람직하다.

그림 4-9 디자인 콘셉트

고층의 집합주택이나 주상복합은 건축입면에서 오는 위압감을 해소하기 위해 상층부로 갈수록 고명도색을 적용하여 개방감을 부여하도록 한다. 그러나 중저층 연립주택 등은 중명도의 주조색을 사용하여 차분한 이미지를 연출할 수 있다. 지붕색은 조닝계획과 관계없이 통일하는 것이 좋고, 주로 회색계열, 적갈색계열, 밤갈색계열 등을 사용한다.

일반적으로 집합주택에는 측벽그래픽을 적용하지 않는 것이 좋다. 만약 적용할 경우에는 꽃문양, 시로고, 캐릭터, 산수화 등 구체적인 그래픽은 적용하지 않도록 하고 단순한 패턴으로 디자인해야 한다. 건설사 로고, 브랜드명, 마을명, 동번호는 배치와 크기 및 설치위치를 가이드라인에서 제시하는 기준에 맞게 표기해야 한다. 건설사 로고와 브랜드명, 마을명, 동번호 등은 주조색과 명도차를 줘서 명시성을 높이도록 하되, 주동의 사용색 범위 내에서 사용하는 것이 좋다. 건설사 로고와 브랜드명은 주동의 상단에 사용하는 것은 피하여 경관의 품격을 높이는 것이 필요하다.

④ 기본계획

• 입면의 색채디자인

입면의 색채디자인은 단지 전체의 배치개념에 따라 주동 유형별로 주조색, 보조색, 강조색을 부위별로 적용한다. 1~2가지의 입면색채 패턴을 단지 전체에 동일하게 적용하는 것보다 주동마다 면적비를 달리 적용하여 변화를 주는 것도 좋다.

고층이나 초고층일 경우에는 기단부를 중저명도색으로 처리하여 높이를 낮추는 효과를 줄 수 있다. 이때 기단부 마감재는 2가지색 이내로 사용하고 색상차나 명도차 등이 많이 나지 않도록 한다.

주동출입구는 고채도의 강조색보다는 외장색과 유사한 채도에서 명도변화로 인지성을 연출한다. 옥탑구조물과 같은 수직성이 강조되는 구조물은 주조색이나 보조색을 사용하여 입면과 톤변화에 의한 계획이 되도록 한다.

몰딩이나 파라펫과 같은 수평적 구조물은 강조색을 적용하기 쉬운 요소이지만 입면으로부터 돌출되어 보행자에게 시각적 부담감을 줄 수 있으므로 입면의 주조색과 동일색을 적용하여 은은한 형태감을 살리도록 한다.

부대복리시설은 단지 내에서 보행자에게 악센트 역할을 하므로 주동과 유사계열 내에서 재료를 달리하여 강조하거나, 채도를 약간 높인 강조색을 부분적으로 적용할 수 있다. 특히 보육시설은 부분적으로 강조색을 적용하여 활기 있는 분위기를 줄 수 있다. 근린생활시설은 상품과 광고물을 고려한 저채도색을 사용하여 돌출되지 않도록 하고, 차양막으로 입면에 활기를 부여할 수 있으며, 옥외광고물은 바탕색과 글자색을 지정하는 것이 좋다.

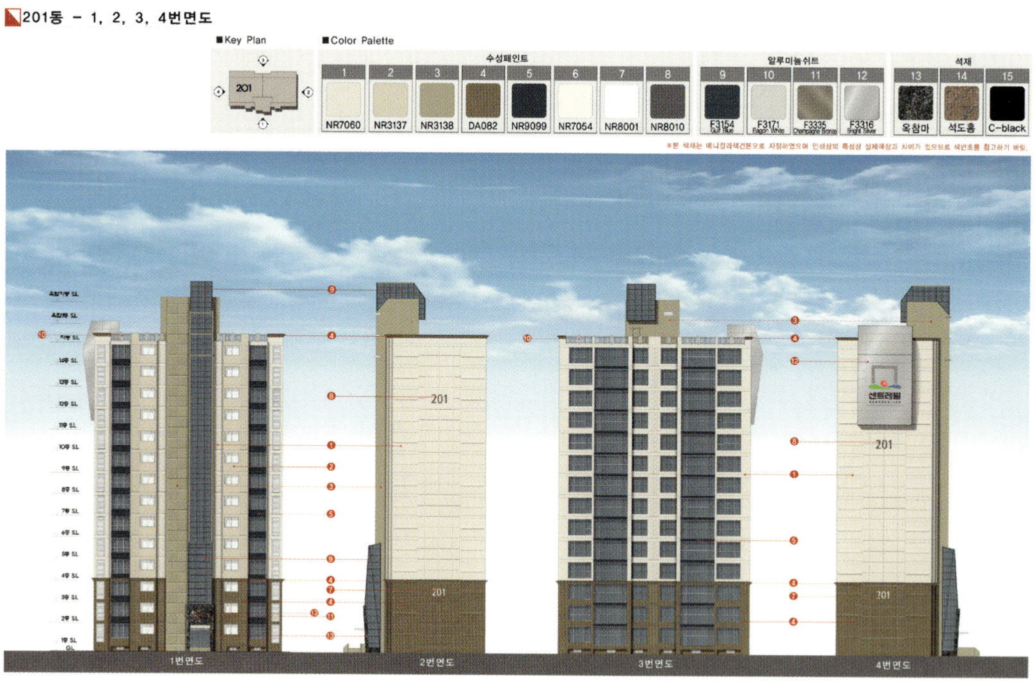

그림 4-10 주동입면의 색채디자인

• 부속시설의 색채디자인

입면에 있는 그릴은 입면색과 명도와 채도를 유사하게 적용하는 것이 좋다. 입면의 창틀에 부착된 난간이나 옥상난간은 입면의 주조색과 동일하거나 유사한 색채를 사용하게 한다. 입면에서 노출되는 가스관이나 홈통은 입면의 바탕색과 동일하게 하여 입면과 일체감을 주도록 한다. 부속시설은 사용하는 재료가 다양하고 재료별 생산가능색이 다르기 때문에 입면색채와 재료별 색채팔레트를 비교하여 최대한 유사색으로 결정해야 한다.

• 부대시설의 색채디자인

문주는 주동 기단부의 재료나 색채와 동일계열 또는 유사계열을 사용한다. 드라이 에어리어는 인접하는 주동의 저층부와 동일한 마감재나 유사색을 사용한다. 드라이어어리어의 조형성을 강조하는 디자인은 강조색과 상징적인 재료를 사용할 수 있지만 주동과 연속성이 있어야 한다.

자전거 거치대, 재활용분리수거장 등의 단지 내 시설물은 하나의 색을 선정하여 사용하고 2색 이상 사용 시 명도 차이만 주어 계획하도록 한다. 강조색을 적용하여 돌출시키는 것보다는 주동 저층부의 마감색과 유사계열의 색 적용으로 색채에 의한 강조가 아닌 구조물의 특성이 나타나도록 한다. 방음벽은 투명소재 또는 자연소재를 사용하고, 입면과 유사계열의 저채도색을 사용한다.

그림 4-11 부대시설의 색채디자인 (근린생활시설)

• 지하주차장의 색채디자인

지하주차장은 층별 구분이 있는 경우에는 층별로 사용색을 달리하여 색으로 인지할 수 있도록 하고, 한 개 층에 넓게 형성되어 있는 경우에는 동별로 구역색을 달리하여 색으로 찾아갈 수 있도록 한다. 주차장 내에서 램프부, 바닥부, 벽면부, 출입구 등에 위치인식을 위하여 색을 달리 적용할 수 있다.

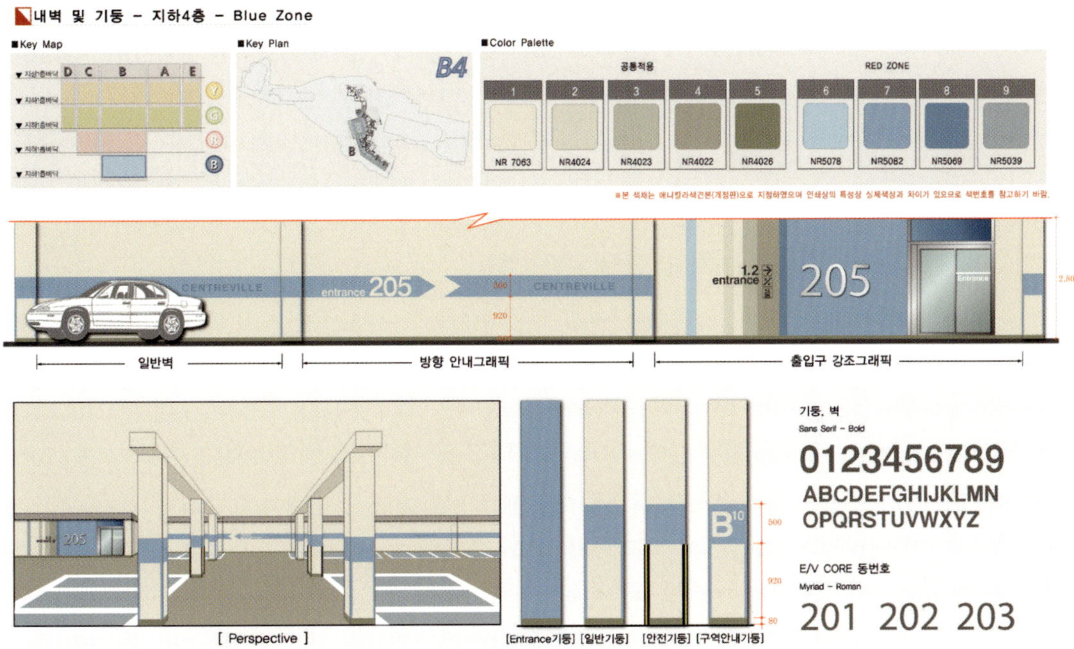

그림 4-12 지하주차장의 색채디자인

(2) 단독주택 색채디자인

① 계획방향

단독주택은 집합주택과 같이 주거용도로서 안정감 있는 색채계획이 필요하다. 소유주가 개인이기 때문에 개인의 취향에 따른 색채를 선택이 이루어질 수 있어 경관적 측면에서 주의가 필요하다.

② 현황분석

단독주택은 5층 이하의 건축물로서 개별로 존재하기 보다는 다른 주택과 밀집되어 연속적으로 배치되는 경우가 많다. 따라서 주변 건축물과의 조화가 우선시 되어야 하며, 인접한 건물의 색채조사를 통해 연속성이 유지되는 색채계획을 하는 것이 중요하다. 건폐율이 높은 건축물은 주변 건축물과 밀접하게 배치되고 외벽면이 가로에 면한 경우에는 가로가 폐쇄적 이미지를 가지기 때문에 이를 완화할 수 있는 고명도색을 선택하도록 한다.

색채계획을 위하여 대상지의 대지면적, 건축면적, 조경면적을 검토해야 한다. 건축물의 정면이나 측면 등에 마당이나 텃밭 등 넓은 공간이 형성되면 개방적 이미지를 갖게 되어 채도를 높일 수 있다.

다음은 건축물의 배치형태가 '—' 자형인지, 'ㄱ' 자형인지 등을 확인한다. 대부분이 2층 이상으로 계획되어져 있다. 또한 건축물의 입면형태가 1층과 2층의 평면이 달라짐에 따라 입면형태도 변형될 수 있다. 입면형태에 따라 단일색으로 계획할 것인지 색채변화를 줄 것인가에 대해 검토해야 한다.

대지분석

그림 13 색채 현황분석(입지분석)

③ 기본구상

개성 있는 건축물 연출을 목적으로 채도가 높은 색으로 개별적인 색채 디자인을 하는 것보다는 전체 이미지에 조화롭도록 하는 것이 좋다.

경관지구에서는 단독주택은 풍부한 자연환경과 조화로운 경관을 연출하기 위하여 지역에서 추출되는 색을 사용하는 것이 바람직하다. 주거건축물은 편안함을 주는 밝고 따뜻한 난색계열(Y~R계열)의 색채를 사용하는 것이 좋다.

그림 4-14 색채 기본구상 (조닝계획)

단독주택은 층수가 낮고 면적이 넓지 않기 때문에 사용하는 재료와 색채를 최대한 적게 계획한다. 단독주택을 단지로 조성하는 경우에는 통일된 이미지를 형성하기 위하여 주조색을 통일하거나, 지붕색을 통일할 수 있고, 주조색을 달리하여 인접하는 건축물과 색은 다르지만 톤을 통일하여 전체 이미지를 통일감있게 조성할 수 있다.

④ 기본계획

• 입면의 색채디자인

단독주택의 외벽색은 가급적 단색으로 하며, 최대 3색 이내로 하는 것이 복잡감을 줄여줄 수 있다. 단일 건물로는 단조롭고 단순해 보일지라도 주변 건축물이 연속되는 가로에서 보면 수목이나 건축물의 색채로 인하여 단조롭지는 않다.

외벽색으로 2가지 이상의 색채를 사용할 때에는 어두운 색을 아래쪽에 사용하여 안정감을 부여하도록 한다. '_' 자형 단독주택은 단색으로 계획하는 것이 바람직하고 'ㄱ' 자형과 같이 입면에 변화가 있으면 꺾인 면을 분절해 배색을 적용해 볼 수 있다. 2층 이상의 단독주택 중에서 저층부가 점포형 주거일 경우, 점포층과 주거층이 구분되도록 색을 적용할 수 있다. 그러나 준주거지역에서는 대부분 점포형이기 때문에 모든 건축물이 층별로 색을 달리한다면 오히려 복잡해 질 수 있다.

• 입면부위별 색채디자인

출입문은 외장색과 조화되는 중·저채도의 차분한 색을 사용하되 주목성을 부여할 수 있다. 캐노피 색채는 대문 및 출입문과 동일하거나 유사색으로 계획한다. 단독주택 외벽의 구조물이나 몰딩은 외장색과 동일계열에서 돌출되지 않는 색채를 사용하도록 하거나 유사계열의 색채로 명도차에 의한 톤온톤배색을 한다. 옥상설비는 외장색보다 명도, 채도가 낮은 색으로 안점감을 줄 수 있도록 한다.

외부로 드러나는 옥상바닥은 채도가 높은 색을 지양한다. 경사지붕일 경우에는 주변의 지붕색과 통일하고 이때 갈색계열이나 회색계열을 권장한다. 밝은 황적색을 사용하여 지붕색으로 활기를 연출할 수 있기 때문이다.

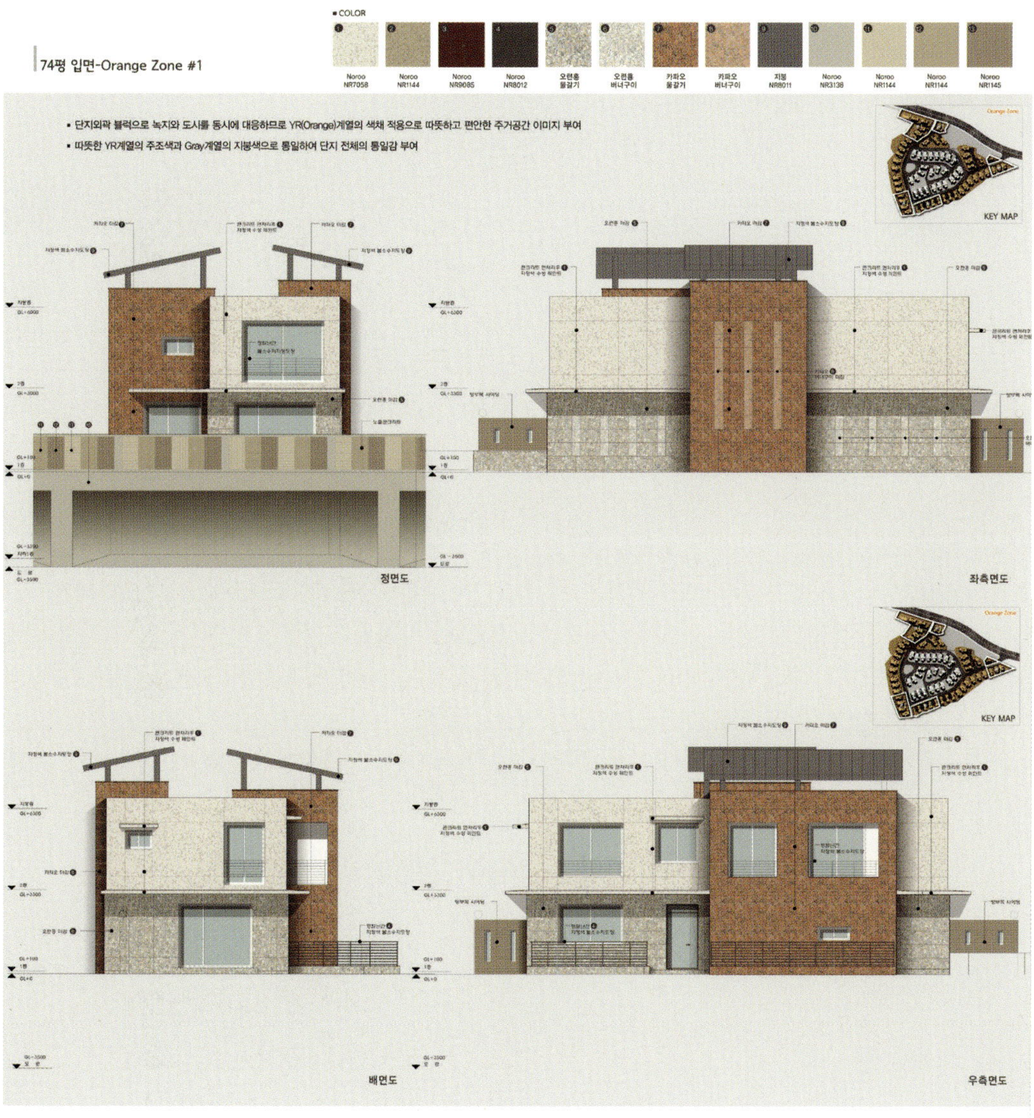

그림 4-15 주동입면 색채디자인

• 부대시설의 색채디자인

단독주택은 외부에 담장, 옹벽 등이 발생하는 경우가 많은데 건축물보다 저채도색을 사용하고 가급적 자연재료를 사용하도록 한다. 펜스는 명도 8 이상의 밝은 색이나 명도 3 이하의 어두운 색을 사용한다. 펜스와 연결된 대문은 외장색이나 옹벽과 색채가 적은 색을 사용하여 튀지 않도록 한다. 우편함은 고채도색보다는 외장색과 동일 색상계열에서 저채도색으로 계획하는 것이 일체감을 줄 수 있다.

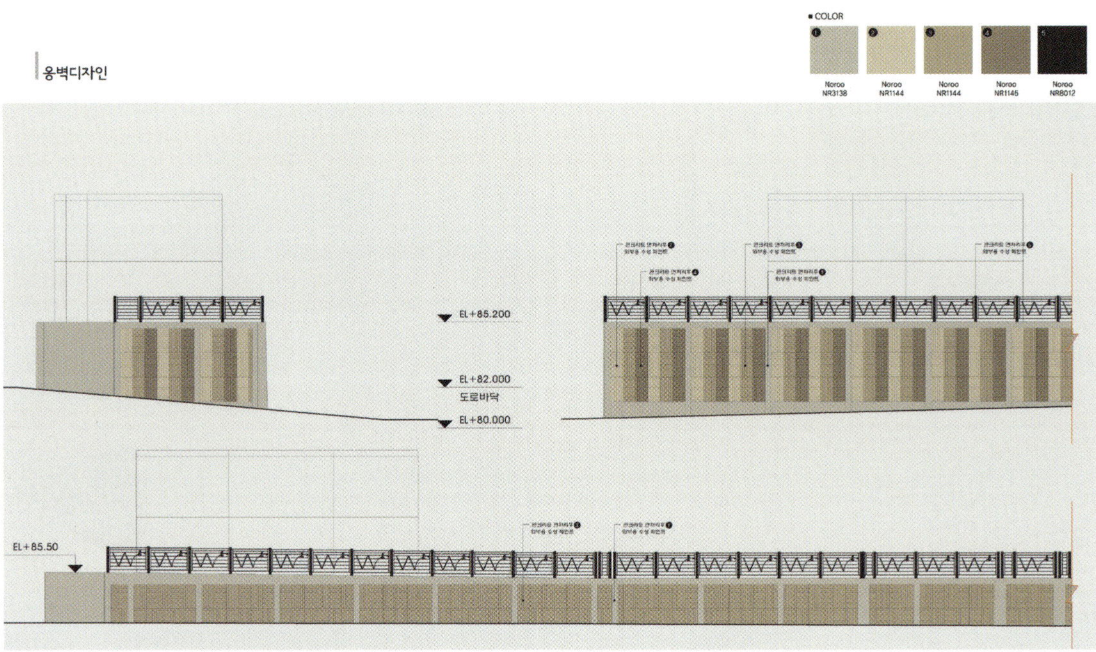

그림 4-16 부대시설의 색채디자인(옹벽)

(3) 상업건축 색채디자인

① 계획방향

상업건축물은 음식점, 의류매장, 서비스업, 슈퍼, 숙박 등의 용도로 사용하고 있고 그 밖에도 다양한 용도가 있다.

상업건축물은 그 유형과 크기도 다양하고 상업지역에서도 인접하는 건축물과 형태적 차이가 발생할 수 있다. 상업건축물은 다른 건축물에 비해 가장 활기찬 색채계획이 이루어져야 하지만, 소유주의 취향을 강하게 표현할 경우 주변과의 조화를 깨트리기 쉽다.

그림 4-17 색채계획의 기본방향

② 현황분석

상업건축물의 형태와 규모에 대해 파악해야 한다. 형태가 사각형, 곡선형, 자유형 등 다양하고 규모도 저층부터 고층까지 다양하다. 상업건축물에 사용하는 외장재의 종류와 마감방법 또한 중요하다. 외장재의 종류에 따라 색채의 한계가 있고 마감방법에 따라 색이 달라지기 때문이다.

상업건축물의 입면은 1층 전면부의 70% 이상에 유리가 사용되어 내부 공간이나 내부 상품이 드러나는 경우가 많기 때문에 상품색이나 공간색을 고려해야 한다. 또한 건축물의 입면에 업소마다 1개 이상의 간판을 설치하고 있기 때문에 간판의 설치위치와 간판의 설치유형을 파악해야 한다.

③ 기본구상

상업건축물은 개성이 느껴지며 활기찬 느낌으로 연출하되 인접하는 건축물 및 가로와의 연속성을 고려해야 한다.

상업지역에서는 상업건축물이 밀집되어 혼잡함이나 답답함이 쉽게 느껴질 수 있으므로 이를 경감할 수 있는 색채를 선정하여 편안하고 여유로운 분위기를 연출하도록 한다. 신규 개발지역의 상업가로는 중명도, 중채도의 색채사용을 통해 안정된 색채계획을 유도한다. 상업건축물은 인접 건축물과 동일색 또는 유사색을 적용하여 연속성을 유지한다.

주거지역에 위치하는 상업건축물은 상업지역에 위치하는 상업건축물보다 차분한 이미지의 색채계획이 필요하다. 주변 주거공간의 차분하고 편안한 색채이미지를 해치지 않는 색채로 계획하고 일부 보조색이나 강조색에서 변화감을 부여할 수 있다. 상업지역내 위치하는 건물은 활기찬 상업공간의 이미지를 부여하도록 한다.

상업건축물의 용도에 따라 색채이미지를 달리할 수 있고, 다른 용도에 비해 숙박용 건축물은 안정감 있는 색을 사용한다. 상업건축물의 규모에 따라 톤을 달리할 수 있으며, 작은 규모보다 큰 규모는 명도가 높은 색이 압박감이 적다.

상업건축물은 상품의 다양한 이미지와 옥외광고물의 색채를 경감할 수 있는 차분하고 저층부의 통일감 있는 색채계획이 요구된다.

	색견본	색번호	재질	적용부위
주조색	1	한글라스 6KNT164 옅은청색	T24로이복층유리	상층부 유리
	2	한글라스 6KNT164 옅은청색	T24로이복층유리 (샌드블라스트)	상층부 패턴유리
	3	한글라스 투명	강화유리 (SYSTEM GLASS)	저층부 유리
	4	한글라스 Light Green	칼라복층유리	저층부 유리
보조색 강조색	5	Duravar(동주산업) Silver Grey(UC-50958 XL	알루미늄 쉬트	저층부 알루미늄쉬트
	6	Duravar(동주산업) Champagne Gold DC-40179 XL	알루미늄 쉬트 알루미늄 그릴	옥탑구조물 저층부 알루미늄쉬트 저층부 알루미늄 그릴
	7	Duravar(동주산업) UCAL Grey UC-89453	알루미늄 쉬트	저층부 알루미늄쉬트
	8	Duravar(동주산업) Seawolf UC-45074	알루미늄 그릴 스팬드럴 백판넬	상층부 그릴 상층부 스팬드럴 백판넬
	9	에스엠텍 [illegible] 내추럴 컬러	펀칭메탈	저층부 보조색 펀칭메탈
	10	Duravar(동주산업) Seawolf UC-45074	스팬드럴 백판 커튼월/알루미늄쉬트 불소수지도료	스팬드럴 백판넬 커튼월 Bar/기둥 외부계단 불소수지도료r
	11	Duravar(동주산업) Beige UC-54137	알루미늄 그릴	저층부 외부계단
	12	Duravar(동주산업) Camel Back DC-40527	스팬드럴 백판넬	저층부 외부계단
	13	Duravar(동주산업) Cinnamon DC-40470	알루미늄 Bar	저층부 외부계단

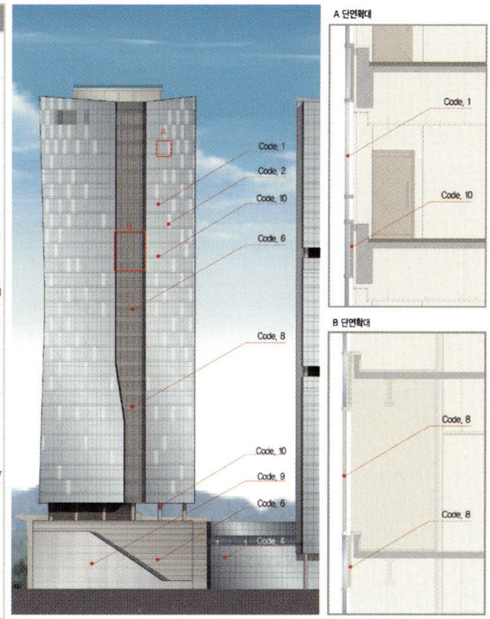

그림 4-18 색채 기본구상(칼라팔레트)

④ 기본계획

• 입면의 색채디자인

상업건축물의 입면형태가 정형적인 경우에는 부분적으로 다른 색을 사용하여 변화를 부여할 수 있지만 입면형태가 복잡한 경우에는 단색을 적용하여 건축형태가 부각되도록 색채계획을 한다.

상업건축물은 건축설계에서 재료와 마감이 정해지기 때문에 외장재의 특성과 색채구현의 가능여부를 체크해야 한다. 석재 등의 자연소재라고 하더라도 색상이 다양하고 마감방법에 따라 톤 차이가 있기 때문에 재료의 종류를 줄이도록 한다. 유리는 반사율과 투과율을 고려하여 선택하도록 한다.

상업건축물은 유리면을 제외하고 가급적 2가지색 이하로 사용하는 것이 좋다. 상업건물이 2층 이하일 경우는 단일색으로 적용하고, 5층 이상일 경우는 기단부와 상층부로 색을 구분하여 적용할 수 있다. 상업건물의 기단부는 옥외광고물의 설치를 고려해서 다양한 색채사용은 지양하고, 중·저채도의 색채를 사용하여 시각적 안정감을 부여하는 것이 좋다. 활력 있는 색채와 차별화된 색채는 건축물의 저층부 위주로 계획하는 것이 좋다.

입면색채계획 배면도/좌측면도

■ KEY MAP

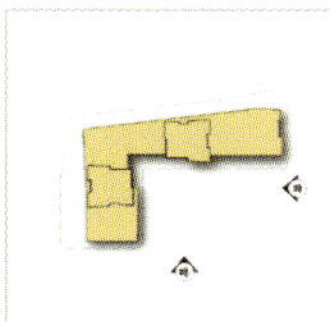

■ 외부재료마감표

외부재료 마감표	1	2	3	4	5	6	7	8	9	10	11	12	13
색상표													
마감재료	T24로이복층유리	T24로이복층유리 (샌드블라스트)	T12강화유리 (SYSTEM GLASS)	칼라복층유리	알루미늄 쉬트	알루미늄 쉬트 알루미늄 그릴	알루미늄 쉬트	알루미늄 그릴 스팬드럴 백판넬	판칭메탈	스팬드럴 백판 커튼월/알루미늄쉬트 불소수지도료	알루미늄쉬트	알루미늄쉬트	알루미늄쉬트
색번호	6KNT164 엷은청색	6KNT164 엷은청색	투명강화유리	Light Green	Silver Grey UC-50858 XL	Champagne Gold DC-40179 XL	UCAL Grey UC-89433	Seawolf UC-45074	내츄럴칼라	Shastar DC-40486	Beige UC-54137	Camel Back DC-40527	Cinnamon DC-40470
제품명	한글라스	한글라스	한글라스	한글라스	Duranar(동주산업)	Duranar(동주산업)	Duranar(동주산업)	Duranar(동주산업)	에스엘텍	Duranar(동주산업)	Duranar(동주산업)	Duranar(동주산업)	Duranar(동주산업)
적용부위	상층부 커튼월	상층부 커튼월	저층부 커튼월	저층부 커튼월	저층부	옥탑구조물 저층부 알루미늄 쉬트 저층부 알루미늄 그릴	저층부 알루미늄 쉬트	상층부 그릴 상층부 스팬드럴 백판넬	저층부 판칭메탈	스팬드럴 백판넬 커튼월 Bar/기둥 외부계단 불소수지도료	저층부 계단	저층부 계단	저층부 계단
Munsell Code	0,4PB 6,8/2,6	0,4PB 7,5/2,1	9,8B/8,1/2,7	7,2B 6,5/2,5	6,9YR 4,9/1,2	7,1YR 6,3/1,1	6,9YR 4,9/1,2	7,1YR 6,3/1,1	7,5N	2,5Y 8,0/0,9	8,8YRB 6,7/2,5	8,6YR8,0/4,3	4,1YR4,2/3,8

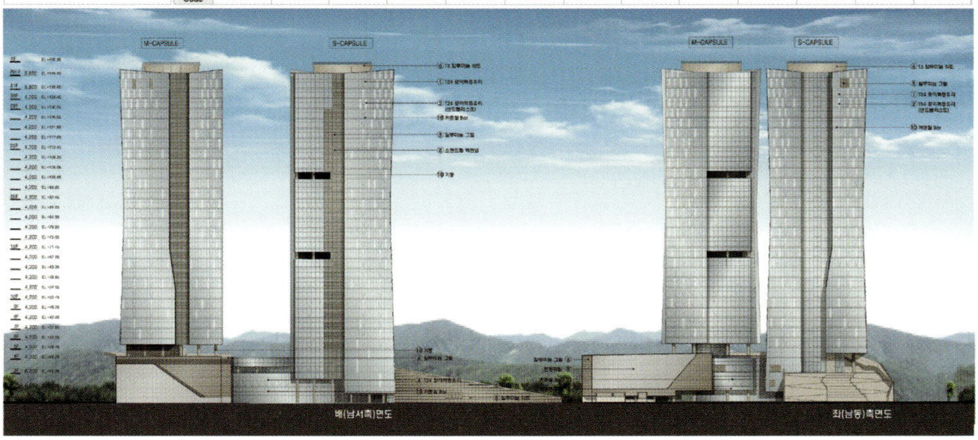

그림 4-19 주동 입면의 색채디자인

• 입면부위별 색채디자인

출입구는 저층부와 조화되는 중·저채도의 차분한 색채를 사용하되 명도를 낮춰서 주목성을 부여할 수 있다. 창틀은 입면색과 동일계열의 톤배색으로 자연스럽게 연출한다. 창문의 부속물로 설치되는 발코니는 저채도색을 사용하여 돌출되지 않도록 하고 강조색을 사용하지 않도록 한다. 옥상설비와 옥상바닥은 외장색보다 채도가 낮은 색채를 적용한다.

구조물이나 몰딩은 주조색이나 보조색을 사용하여 돌출되지 않도록 한다. 외부노출계단은 저채도를 사용하여 돌출되지 않도록 하고 강조색을 사용하지 않도록 한다. 난간은 소재색 또는 저채도색을 사용하여 돌출되지 않도록 한다.

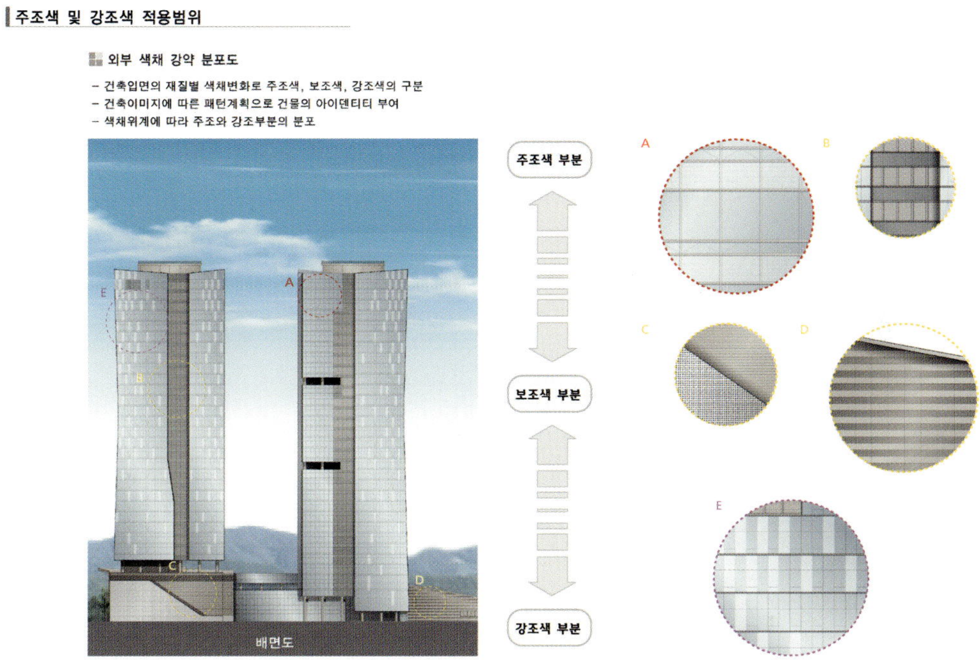

그림 4-20 입면 부위별 색채디자인

- 부속시설의 색채디자인

상업건축물에 차양막이 설치되는 경우에는 저층부 입면과 유사계열의 색채 또는 중채도 이하의 단일색으로 하며, 동일 건축물에서의 차양막은 색채를 통일되도록 한다.

옥외광고물은 옥외광고물 색채기준에 따라 계획하되 건축물마다 테마색을 주는 것이 좋다. 여러 업소가 입주하는 경우에도 가로형 간판의 바탕색을 동일하게 적용하는 것이 건축물의 품격을 높일 수 있다.

건축물의 전면공간은 건축물 및 보도포장과 연계성을 도모하고 돌출되지 않도록 한다. 도로경관에서 보이지 않는 공간에는 중채도 이상의 주조색 사용이 가능하다.

(4) 공공건축 색채디자인

① 기본방향

공공건축물은 시청사, 구청사, 주민센터, 박물관, 미술관, 도서관, 문화센터, 체육시설 등 공공기관이 소유하고 있는 것으로 그 용도가 다양하다. 공공건축물은 용도에 따라 이미지의 차이가 발생하기 때문에 용도별 이미지를 고려한 색채계획이 중요하다.

② 현황분석

공공건축물은 건폐율이 높지 않아 공개공지가 비교적 많이 설치되어 있다. 공개공지를 이용하는 이용자들에게 건축물의 저층부는 노출되기 쉬우므로 이를 고려한 색채방향을 설정하여야 한다. 비교적 다양한 마감재와 다양한 형태의 입면 특징을 갖고 있다. 건축물의 용도와 주변지역의 용도와의 관계를 고려하여 색채계획을 수립해야 한다.

③ 기본구상

공공건축물은 개인소유가 아니라 많은 사람들이 이용하고 있기 때문에 신뢰감 있는 이미지의 색채로 계획한다. 공공건축물의 용도에 따라 색채계획이 되어야 하고 사용하는 연령에 제한이 있는 경우에는 이를 반영하여 계획한다. 공공건축물의 용도와 사용자에 따른 이미지에 맞추어 사용색을 선정한다. 공공청사는 친근하고 신뢰감 있으면서 업무의 효율성을 높일 수 있도록 회색조의 차분한 색채경관을 연출하도록 한다. 체육관은 밝고 경쾌한 이미지의 색채로 계획하여 율동감이나 변화감을 연출한다.

도서관은 차분하고 안정적인 이미지를 강조하는 색채계획으로 색채연출 방향을 정할 수 있다.

외부입면 색채개념

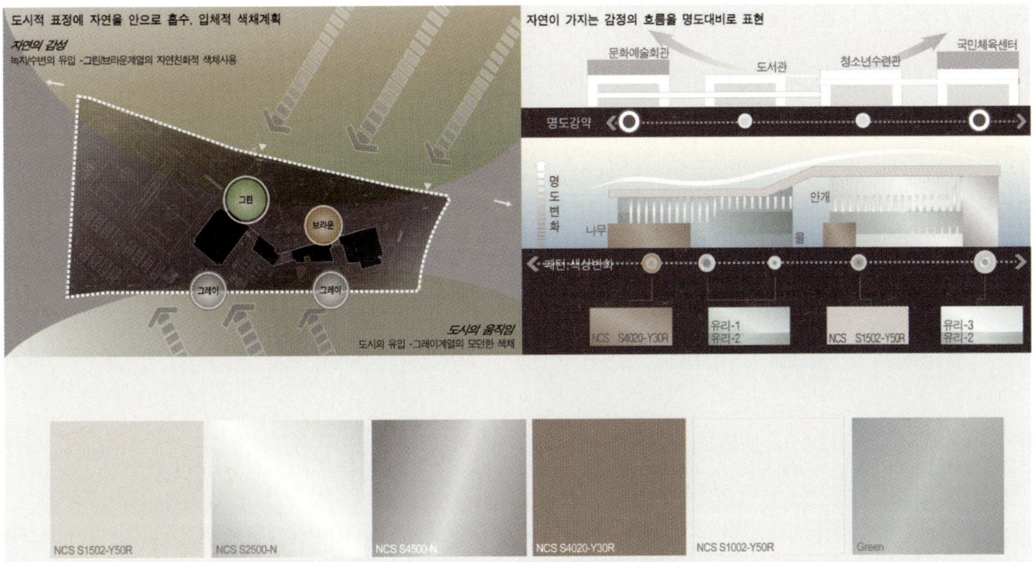

그림 4-21 색채 기본구상(입면 색채개념)

④ 기본계획

• 입면의 색채디자인

고층건축물은 기단부와 상층부로 구분하여 변화감 있게 연출할 수 있고, 저층부에는 고채도의 색사용을 지양하고 중.저채도의 색채를 적용하여 안정감을 준다. 패턴은 벽면에 넓은 면적이 발생할 경우에만 적용하되 간결하게 한다. 저층건축물은 동일 색상계열을 사용하도록 한다.

건축물의 형태가 돌출, 후퇴 등이 있는 입체적인 경우에는 단일색으로 표현하는 것이 좋다. 입체적인 패턴에 여러 색이나 고채도색을 사용하면 더욱 복잡해지기 쉽고 인접하는 건축물과도 차이가 커서 연속성을 유지하기 어려울 수 있기 때문이다.

공공건축물 외장재가 자연소재라고 하더라도 건축물 사용자의 연령에 따라 명도를 다르게 선택할 수 있다. 예를 들어 목재를 사용할 경우 어린이 시설에서는 밝은 색을 사용하도록 한다.

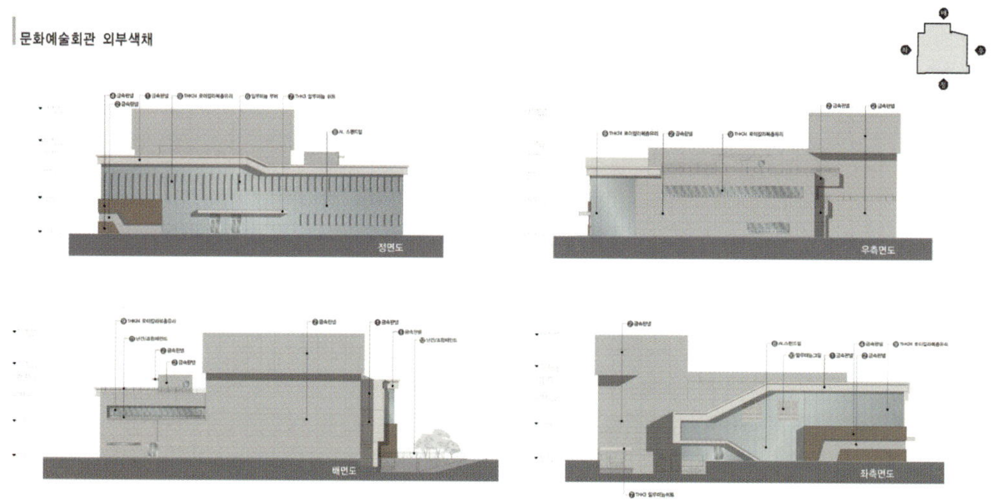

재료마감표

구분	마감재료	색번호	제품명	COLOR
1	금속판넬1	F3183 (Ivory White)	KOFLUX	
2	금속판넬2 지붕 / 입면	K03(은회색) / F3111(Ascot White)	기린산업 / KOFLUX	
3	금속판넬3	F3411 (Fine Silver)	KOFLUX	
4	금속판넬4	F3185 (Mesa Brown)	KOFLUX	
5	금속판넬5	F3186 (Trinity White)	KOFLUX	
6	알루미늄 루버	F3111(Ascot White)	KOFLUX	
7	THK3 알루미늄 쉬트	F3183 (Ivory White)	KOFLUX	
8	알루미늄 스팬드럴	F3183 (Ivory White)	KOFLUX	
9	THK24 로이칼라복층유리	Green	-	
10	창문프레임/알루미늄그릴	F3183 (Ivory White)	KOFLUX	
11	조합페인트	C602	삼화페인트	
12	조합페인트	C603	삼화페인트	

그림 4-22 입면의 색채디자인 (문화예술회관)

• 입면부위별 색채디자인

창틀은 입면색과 동일 색상계열의 톤배색으로 돌출되지 않도록 하는 좋다. 외부에 노출되는 계단은 저채도색을 사용하여 돌출되지 않도록 하고 강조색 사용을 지양한다.

공공건축물에서는 CI, BI, 건물명을 상단에 노출시키는 경우가 많은데, CI, BI, 건물명에는 고채도색을 사용하지 않는 것이 좋고 건축물 외장색과 동일한 색만으로도 충분하다.

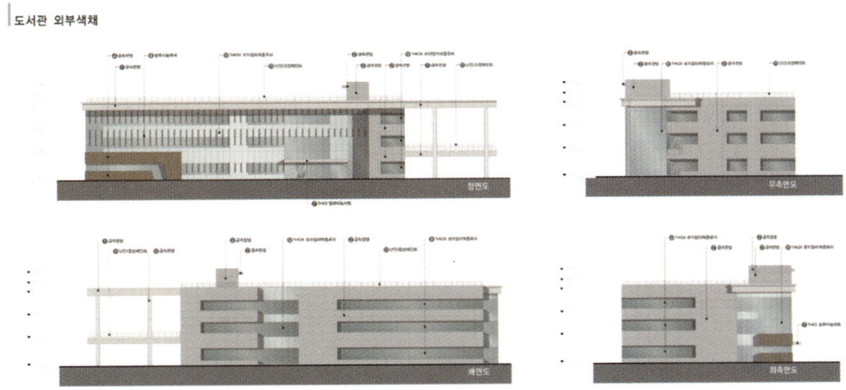

재료마감표

구분	마감재료	색번호	제품명	COLOR
1	금속판넬1	F3183 (Ivory White)	KOFLUX	
2	금속판넬2 지붕 입면	K03(은회색) F3111(Ascot White)	기린산업 KOFLUX	
3	금속판넬3	F3411 (Fine Silver)	KOFLUX	
4	금속판넬4	F3185 (Mesa Brown)	KOFLUX	
5	금속판넬5	F3186 (Trinity White)	KOFLUX	
6	알루미늄 루버	F3111(Ascot White)	KOFLUX	
7	THK3 알루미늄 쉬트	F3183 (Ivory White)	KOFLUX	
8	알루미늄 스팬드럴	F3183 (Ivory White)	KOFLUX	
9	THK24 로이칼라복층유리	Green	-	
10	창문프레임/알루미늄그릴	F3183 (Ivory White)	KOFLUX	
11	조합페인트	C602	삼화페인트	
12	조합페인트	C603	삼화페인트	

그림 4-23 입면부위별 식채디자인 (도서관)

• 부속시설의 색채디자인

담장, 옹벽 등은 건축물보다 저채도색을 사용하고 가급적 자연재료를 사용하도록 한다. 펜스는 명도 3 이하의 어두운 색을 사용하여 보이지 않도록 한다. 바닥포장은 건축물과 연계성을 도모하고 중채도 이상의 주조색을 사용하여 돌출되지 않도록 한다. 공공건축물의 내부에서는 층별 색채구분이나 구역별 색채구분으로 위치인식을 할 수 있도록 한다.

축구장 본부석

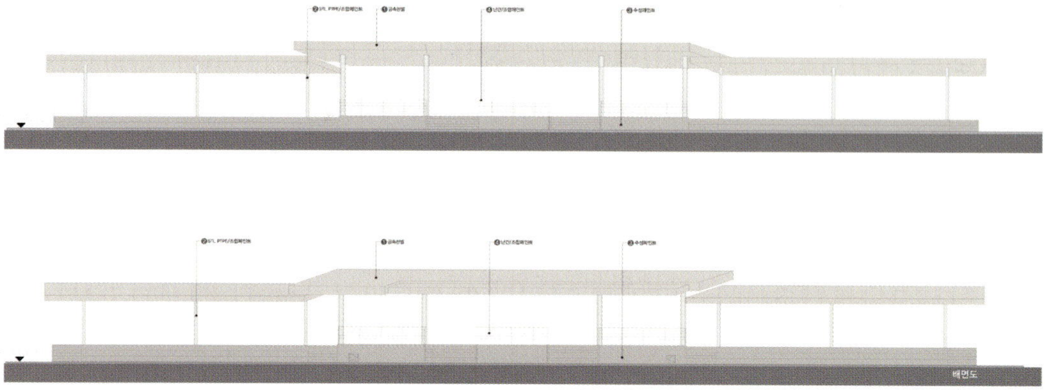

재료마감표

구분	마감재료	색번호	제품명	COLOR
1	금속판넬	F3183 (Ivory White)	KOFLUX	
2	조합페인트	C591	삼화페인트	
3	수성페인트	S3502-Y	NCS CODE	
4	조합페인트	C603	삼화페인트	
5				

그림 4-24 부속시설의 색채디자인 (축구장 본부석)

내부색채 개념

문화체육센터의 내부색채는 전체적으로 Warm gray계열의 색채로 따뜻하고 편안한 이미지의 색채계획 전개
건축물 기능과 역할을 고려한 강조색 적용으로 존별 차별성과 기능성 부여
문화예술회관은 문화의 이미지로 레드계열 강조, 청소년수련관, 도서관은 휴식의 이미지로 그린계열 강조,
국민체육센터 사람, 건강의 이미지로 블루계열 강조 적용으로 변화감있는 색채계획 유도

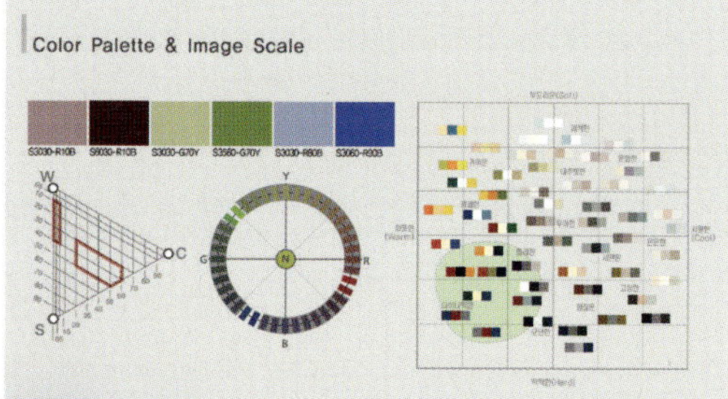

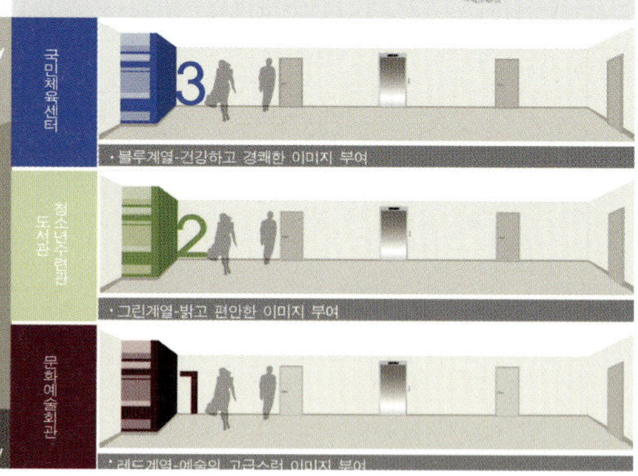

그림 4-25 건축물 내부의 색채개념

(5) 공장건축 색채디자인

① 기본방향

공장건축물은 다른 건축물에 비해 기능적인 측면이 강하기 때문에 근무자들에 대한 고려에 소홀하기 쉽다. 그러나 사용하는 사람은 결국 근무자이므로 근무자에게 편안한 환경을 제공할 수 있도록 쾌적하고 안정적인 색채계획이 되어야 한다. 공장건축물은 생산품에 따라 형태나 규모가 다양하고 도시근교나 외곽에 위치하는 경우가 많아 이에 대한 고려가 필요하다.

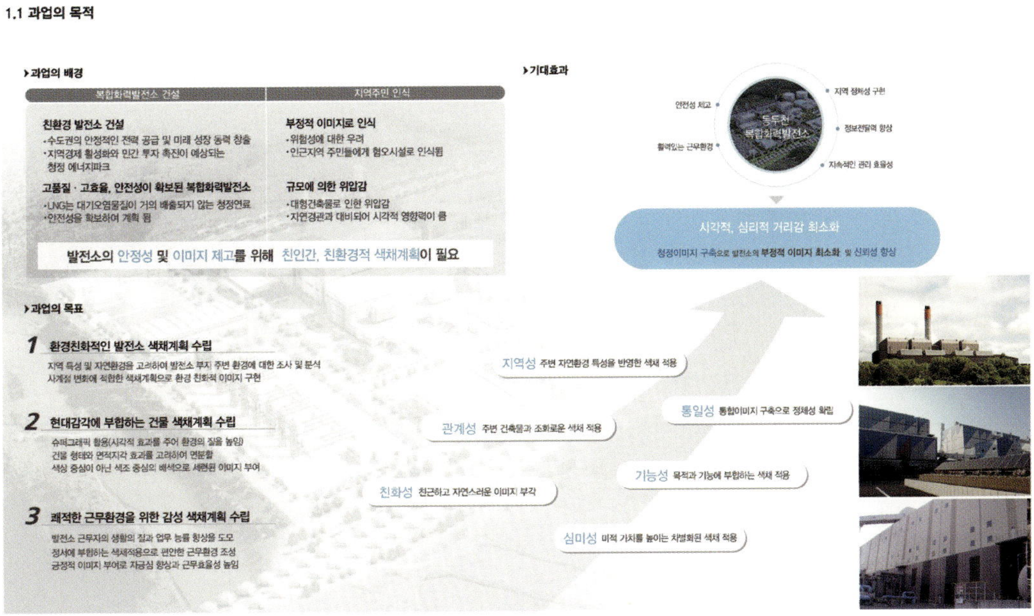

그림 4-26 색채 기본방향

② 현황분석

공장건축물은 내부의 기계, 설비 등을 보호할 수 있는 저렴한 비용의 단순한 형태가 많다. 건축물 외관에 다양성을 부여하기 보다는 간결한 이미지로 연출한 입면이 주를 이루고 있다. 지붕은 박공지붕, 편경사지붕 등이 많지만, 규모가 크거나 창고 등은 평지붕이 주된 형태이다. 단일 건축물도 있지만 여러 건축물이 단지를 이루고 있기도 하다. 건축물, 구조물, 부속시설물들이 서로 중첩되어 있어 복잡하고 방향에 따라 서로 다른 스카이라인을 형성한다.

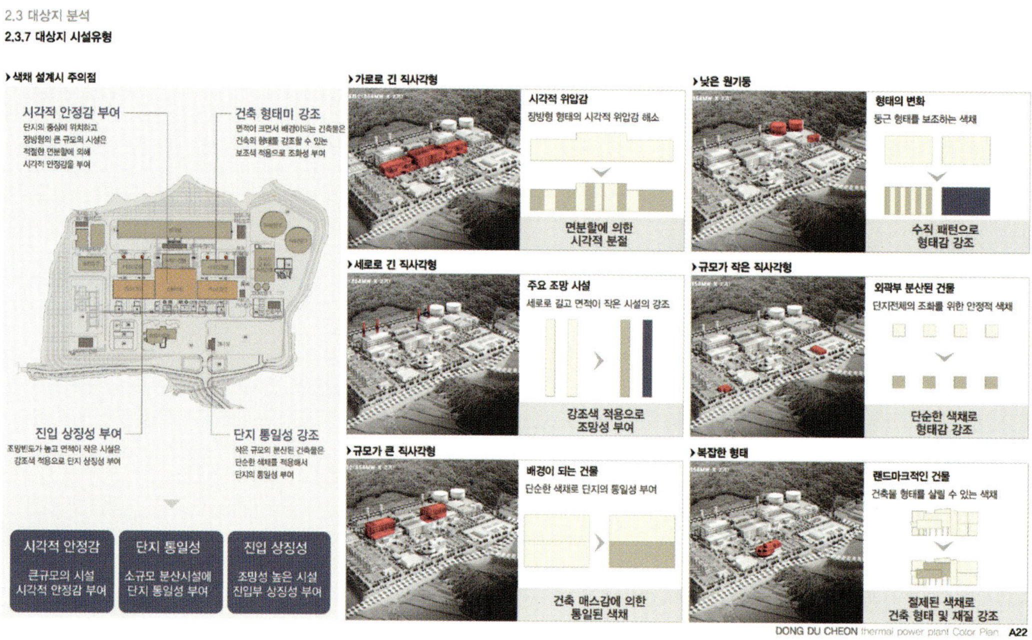

그림 4-27 현황분석 (시설유형과 특성)

③ 기본구상

공장건축물은 밝고 경쾌한 이미지의 색채로 활력을 부여할 수 있다. 시설이 집적되어 있는 장소에서는 시설간의 조정에 의한 통일감 있는 색채계획이 요구된다. 주거지역과 인접한 공장건물은 주거지역과의 색차를 최소화하고 녹지지역과 인접한 공장건물은 녹지에 순응하도록 구상한다.

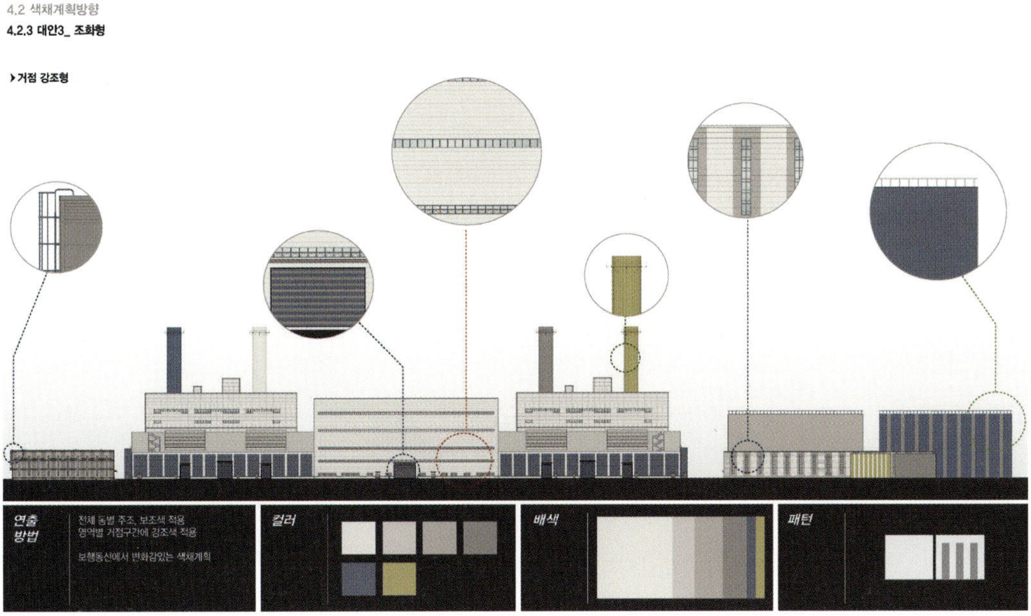

그림 4-28 색채 기본구상(입면색채개념)

④ 기본계획

• 입면의 색채디자인

단일 건축물의 경우에는 주출입구쪽 입면에 고채도의 강조색이나 다양한 패턴계획으로 변화감을 주고 비교적 시각적으로 노출되지 않는 방향의 입면은 단순한 입면을 구성하도록 한다. 동일 종류의 시설은 동일 색상으로 적용하도록 한다.

공장건물이 단지를 이루고 있을 경우에는 통합적으로 상층부, 중층부, 저층부를 구분하여 연출한다. 상층부는 굴뚝이나 건물 상부에 어두운 색상을 지정할 경우 위압감을 줄 수 있기 때문에 고명도의 색상을 사용한다. 중층부와 저층부는 각각 중경과 근경을 고려하여 지정하는데 주변에 설비시설들이 즐비한 경우가 많기 때문에 주조색을 바탕으로 했을 때 복잡한 패턴보다는 단순한 패턴의 강조색을 사용하는 것이 좋다.

건물형태가 단순하기 때문에 복잡한 패턴으로 연출하게 될 경우에는 색상의 차이를 적게 두어 연출한다.

지나치게 넓은 면적이 발생할 경우에는 간결한 패턴을 적용하는 것이 필요하다. 장방형의 가로형 건축물은 세로패턴 면분할로 변화감을 부여할 수 있다.

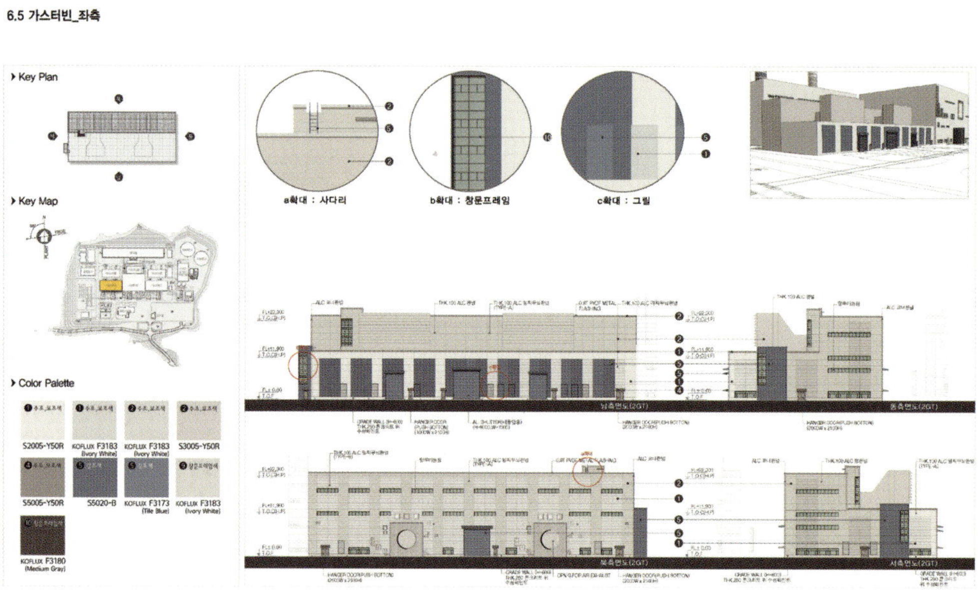

그림 4-29 입면의 색채디자인(가스터빈동)

• 입면부위별 색채디자인

기타 설비관이나 계단, 사다리, 캐노피, 문, 부속시설물은 최대한 주조색, 보조색, 강조색의 범위에서 사용하며, 동일 종류의 시설은 동일색상으로 적용하도록 한다. 셔터문 등 일부 출입문에 강조색을 적용하여 진입성을 부여하고 보행공간에서의 변화감을 연출할 수 있다. 건물명은 건축물의 입면을 고려하여 조화를 이루도록 디자인하도록 한다.

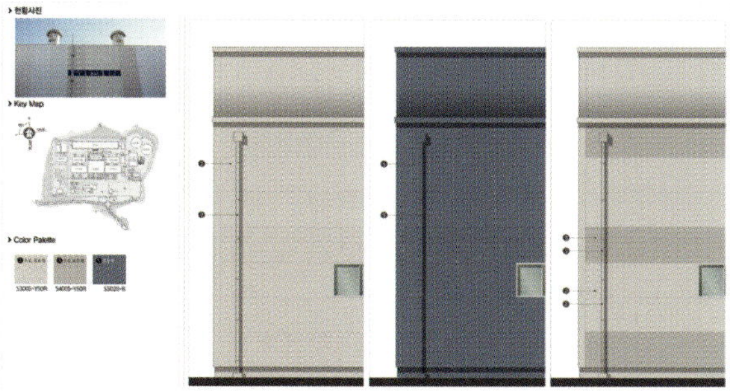

그림 4-30 입면의 부위별 색채디자인 (기타 설비관)

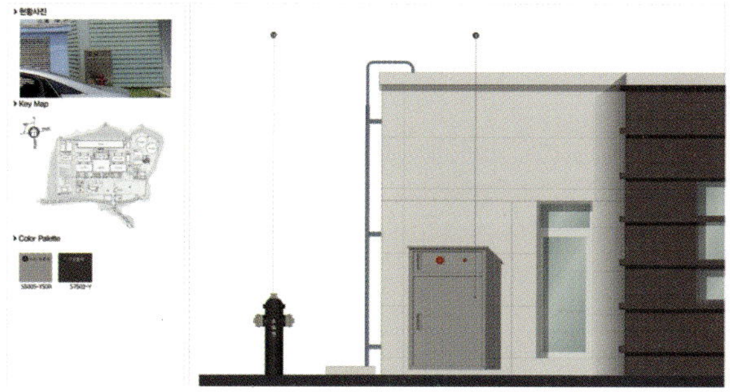

그림 4-31 입면의 부위별 색채디자인 (소화전)

• 부속시설의 색채디자인

기둥이나 굴뚝은 강조색을 사용하여 상징적으로 표현할 수 있지만 고채도의 강조색 사용과 그래픽 사용을 지양하고 돌출되지 않도록 한다. 비닐 시트 등으로 외관을 처리하는 경우 저채도색으로 계획하여 돌출되지 않도록 한다.

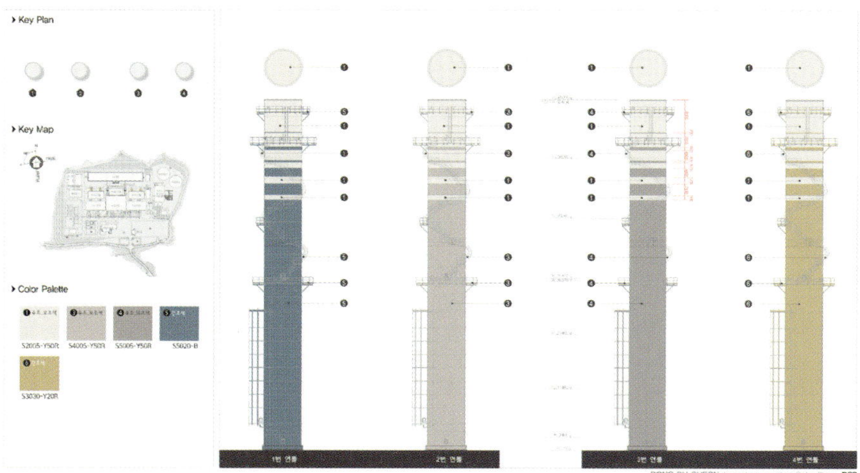

그림 4-32 부속시설의 색채디자인 (연돌)

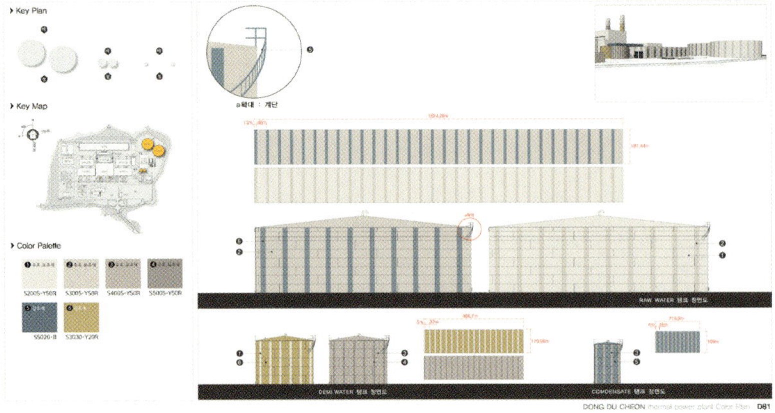

그림 4-33 부속시설의 색채디자인 (탱크)

• 부대시설의 색채디자인

보도포장은 토양색과 유사한 계열이나 무채색 계열로 안정감을 주도록 하고, 패턴은 최대한 간결하게 적용한다.

펜스는 건축색과 유사계열의 저채도색을 사용하고, 구조물에 CI나 BI의 적용은 자제한다.

건축물의 개성과 다양성의 측면에서 색채는 가장 중요한 역할을 하는 요소인 동시에, 지역과 장소의 조화를 위해서도 중요한 요소이다. 따라서 이상의 건축색채디자인의 기본방향을 참조로 하여, 창의적인 입면 및 구조와 조화시켜 나간다면 보다 수준높은 건축색채환경이 조성될 것으로 기대한다.

05

도시의 상징과 색채계획

PART 5 도시의 상징과 색채계획

1. 도시상징색의 이해

현대사회에서는 지역고유의 특성을 나타내는 도시환경색채에 대한 관심이 더욱 커지고 있다. 도시의 정체성의 발견 및 강화를 위해 도시를 상징하는 색채를 개발하고, 도시가 가진 기능 및 특징에 체계적으로 적용할 수 있는 실용적인 가이드라인을 수립하는 일이 도시상징색을 개발하는 일이다. 다시 말해서 도시상징색이란 도시만의 색채 추출 및 특성 파악과 과학적 분석을 통해 색채가이드라인을 정립하는 정체성확립을 위한 실용화 작업이라고 할 수 있다.

도시상징색이 담고 있는 것은 도시의 아이덴티티이다. 아이덴티티(Identity)란 근본적으로 자신이 누구인가를 알고자 하는 욕구이자, 자신을 다른 사람들과 뚜렷이 구분되는 개인으로 인식하려는 욕구이다.

비교 인성학과 심리학 연구에 의하면, 인간은 집단 내에서는 개체로서 그리고 가능한 다른 집단들과 대비하여서는 특별한 집단의 구성원으로 그들 자신을 구분하려는 강한 욕구가 있다. (J.D. Porteous. "환경과 행태", 명보문화사. 1993.)

도시의 정체성이라 함은 도시 구성원들 간에 고유 되는 특징이면서 도시의 측면에서는 다른 도시와 구분되는 개별을 말한다. 우리가 흔히 어느 도시를 방문한 경험을 떠올려 보면 그 도시에 대해서 머릿속에 그려지는 전체적인 이미지가 있는데 그것이 그 도시의 아이덴티티, 즉 정체성이다. 방문객의 입장에서 그 아이덴티티는 이제껏 보아왔던 다른 도시들과 구분되면서도 도시의 구성요소 간에 공통으로 나타난 그 어떤 것들 때문에 기억되는 것이다.

그 이미지는 공간적인 것으로 공간의 크기·형태·가구·설비 등이 될 수 있고, 시각적인 것으로 색채, 그래픽 디자인 등이 될 수 있다. 도시이미지는 도시와 자신과의 물리적인 상호관계 속에서 개인이 도시의 각 부분을 인식하는 과정을 통해 그 도시 전체를 하나의 이미지로 정형화한 것을 말한다. 즉, 도시이미지는 방문객이 도시를 체험하는 과정에서 자신의 경험을 토대로 복잡한 도시를 하나의 이미지로 인식, 기억함으로써 만들어진다.

도시이미지를 형성하는 인자는 근본적으로 보이는 물리적 대상 등의 특성들을 지칭하는 것으로 이미지 형성에서 특정한 요소가 기억되는 이유를 말한다. 따라서 어떤 환경에 대해 이미지를 가진다는 것은 사물에 대한 단순한 형태적 정보뿐 아니라 그때의 지각과 인지의 과정을 거치는 것이므로 그 요소를 단순히 물리적 인자에 한정해서는 안 되며 경험과 의미를 포함해야 한다.

이미지형성에서 특정한 요소가 기억되는 이유는 일반적으로 대상 자체의 특성에 의한 물리적 요소와 대상 사이의 관계에 의한 비물리적 요소로 구분되는데 전자는 크기·높이·형태·색·질감·재료 등이 해당하며, 후자는 유리한 접근성과 다양한 활동 등이 해당한다. 이러한 이미지 형성인자를 받아들이는 것이 인간의 오감이다. 그러나 인간은 오감으로 의사소통을 하지만 각 감성이 항상 균등하게 발현되지는 않는다. 그럼에도 80% 이상의 의사전달 기능을 시각요소가 차지하고 있고 그 지위를 유일하게 높여가고 있다.

그 중에서도 시각적, 정서적으로 강한 반응을 일으키게 하는 것이 색채라고 할 수 있다. 결론적으로 색채는 도시의 정체성을 결정짓는 도시이미지의 형성인자 중 가장 빠르고 강하게 작용하는 요소이다.

2. 도시상징색 계획의 프로세스

도시상징색을 개발하는 과정은 대표항목 추출과정, 측색과정, 색채추출/분석과정, 색채선정과정, 색채적용과정으로 구성된다. 도시의 특성에 따라 각 과정사이에 창의적인 과정이 개발되고 적용되는 것이 바람직하다.

1. 대표항목 추출과정

이 과정은 도시의 상징색을 찾기 위해 도시의 요소 중 어디에 집중할 것인가에 대한 과정이다. 도시를 대표하는 요소를 추출하기 위해서는 도시의 구성요소를 자연환경, 인공환경, 인문환경으로 대분류 해야하고 항목별 세부요소를 전문가집단에게 검토를 받아야 한다. 그 중에서도 언론노출도, 설문조사, 문헌 등의 자료는 매우 중요하다. 대표요소도출의 기준은 도시를 상징하는 이미지, 랜드마크가 되는 이미지, 역사적 의의가 있는 이미지, 시민의 마음에 담긴 이미지 등이다. 일반적으로 조사대상은 외국인과 내국인으로 한다.

위의 항목들은 자연환경, 인공환경, 인문환경으로 나누어 항목별로 분류하고 관리한다. 자연환경은 산·물·하늘·상징물을, 인공환경은 건축물·거리·시장·광장·공원·시설물·운송수단·시각정보를, 인문환경은 전통 문화 등이 해당된다.

대표요소의 추출과정은 여러 단계를 거치는데, 문헌·언론·관광책자·설문 등을 토대로 되도록 많은 요소를 추출하는 단계가 시작이다.

다음 예시는 서울색을 개발하는 과정에서 대표항목을 추출하는 단계를 보여준다.

(1) 1단계

우선 도시에 대한 선행연구들을 살피는 것이 가장 중요하다.

① 연구논문(서울의 물리적 이미지 요소해석, 서울시립대학교, 김기호, 한은실, 박상필, 2004),

② 10년간 발행된 서울관련 서적에 나타난 '서울의 명소' 라고 언급된 요소들

③ 서울시 문화환경조성 방안 연구(1998, 김현선디자인연구소),

④ 외국인 관광객이 주로 찾는 서울의 요소(한국관광공사, 2005),

⑤ 서울이미지조사결과(서울시, 2002–2005)

⑥ 서울관광 100선 외국인 여론조사

⑦ 서울거주 외국인 여론조사

⑧ 서울문화활성화를 위한 FGD

⑨ 해외 마케팅 활성화를 위한 FGD

위의 자료들을 토대로 요소를 추출하고 중복되는 횟수를 토대로 요소들을 압축한다.

이를 통해 서울시민이 생각하는 서울의 이미지, 서울시민이 생각하는 서울의 랜드마크 , 외국인이 생각하는 서울의 랜드마크를 파악할 수 있다.

(2) 2단계

다음으로 추출된 요소들은 분류하고 압축한다.

서울색의 경우 여러 서울관련 자료를 바탕으로 총 69개의 대표항목을 도출하였으며, 이중 색채전문가집단 6인과 시 행정전문가 6인 토론형식의 자문을 거쳐 39개를 측색항목으로 선정하였으며, 이를 서울의 지역색 추출 대상으로 하였다.

표 5-1 서울의 상징색 추출을 위한 대표항목 69가지

<table>
<tr><th colspan="2">분 류</th><th>대표항목</th></tr>
<tr><td rowspan="4">자연환경</td><td>산</td><td>남산, 북한산</td></tr>
<tr><td>수</td><td>한강, 청계천</td></tr>
<tr><td>하 늘</td><td>하늘</td></tr>
<tr><td>상징물</td><td>개나리, 은행나무, 까치</td></tr>
<tr><td rowspan="9">인공환경</td><td>건축물</td><td>경복궁, 덕수궁, 종묘, 창경궁, 창덕궁, 숭례문, 대한문, 명동성당, 서울시청, 한국은행본점, 서울역, 63빌딩, COEX, 예술의 전당, 상암월드컵경기장, 세종문화회관</td></tr>
<tr><td>가 로</td><td>인사동길, 명동, 대학로, 압구정로, 이태원</td></tr>
<tr><td>시 장</td><td>동대문시장, 남대문시장, 경동시장</td></tr>
<tr><td>광 장</td><td>서울광장, 청계천광장</td></tr>
<tr><td>공 원</td><td>한강시민공원, 서울숲, 롯데월드</td></tr>
<tr><td>시설물</td><td>쉘터, 키오스크, 신호등, 한강교량</td></tr>
<tr><td>운송수단</td><td>버스, 택시, 지하철, 청소차, 소방차, 경찰차</td></tr>
<tr><td>시각정보</td><td>교통표지판, 관광안내도, 지하철노선도, 자동차표지판, 교통카드</td></tr>
<tr><td>인문환경</td><td>전통문화</td><td>궁중의복, 장신구, 수라, 한정식, 뚝배기, 설렁탕, 밥, 신선로, 남산한옥마을, 북촌, 종묘제례, 삼베, 조각보, 백자, 금보, 장식, 홍련</td></tr>
<tr><td>계</td><td>13분류</td><td>69항목</td></tr>
</table>

표 5-2 서울의 지역색 추출대상 압축된 39개항목

분 류	대표항목
자연환경	하늘, 개나리, 은행나무, 까치
인공환경	남산, 북한산, 한강, 청계천, 경복궁, 덕수궁, 종묘, 창경궁, 숭례문, 남산한옥마을, 북촌, 대한문, 명동성당, 서울시청, 한국은행본점, 서울역, 63빌딩, COEX, 예술의 전당, 상암월드컵경기장, 세종문화회관, 인사동, 명동, 이태원, 동대문시장, 남대문시장, 여의도광장, 한강시민공원, 서울숲
인문환경	설렁탕, 밥, 삼베, 색동마고저, 두루주머니, 신선로, 종묘제례, 조각보, 백자, 금보, 홍련, 시민 색채선호도, 관련전문가 색채선호도, 오방색

2. 대표항목 측색과정

측색과정은 과학적이면서도 창의적이어야 한다. 두 가지 축이 상반된 개념인 듯하나 색채영역에선 그렇지 않다. 측색은 여러 번에 걸쳐 진행된다. 추출대상이 경관적 요소이기에 한 가지 대상에 대해 사계절의 색을 추출해야 한다. 이는 계절마다 빛의 양이 다르기 때문이다.

현황에 분포되어있는 색채는 측색항목을 기준으로 하여 색채 값을 측정하고, 조사·분석한다.

정확한 색채의 값을 알기 위해 다양한 측색방법을 이용한다. 색표집을 견주어 눈으로 비교해 보는 '육안대조법', 기계를 이용하여 정확한 색채 값을 측정하는 '측색기'를 이용하는 방법, 또한 카메라로 찍은 사진을 통해 컴퓨터로 색을 추출해내는 '디지털 촬영법' 등이 있다.

디지털 촬영법에서는 여러 컷의 사진촬영을 통해 수집한다. 이 사진들은 컴퓨터 모자이크 분석을 이용하여 색채 팔레트를 추출내는 자원으로 사용된다. 측색시기는 일반적으로 색의 연색성을 위해 맑은 날 일출 3시간 후부터 일몰 3시간 전 사이에 실시한다. 측색된 색채 샘플은 먼셀시스템으로 표기해둔다. 대상에 따라 측색방법도 다르다. 하늘·산·나무·흙 등은 각 지역별로 측색하되 하늘은 공중과 지평선 부근에서 측색하고 나무는 50m정도 떨어진 곳(중거리)과 대상 가까이(근접) 등으로 분리해 측색한다.

그밖에도 인문환경요소에 대한 주술적, 상징적 의미가 있는 색의 추출이 필요한 경우, 그 의미를 대표하는 현재에 존재하는 대상을 찾아내 측색한다.

그림 5-1 촬영사진

3. 색채추출과정

대상에 대해 정확한 색을 추출하기 위해 디지털 이미징과 색채매니지먼트가 필요하다.

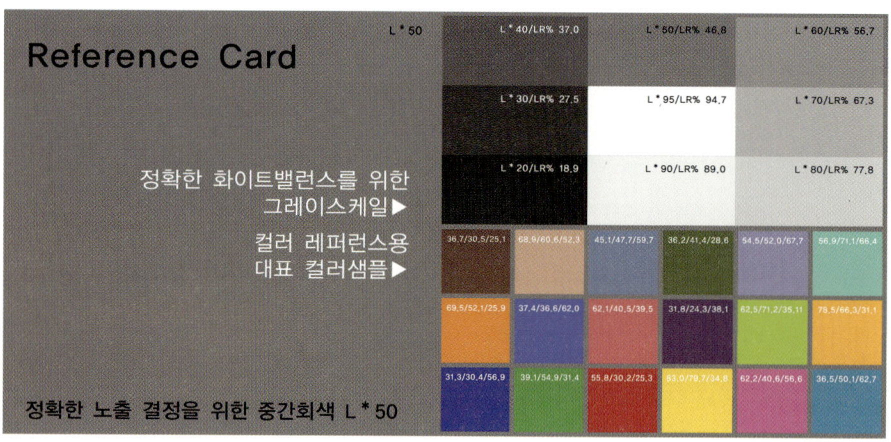

그림 5-2 RAW 파일을 이용한 디지털 캡처

RAW파일은 디지털 카메라가 받아들인 정보를 어떤 처리없이 고스란히 간직하고 있는 데이터를 말한다. 일반적으로 사용하는 JPEG은 해당 카메라가 제조사가 정해놓은 방식에 따라 이미 컬러를 처리해 놓은 상태의 결과물을 사용자가 단지 넘겨받는 것이므로 활용가능성도 떨어질 뿐더러 컬러 정확성도 현저히 떨어진다. 반면에 RAW 파일은 그 데이터를 사용자가 별도로 어떻게 사용하는가에 따라 매우 정확한 컬러를 얻을 수도 있고 의도에 따라서는 동일한 데이터로부터 임의적인 조절을 가함으로써 매우 다양한 결과를 얻을 수도 있는 원천 소스라고 말할 수 있다.

1단계

측색 대상을 촬영할 때는 그 대상에 비치는 광선과 동일한 조건에서 레퍼런스 카드를 촬영한 다음 그 노출치를 유지한 상태에서 카드를 빼내고 실제 대상을 촬영한다.

레퍼런스 카드 촬영 | 동일한 노출로 대상물 촬영

▼

2단계

E Lightroom 소프트웨어에서 RAW 파일을 열고 촬영된 카드의 도움으로 정확한 화이트밸런스를 복원, 미리 설정된 세팅으로 처리함으로써 정확한 색 데이터를 생성한다.

촬영된 RAW 파일 처리

▼

3단계

그 결과 이미지를 실제 이미지로 만들어 샘플 이미지 또는 색채 분석용으로 활용한다.

조절되지 않은 원본 이미지 | 정확한 기준에 의해 처리된 이미지

그림 5-3 CADI(Color Analysis through Digital Imaging) 측색법

대표색을 선정하는 가장 중요한 과정은 이미지추출과정이다. 대상에 대해 촬영한 사진을 놓고 항목에 대한 대표성이 부족한 이미지를 제외하여 1차적으로 이미지를 걸러낸다. 예를 들어 사람, 현수막, 차, 새, 등과 같은 동적 가변요소가 해당된다. 이런 요소들이 포함되어 있을 경우 색이 변질된다. 다음으로 시민 및 매체 노출빈도가 높은 이미지를 위주로 2차 이미지를 추출한다. 이 과정은 사람의 연상작용과 관계된 것으로 예를 들어 남대문의 색이 서울을 대표한다고 해서 남대문을 하늘에서 본 사진에서 색을 추출한다고 가정하자. 그 광경은 사람이 볼일이 없기에 그 색이 아무리 아름답다고 해도 사용할 수 없다.

아래 사진은 서울의 남산을 촬영한 사진이다. 여러 컷의 사진 중 비둘기, 사람의 가변적 요소를 제거한 1차 이미지를 추출하고 대표성이 약한 사진을 제거하여 2차 이미지를 얻는다. 자판기, 깃발과 같은 요소는 남산을 대표하는 색채에 섞여서는 안된다. 되도록이면 사람의 시각에서 바라보는 사진을 써야 한다.

그림 5-4 디지털 이미지 촬영 자연환경의 이미지

그림 5-5 가변요소가 제거된 1차 이미지 추출

그림 5-6 대표성이 약한 이미지가 제거된 2차 이미지추출

표 5-3 항목별 대표이미지 추출방법

분 류	대표항목
동적요소가 포함된 이미지 제거	사람, 동물, 자동차 등
시기의 특성이 포함된 이미지 제거	성탄절 장식 등
인상을 결정하는 이미지 선정	보행자, 언론 등에 대하여 노출이 잦은 대상

선정된 대표 이미지를 컴퓨터 모자이크 분석법을 통해 가장 넓은 부분을 차지하는 점유율이 높은 색과, 인상을 결정짓는 색을 기준으로 하여 색채 팔레트를 추출한다.

그림 5-7 모자이크 분석법에 의한 색채추출과정 (자연환경 중 남산의 경우)

추출된 색은 먼셀공간화와 I.R.I 이미지스케일을 통해 분석할 수 있다. 먼셀공간화를 통해 분석된 서울의 대표 자연환경의 색은 주로 Y, G, B 계열에 집중되어 있으며, 그 중 Y 계열은 저채도에 밀집되어 있다. 이미지 스케일을 통해 분석된 서울의 자연환경은 주로 정적이고 딱딱한 이미지 축에 가까워서 차분한, 강인한, 깊은 등의 느낌을 준다.

그림 5-8 서울의 자연환경의 색채

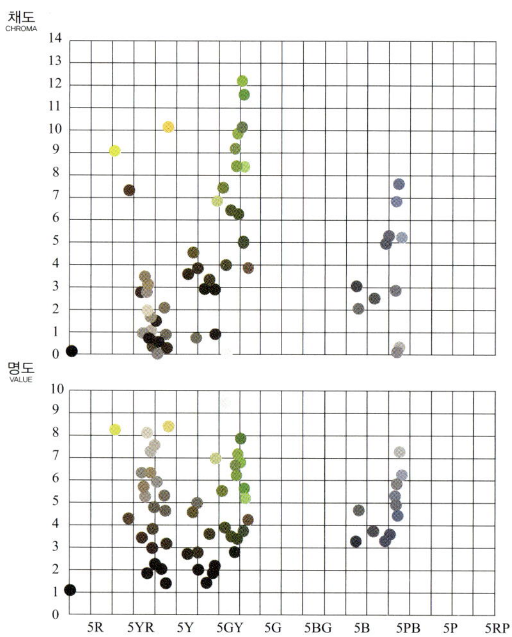

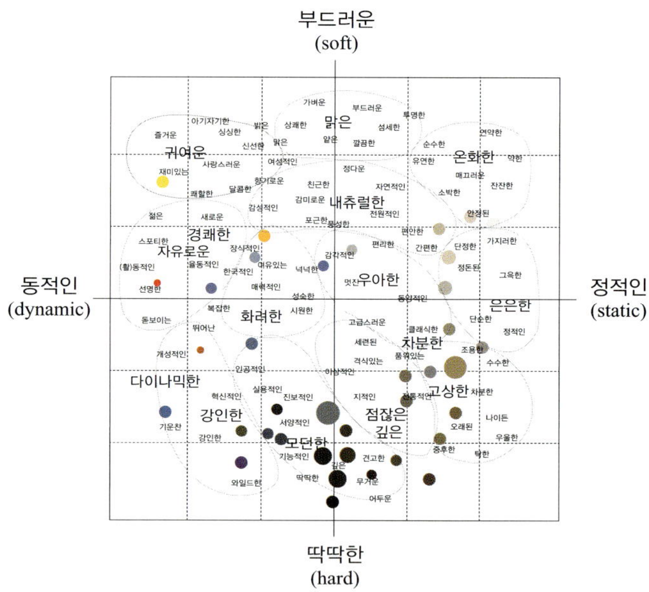

그림 5-9 서울 자연환경의 색채분포 (먼셀공간화)

그림 5-10 서울 자연환경의 색채이미지 (I.R.I.이미지스케일)

색채추출과정에서 가장 중요한 것은 추출된 색에 대해 개발자가 명확하게 정의를 내릴 수 있어야 한다. 그렇지 않다면 왜 하필 그 장면의 색이냐는 질문에 답할 수 없다. 대답하지 못한다면 추출된 색이 도시의 정체성과 무관한 색이란 뜻이 된다. 서울색의 경우 은행나무의 색을 추출한 근거는 서울시의 대표적인 가로수이기 때문이다. 그러나 서울시 가로수의 약 40% 이상이 은행나무이기 때문에 그 색이 서울을 대표한다고 보기 어렵다. 더 명확하게 서울의 정체성과 관계있는 사실은 서울사람은 나무에 달려있는 은행나무잎의 색보다 가을날 땅에 떨어져 사람이 밟고 지나간 뒤 퇴색된 은행잎을 더 자주 보며 정서적으로 영향을 받는다는 것이다. 서울의 노란색은 가을날 서울시민이 가장 많이 가는 곳, 시간에 땅에 떨어진 은행잎의 사진을 통해 얻은 색이다.

4. 상징색 선정과정

색채추출과정을 통해 도시의 현상색을 얻을 수 있다. 빛에 의해 시공간에 나타나는 현상을 색의 현상성이라고 하며 현상성에 따라 느껴지는 색을 현상색이라고 한다. 도시의 현상색 중 도시를 대표하는 상징색을 선정하는 과정이다. 이 과정에서 가장 경계해야 하는 것은 주관적 관점이다. 수십 개에서 수백 개까지 수집된 도시의 현상색 중 상징색을 선정하는 것은 창의적인 발상과 과학적인 방법, 통계학적인 방법 등 다양한 방법이 이용된다. 색의 수가 적다면 설문조사를 통해 선정하는 것이 일반적이다. 색 수가 많다면 창의적인 방법이 필요하다.

서울색의 예에서는 250가지의 현상색 중 서울시민의 일상에 노출되는 색을 추출하였다. 우선 인구통계를 기반으로 서울의 가장 대표성있는 시민을 선정하였다. 그는 30대의 남자로 강북에 살며, 지하철을 타고 강남으로 출근하며, 점심으로 가장 자주 먹는 것은 설렁탕이며, 주말엔 가족들과 고궁나들이를 한다.

이 추적과정을 통해 서울의 대표적인 고궁인 경복궁, 서울의 토속음식 설렁탕, 출퇴근시간에 지하철 창너머로 보이는 한강의 물색 등이 압축되었다.

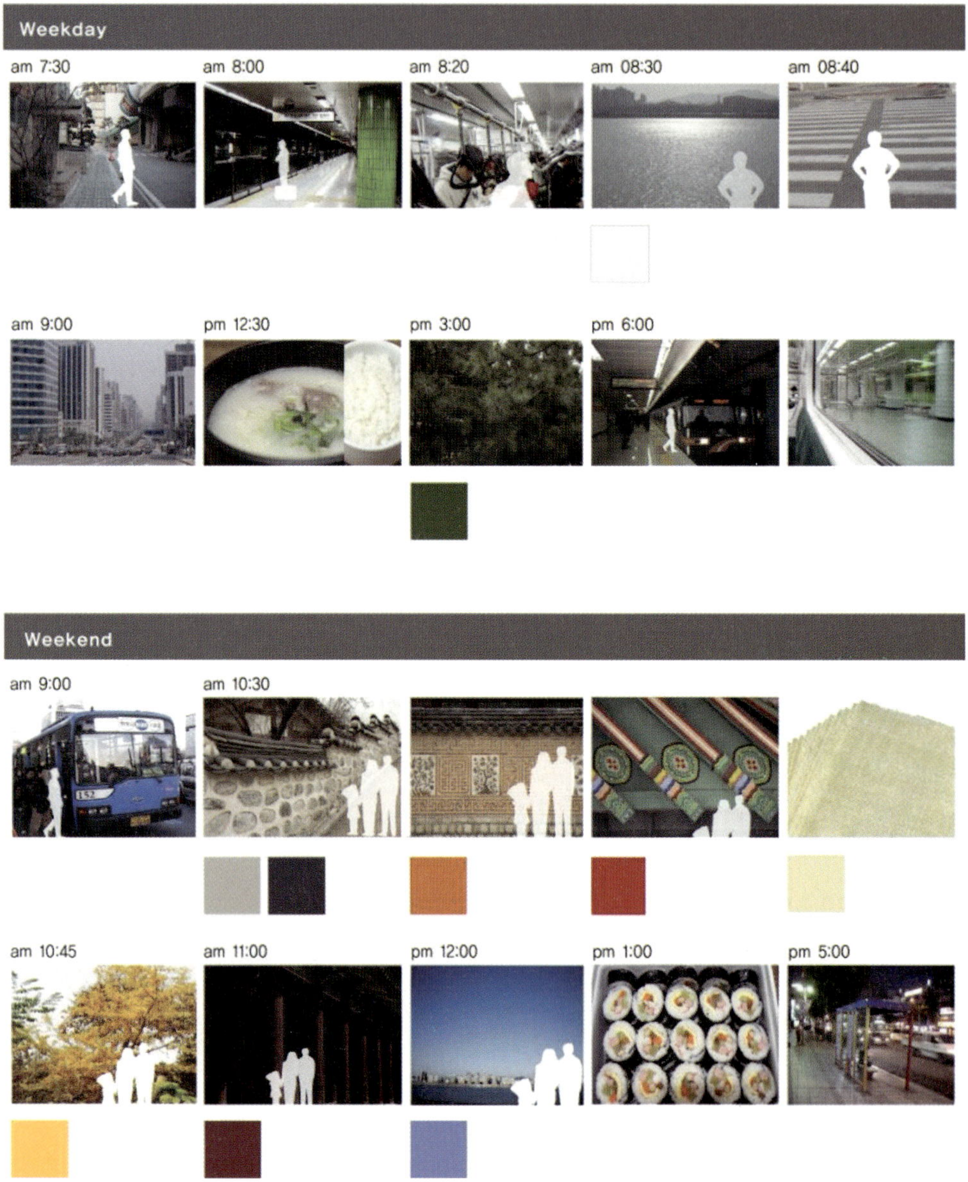

그림 5-11 Weekday, Weekend

서울상징색 선정과정에서는 살펴보면 과학적 방법으로 추출된 '서울현상색250' 중에서 의미 있는 아름다운 색을 추려 50개 색을 선정하였고 이를 '서울지역색50' 이라고 하였다. 특히, 역사박물관 및 기타 박물관의 직접조사, 문헌을 통한 간접조사를 통해 서울의 색에 대해 접근하였다. 서울이 가진 자연에서 14개, 전통건축에서 11개, 서울의 근현대건축에서 11개, 인문환경에서 14개 색을 추출하였다.

그림 5-12 서울현상색250

그림 5-13 서울지역색 50

이러한 '서울지역색50' 중 가장 대표적인 색, 서울을 느끼게 하는 10개를 선정하여 '서울대표색10' 이라 하였다. 선정기준은 자연환경은 하늘, 개나리, 은행나무, 까치 중 시각 노출도가 높은 대상인 하늘과 은행나무를 선정하였다. 은행나무는 서울시 가로수의 약 40%를 차지한다.

인공환경은 서울시민을 대상으로 1995, 1999, 2004년에 시행한 '시민이 인지하는 서울의 이미지 구조해석(서울시립대)' 결과를 토대로 남산, 63빌딩, 경복궁, 한강, 명동, 광화문, 종로, 대학로, 서울역, 덕수궁의 10개 항목을 조사대상으로 선정하였다. 이 중 서울시민의 여가와 관련한 한국관광공사의 조사결과를 토대로 남산, 한강, 경복궁의 3가지 항목으로 대상을 압축하였다.

이는 서울시 인구의 가장 많은 비중을 차지하는 20~30대 직장인의 주말 여가활용에 관한 조사결과를 토대로 한 것이며 그들은 공원, 고궁, 산성 관람을 통해 주말 여가를 보내는 것으로 분석되었다.

인문환경은 서울의 역사적 바탕인 '조선' 의 문화와 그 구성원인 사대부와 서민의 생활이 담긴 삼베, 한옥, 백자를 선정하였다.

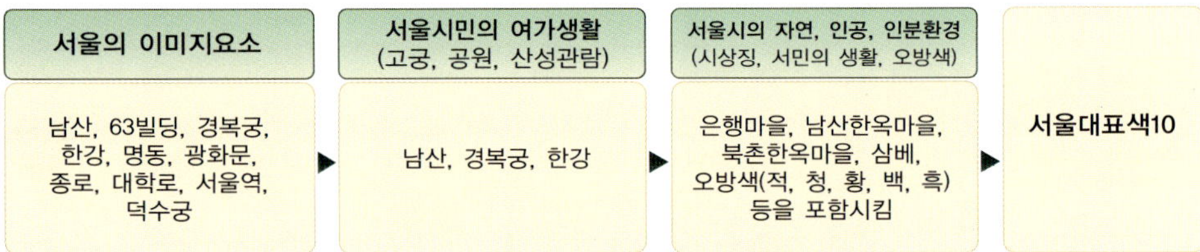

그림 5-14 서울대표색10 선정방법

위의 7가지 항목에서 항목별로 인상을 결정하는 구체적인 대상을 선정하여 서울대표색10을 선정하였다. 하늘은 4계절 중 가을의 하늘이 서울 하늘의 인상을 결정한다. 은행나무는 나무에 달린 은행잎보다 단풍이 들어 바닥에 쌓인 전경이 강한 인상을 전달한다. 남산은 상징 수목인 소나무의 잎이 상징성과 더불어 인상을 결정한다.

한강은 한강공원에서 보이는 이미지보다 강북에서 거주하면서 강남으로 출근하는 가장 보편적인 서울시민이 가장 많이 이용하는 대중교통수단인 지하철(한국갤럽조사)에서 보이는 인상이 가장 강하다.

유리창을 통해 보이는 출근시간과 퇴근시간의 한강은 회색에 가까우며 하이라이트 부분은 은색에 가깝다. 한옥의 인상을 결정하는 것은 기와와 한옥을 둘러싼 돌담으로 화강석은 서울의 내사산과 외사산을 이루는 암석이다. 또한 한옥은 조선의 양반문화를 대표하는 건축물이기도 하다.

삼베는 조선의 서민들이 즐겨 입던 옷으로 서울의 토속음식인 설렁탕의 색과 유사하다.

조선 시대 문화의 가장 핵심이기도 한 경복궁은 가장 다양한 인상을 가졌다. 높이 솟아 반복되는 기둥은 외국인 방문객의 사진촬영 배경으로 선호되며 자경전의 꽃담은 궁궐의 미를 대표한다. 경복궁의 단청은 조선왕의 권위 상징인 동시에 궁궐의 화려한 인상을 결정하는 요소이다.

이상으로 7가지 항목에서 추출된 10가지의 세부요소에서 서울을 대표하는 10가지 색을 추출하였다.

그림 5-15 서울대표색10

상징색을 결정하는 마지막 단계는 시민을 대상으로 한 의식조사이다. 상징색은 다의적 해석이 가능하므로 일반시민을 상대로 조사할 때는 쉬운 표현을 사용하고 다양한 연령대의 의견을 반영해야 한다. 일반시민이 색을 고를 때는 기호색을 선택하는 경우가 많다. 상징색은 기호색이지만 도시의 정체성을 얼마나 연상시키느냐가 중요하므로 연상색에 대한 조사도 병행한다.

질문은 '서울하면 떠오르는 색은 무엇입니까? (서울 연상색)', '당신에게 매력적으로 다가오는 색은 무엇입니까? (서울 기호색)' 처럼 쉽게 풀어서 쓰도록 한다. 서울색 조사결과 연상색은 서울하늘색과 한강은백색이 가장 높게 나타났으며, 기호색은 모든 연령대에서 단청빨간색이 높게 나타났다. 그러한 설문조사 결과를 토대로 시민에게 가장 높은 선호도를 보인 단청빨간색(Seoul Red)을 '서울상징색' 으로 선정하였다.

표 5-4 서울색 정립을 위한 외식조사

<table>
<tr><th>조사항목</th><th colspan="3">설문내용</th></tr>
<tr><td>조사날짜</td><td colspan="3">2008년 5월 10일 (시청 앞 서울광장)</td></tr>
<tr><td>조사대상</td><td colspan="3">733명의 시민(10대 204명, 20대 190명, 30대 146명, 40대 106명, 50대 이상 87명)</td></tr>
<tr><td>조사내용</td><td colspan="3">서울 하면 떠오르는 색은 무엇입니까? (서울 연상색)
당신에게 매력적으로 다가오는 색은 무엇입니까? (서울 기호색)</td></tr>
<tr><td rowspan="6">조사결과</td><td>연령대</td><td>연상색 1위</td><td>기호색 1위</td></tr>
<tr><td>10대</td><td>서울하늘색</td><td>단청빨간색</td></tr>
<tr><td>20대</td><td>서울하늘색</td><td>단청빨간색</td></tr>
<tr><td>30대</td><td>한강은백색</td><td>단청빨간색</td></tr>
<tr><td>40대</td><td>한강은백색</td><td>단청빨간색</td></tr>
<tr><td>50대</td><td>서울하늘색</td><td>단청빨간색</td></tr>
</table>

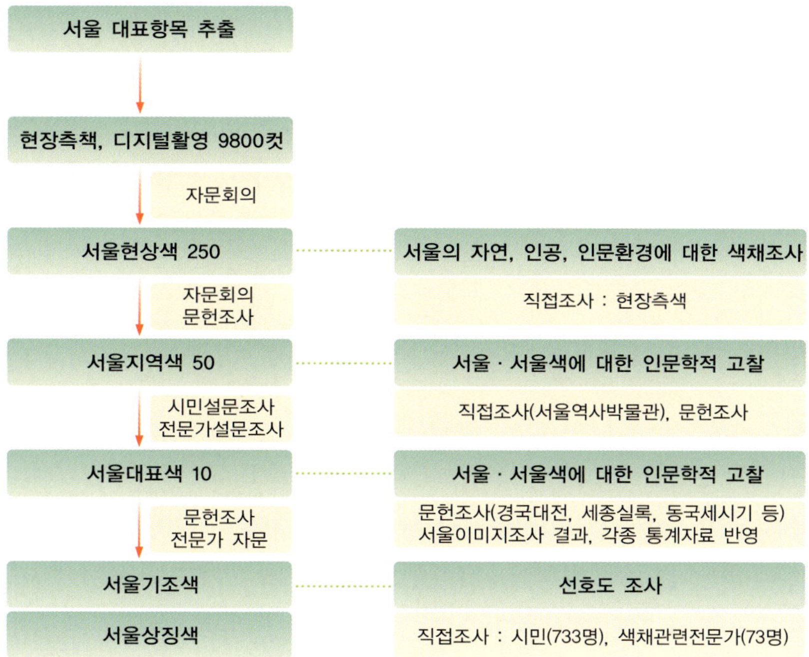

그림 5-16 서울색 연구과정

3. 도시상징색 계획의 사례

1. 서울색 정립 및 체계화연구

'서울색 정립 및 체계화' 연구는 2007년 10월부터 2008년 5월까지 7개월에 걸쳐 진행되었다. 현재 서울은 급속도로 진행된 산업화·현대화의 영향으로 무질서한 색채가 넘쳐나고 있어, 그 결과 인간에 대하여 쾌적한 환경을 이루지 못하고 있다. 이러한 상황 속에서 다수의 대규모 주거시설이나 연구단지 개발계획이 범도시적으로 진행되고 있으며, 그에 따른 색채가이드라인도 각 사업에 맞추어 개별적으로 진행되고 있다.

그러나 도시적 측면에서 서울에 대한 통일된 이미지를 만들어내는데는 큰 성과를 거두지 못하고 있다. 이에 서울색 개발은 600년의 역사와 수려한 자연환경을 가지고 있는 서울의 풍토색에 착안하여 인문환경, 인공환경, 자연환경에 대한 학술적, 과학적 연구분석을 바탕으로 진행되었다. 서울색이 개발되고 적용되면 서울을 찾는 방문객에게는 서울상징색을 통하여 서울의 정체성을 각인시키고, 시민에게는 권역별 가이드라인을 정립함으로써 지역민으로서 자부심을 느낄 수 있도록 하여 쾌적하고 건강한 도시의 모습을 만들고자 하는 것이다.

서울색 진행은 도시를 대표하는 요소의 추출과정, 지역색 추출과정, 의식조사 등을 통한 도시의 대표색 추출과정으로 나뉜다. 지역색 추출과정은 요소별 촬영, 과학적 측색, 모자이크분석의 과정을 거쳐 진행하였다. 마지막으로 도시의 대표색 추출과정은 시민, 색채전문가의 의견을 수렴하였으며 이를 토대로 서울의 상징색과 대표색을 추출하였다.

지역색 추출과정은 색채 측색과정과 추출과정을 거친다. 측색은 계절을 고려하여 3회에 걸쳐 시행하였다. 1차 측색(2007년 11월 1~15일)은 경복궁, 광화문, 덕수궁의 주요 건축물의 외장색에 대한 측색으로 한국 표준 색표집에 의한 육안 비색법과 미놀타 측색계를 사용한 방법을 병행하였다. 측색시간은 맑은 날 일출 3시간 후부터 일몰 3시간 전 사이에 실시하였으며 조사결과는 먼셀 시스템으로 표기하였다. 1차 측색이 계절에 진행된 것을 고려하여 2차 측색(2008년 1월~3월)은 봄철에 실시하였다.

2차 측색은 서울의 자연환경과 인공환경으로 구분하여 이루어졌다. 2차 측색 후 여름철과 가을철의 색채는 사진자료를 이용하여 디지털 측색을 실시하였다. 3차 측색(2008년 2월~3월)은 서울의 인문환경에 관한 조사로 서울시민의 의식주 관혼상제에 나타난 색을 측색하였다. 방법은 박물관 등에 대한 방문조사와 문헌을 통해 이뤄졌으며 주술적, 상징적 의미가 있는 색채의 추출이 이뤄졌다. 디지털 촬영법을 통해 총 9,800여 컷의 사진을 촬영하였다.

항목별 디지털이미지 중 촬영시기의 시기적 특성이 나타나거나 동적 요소가 있는 이미지는 삭제하였고 각 대상의 주요인상을 결정하는 이미지를 추려내는 과정을 거쳤다.

그림 5-17 (1) 서울의 대표 인공환경의 디지털 이미지

그림 5-17 (2) 서울의 대표 인공환경의 1차 이미지 추출 (촬영시기적 특성이 반영된 이미지의 삭제)

그림 5-17 (3) 서울의 대표 인공환경의 2차 이미지 추출 (인상을 결정하는 이미지 선정)

선택된 이미지에 대해 컴퓨터 모자이크 분석을 이용하여 색채 팔레트를 추출해내고 이때, 점유율이 높은 색, 인상을 결정짓는 색이 추출되었다.

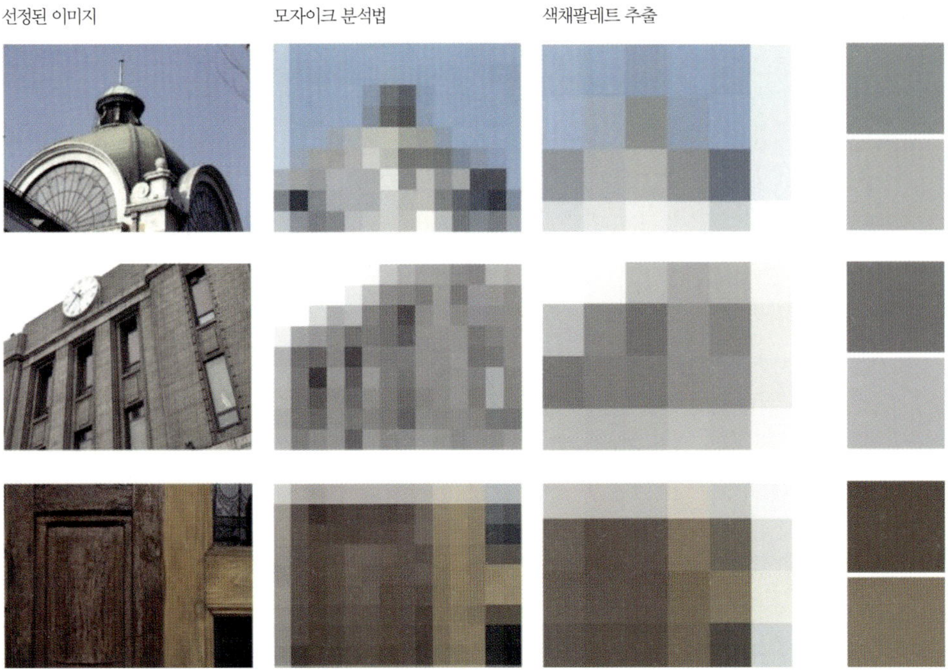

그림 5-18 모자이크 분석법에 의한 색채추출과정 (인공환경의 경우)

서울의 인공환경 중 전통환경의 색은 주로 R, YR, Y의 난색 계열에 집중되어 있으며, 전체적으로 중명도, 중저채도의 색채가 80% 이상을 차지하고 있다. 이미지스케일 분석결과 주로 정적이고 딱딱한 이미지 축에 분포하여 점잖고, 견고한 느낌이 주를 이루었다.

그림 5-19 서울의 인공환경 중 전통환경의 색채이미지 (I.R.I 이미지스케일)

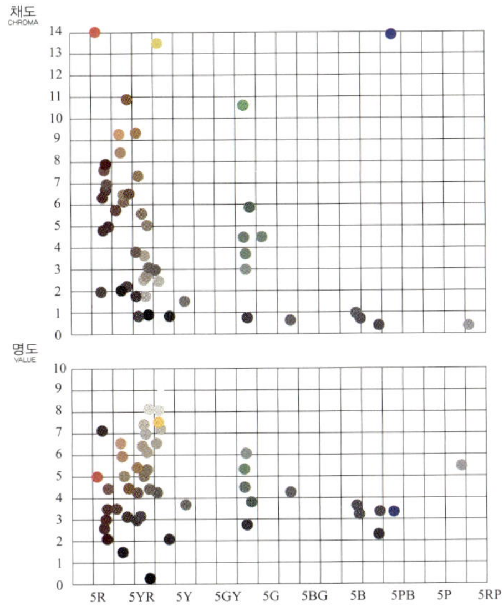

그림 5-20 서울의 인공환경 중 전통환경의 색채분포 (먼셀공간화)

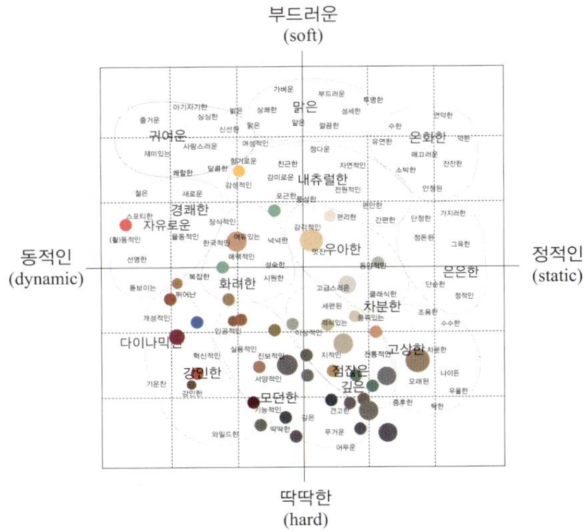

그림 5-21 서울의 인공환경 중 전통환경의 색채이미지 (I.R.I 이미지스케일)

서울의 인공환경 중 근현대건축의 색은 다양한 분포를 보이고 있으나 주로 R~G 계열에 분포하고 있다. 명도와 채도는 전체적으로 다양한 영역에 분포하고 있다. 이미지스케일 분석 결과에서도 한 가지 이미지보다는 전체적으로 다양한 이미지가 분포하여 불분명하고 복잡한 느낌이 들고 있다.

그림 5-22 서울의 인공환경 중 근현대건축의 색채

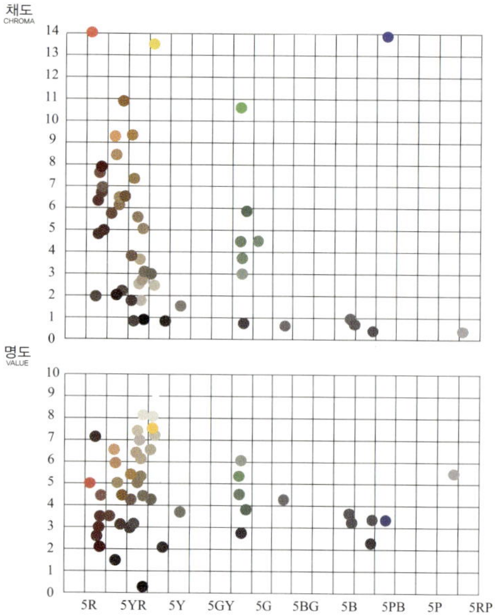

그림 5-23 서울의 인공환경 중 근현대건축의 색채분포 (먼셀공간화)

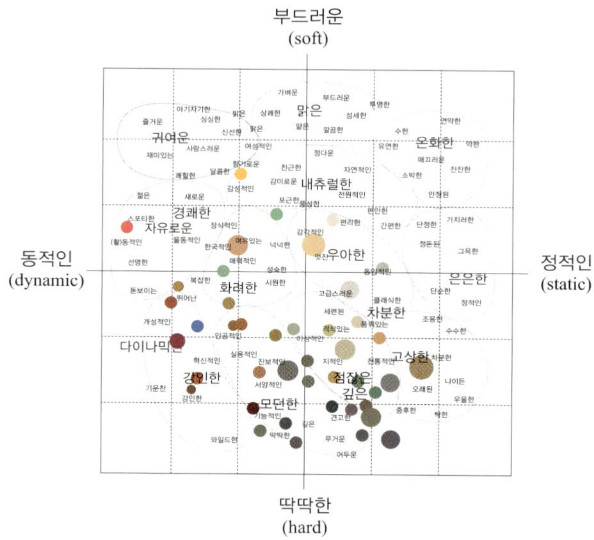

그림 5-24 서울의 인공환경 중 근현대건축의 색채이미지 (I.R.I 이미지스케일)

인문환경의 색은 주로 YR 계열에 밀집되어 있고, 채도는 다양하며, 명도는 주로 중저명도에 분포하고 있다. 이미지 스케일 분석결과 견고하고 점잖은 색채이미지를 주로 가지고 있었다.

그림 5-25 서울의 인문환경 색채

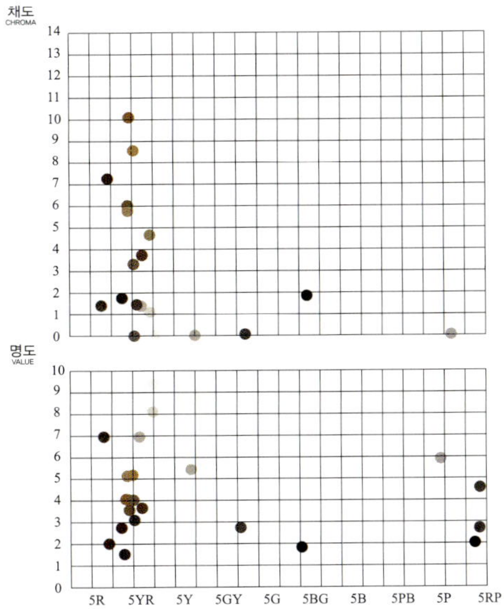

그림 5-26 서울의 인문환경 색채분포
(먼셀공간화)

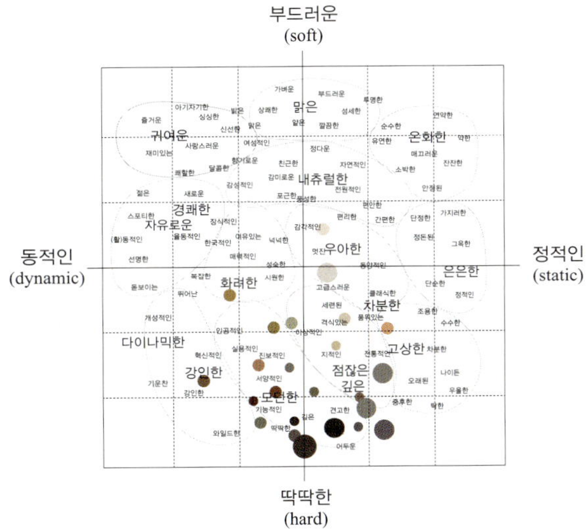

그림 5-27 서울의 인문환경 색채이미지
(I.R.I 이미지스케일)

서울의 대표적 측색대상 36개에서 자연환경의 색채가 87개, 인공환경의 색채가 127개, 인문환경의 색채가 36개로 총 250개의 색채가 '서울현상색 250' 으로 정립되었다. 따라서 '서울현상색250' 은 서울시에서 보이는 대표적인 풍토색이라 할 수 있다.

단청빨간색
Seoul Red

NCS	S 2070-R
Munsell HVC	5R 4/12(dE3.9)
CIEL*a*b*	38 / 58 / 28
sRGB	174 / 25 / 50
Adobe RGB	149 / 31 / 52
CMYK (US Sheetfed Coated)	4 / 100 / 71 / 20(dE1.6)

그림 5-28 서울상징색 (단청빨간색)

빨간색은 지구에서 사용되는 색상 이름 중 가장 오래된 이름으로 서양의 빨강은 피를 상징하여 국기에 많이 이용되었으며, 동양의 빨강은 불을 상징, 밝음의 의미(赤: 大+火(큰불), 土+火[땅속의 불])로 쓰인다.

우리 민족은 빨강은 밝음과 불의 의미로 쓰여 왔으며 건국신화(주몽(朱), 혁거세([赫])에 자주 등장하였으며 조선에서의 빨강은 王의 색으로 民에게는 벽사의 색으로 유교사상(검약정신)에 근거한 화려하지 않은 빨간색으로 중국, 일본의 것과는 사뭇 다르며 빨간색과 조선의 관계는 배달민족('밝'과 '달'의 합성어)이란 단어에도 나타난다.

표 5-5 서울상징색(단청빨간색)의 의미

조사항목	설문내용
	양기의 표상과 벽사의 색으로 현대까지도 이어져 내려오고 있는 무병과 화평을 바라는 '기원(祈願)의 색
	태초부터 사람과 함께한 건국신화의 색이자 하늘이 택한 '한양의 색'
	단청의 처음이자 마침의 색, 600년간 왕의 공간에 사용된 '궁(宮)의 색'
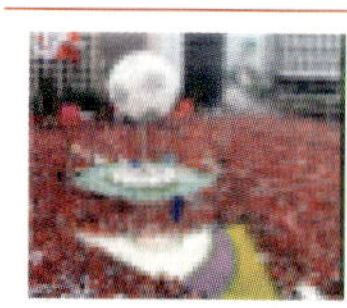	• 배달국 14대 환웅, 불패의 신화로 다시 깨어난 '치우천왕(蚩尤天王)' 의 상징색 • 2002년 월드컵 당시 붉은 악마란 타이틀로 한국응원단의 상징

서울상징색과 더불어 서울의 도시이미지를 이끌어갈 색으로 '서울기조색' 을 선정하였다. 기조(基調)의 뜻은 사상, 작품, 학설 따위에 일관해서 흐르는 기본적인 경향이나 흐름이란 뜻으로 기조색은 서울시의 바탕색이며 기본이 되는 색으로 시민의 서울연상색 2위의 색, 관련전문가 선호도 1위를 차지한 한강은백색을 선정하였다.

한강은백색
Seoul White

NCS	S 1000-N
Munsell HVC	N9(dE2.3)
CIEL*a*b*	89 / 0 / 1
sRGB	224/ 223 / 222
Adobe RGB	223 / 223 / 221
CMYK (US Sheetfed Coated)	7 / 5 / 4 / 0

그림 5-29 서울기조색 (한강은백색)

한강은백색의 역사적인 의의를 찾아보면 조선 시대 일반 서민의 흰색 옷, 백색숭앙의 '민족(民族)의 색' 이며 민화에 나타난 것처럼 우리네 사람과 함께해온 백색은 물들이지 않은 무명과 삼베의 색이며 이것이 시간을 머금어 바래거나 생활의 흔적이 묻어 탁해진 회색 기미가 있는 색까지 모두를 아우르는 색의 개념이다.

그밖에도 한강은백색은 금색(禁色)의 색, 금욕(禁慾)적 인격지향, 서민의 공간에 사용된 '민(民)의 색' 이었으며 지하철 창밖으로 보이는 서울의 강, 빛을 받아 반짝이는 은빛 찬란한 '한강(漢江)의 색' 으로 서울의 산을 이루고 있는 '화강암(花崗巖)의 색' 이다. 현대적인 의미에서의 백색은 서울시에서 가장 많이 보이는 차량의 색, 휴대전화 등의 제품에서 가장 많이 판매되는 색으로 서울시민의 제품 선호 색이라고 할 수 있다.

그림 5-30 광화문광장에서 관찰된 서울시민의 자동차선호색

표 5-6 서울기조색(한강은백색)의 의미

조사항목	설문내용
	조선 시대 일반 서민의 흰색 옷, 백색숭앙의 '민족(民族)의 색'
	금색(禁色)의 색, 금욕(禁慾)적 인격지향, 서민의 공간에 사용된 '민(民)의 색'
	지하철 창밖으로 보이는 서울의 강, 빛을 받아 반짝이는 은빛 찬란한 '한강(漢江)의 색
	서울의 산을 이루고 있는 '화강암(花崗巖)의 색'
	현대 서울시민의 '선호(選好)의 색' (평일 출근시간대 광화문 일대의 통과차량의 색채조사)

2010년 현재 서울시의 곳곳, 공간, 운송수단, 거리, 시설물 등에 서울색이 적용되어 도시의 정체성을 만들어가고 있다.

그림 5-31 서울마포대교남단, 버려진 공간에 서울색을 적용하여 이색적인 공간으로 탈바꿈

그림 5-32 기와진회색이 적용된 서울시 문화재 안내판

그림 5-33 서울대표색10이 적용된 마포대교남단 교각

그림 5-34 꽃담황토색이 적용된 해치택시

그림 5-35 꽃담황토색이 적용된 해치택시 표시등

2. 성남색 개발

현재 국내의 도시들은 각 지역을 대표하는 색을 찾기 위한 노력으로 상징색 또는 지역색을 연구하고 이를 도시에 적용하여 도시의 정체성을 색채로 나타내려 하고 있다. 성남시는 2012년 기본경관계획수립을 통해 '풍경이 흐르는 어울마루' 라는 도시형성방안을 마련해 '사람' 을 중심에 둔 도시를 계획하고 있다. 이에 성남시만의 특징과 지역색을 발견하여 체계적으로 색채를 계획하고 성남시 가로환경 및 시설, 공간건축에 실용적으로 적용할 수 있는 가이드라인 수립이 필요했다.

성남색 개발의 특징은 '사람' 중심에 두었다는 것이다. 기존에 연구된 성남 8경을 근간으로 성남시민이 인식하는 성남시의 이미지를 파악하여 색채가이드라인 기초자료에 활용하였다. 이를 위해 고안된 창의적인 조사방법은 성남시민이 인지하고 있는 성남시의 이미지를 조사하는 것이다. 순서는 성남 9경 중 대표순위를 뽑고 그 장소에 대한 시민이 가지고 있는 상징이미지를 그림응답으로 조사하여 그림응답 중 반복적으로 나타나는 형태를 그룹화하여 분석하였다.

그림 5-36 이미지 그리기

시민이 직접 그린 그림 속에서 대상에 대해 가장 핵심요소로 인지하고 있는 것이 무엇인지 알 수 있어 측색대상을 추출하는데 많은 시간과 노력을 줄일 수 있다.

(계속)

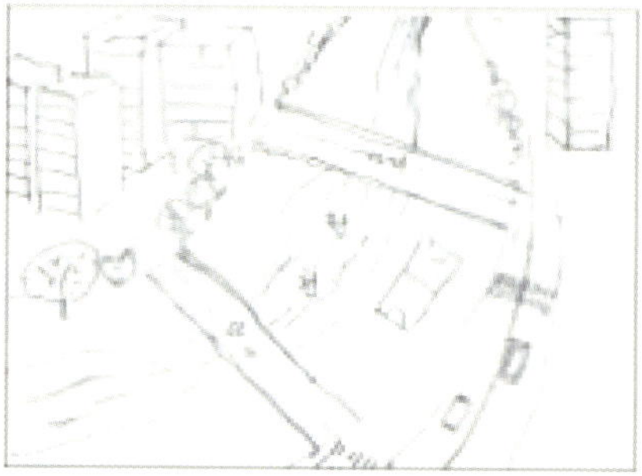

(계속)

Step 1

성남9경 색채현황조사 (성남시)

1. 중앙공원　2. 남한산성　3. 모란민속5일장
4. 율동공원　5. 성남아트센터　6. 봉국사 대광명전
7. 정자동카페거리　8. 탄천변　9. 성남시청사

▼

Step 2

시민의식조사 (설문조사결과 10%이상)

1순위 : 남한산성 (남문, 북문이미지)
2순위 : 모란민속5일장 (거리(파라솔))
3순위 : 탄천변 (탄천)
4순위 : 성남아트센터 (성남아트센터외관)
5순위 : 율동공원 (번지점프대)

▼

Step 3

성남5경 대표이미지 선정 (설문조사를 토대로 한 스토리텔링)

1. 남한산성 : 화창한 주말, 산책길에 보이는 남한산성의 남문 (지화문)
2. 모란민속5일장 : 오일장, 파라솔과 사람으로 북적이는 거리
3. 탄천변에 서서 바라보는 물
4. 성남아트센터 : 주말, 공연관람을 위해 찾은 성남아트센터전경
5. 율동공원 : 화창한 주말, 번지점프대가 보이는 분당저수지

▼

Step 4

성남어울림색 추출 (디지털 모자이크)

대상이미지의 넓은 면적을 차지하는 색, 대상이미지의 강한 인상을 결정하는 색, 코드화

그림 5-37　성남어울림색 추출과정

성남색은 성남의 경관색에 대한 연구결과로서 타도시의 상징색에 대한 접근과는 다르다. 성남색은 그 동안 도시공간에 무분별하게 사용되던 색채를 성남시의 경관에 대한 조사를 통해 새롭게 정립한 것이다. 또한 인공환경에 적용해도 자연스러운 가이드라인을 만드는 것을 목표로 진행하였고, 문화와 사상을 바탕으로 상징색을 추출하고 정립하여 다른 지역의 가이드라인과 차별화 하였다.

이를 위해 시민의식조사를 통하여 얻어낸 성남의 대표 경관자원에서 색을 추출하고 이를 성남대표경관색이라 하였고, 성남경관어울림색에 성남시 기본경관계획의 '풍경이 흐르는 어울마루' 의 '어울림' 개념을 적용하여 'OO어울림색' 이라 명명하였다.

성남어울림색은 15가지 현상색으로 경관에 사용될 수 있는 색이다. 이것은 상징색 개발 후 확장성을 고려한 것으로 현상색을 근간으로 경관색 가이드라인이 만들어졌다. 기존에 성남이 가진 색을 추출 이것을 기준으로 조화로운 파레트를 만든다는 또 하나의 창의적인 상징색 개발방법이다.

표 5-7 남한산성어울림색 추출과정

1. 시민의식조사에서 도출된 요소(남문, 북문)

2. 대표이미지의 선정 및 색채추출

요소에 관한 기초자료조사 및 시민의식조사 분석을 통한 남한산성의 대표이미지 선정하고 현장 실측조사를 통한 이미지 선정 – 화창한 주말, 산책길에 보이는 남한산성의 남문(지화문)

3. 항목별 대표색 추출

넓은 면적을 차지하는 색	
남한산성어울림색-1	S 1005-Y20R R23G222B205 0.5Y 8.5/1.5 C7M12Y19K0 남한산성의 전체적인 인상을 만드는 돌의 밝은 색
강한 인상을 결정하는 색	
남한산성어울림색-2	S 3010-Y R193G179B155 2.3Y 6.8/2.2 C20M25Y35K4 남한산성의 전체적인 인상을 만드는 돌의 어둠의 색
남한산성어울림색-3	S 7010-Y90R R116G96B94 7.4R 3.6/1.6 C19M27Y28K34 산성입구에서 보이는 남한산성의 첫 관문인 지화문의 색

	남한산성어울림색-1	남한산성어울림색-2	남한산성어울림색-3
	SNC 1-1A	SNC 1-1C	SNC 1-4G
NCS	S 1005-Y20R	S 3010-Y	S 7010-Y90R
Munsell	0.5Y 8.5/1.5	2.3Y 6.8/2.2	7.4R 3.6/1.6
RGB	R235G222B205	R193G179B155	R116G96B94
CMYK	C7M12Y19K0	C20M25Y35K4	C19M27Y28K34

	모란민속5일장어울림색-1	모란민속5일장어울림색-2	모란민속5일장어울림색-3
	SNC 1-6A	SNC 1-7B	SNC 1-3F
NCS	S 1502-Y	S 2020-Y20R	S 5030-Y70R
Munsell	5.4Y 8.2/0.5	8.8YR 7.3/4.1	9.8R 4.3/4.5
RGB	R219G215B208	R219G187B150	R153G106B93
CMYK	C14M15Y18K0	C14M26Y41K0	C20M38Y43K19

	탄천변어울림색-1	탄천변어울림색-2	탄천변어울림색-3
	SNC 2-7C	SNC 2-1C	SNC 2-6E
NCS	S 3005-G80Y	S 3010-B90G	S 6005-Y20R
Munsell	6.9Y 7.0/1.0	8.5G 6.8/1.2	9.5YR 4.9/1.2
RGB	R191G186B173	R169G182B177	R136G126B116
CMYK	C20M21Y26K5	C25M20Y22K8	C19M24Y28K26

	성남아트센터어울림색-1	성남아트센터어울림색-2	성남아트센터어울림색-3
	SNC 2-1A	SNC 2-5C	SNC 2-7G
NCS	S 1000-N	S 3000-N	S 7502-Y
Munsell	5.4Y 8.7/0.1	6.8Y 7.1/0.1	1.8Y 3.7/0.4
RGB	R230G228B226	R189G187B185	R106G103B99
CMYK	C9M10Y11K0	C20M20Y21K6	C19M21Y23K38

	율동공원어울림색-1	율동공원어울림색-2	율동공원어울림색-3
	SNC 2-6C	SNC 2-7D	SNC 2-3D
NCS	S 3030-B	S 4040-G50Y	S 5010-Y50R
Munsell	7.4B 5.8/4.5	1.2GY 5.1/4.0	4.8YR 5.2/2.1
RGB	R118G160B179	R141G141B92	R159G137B125
CMYK	C43M27Y20K9	C20M20Y39K24	C20M28Y33K17

그림 38 성남경관대표색 (성남어울림색) 15

4. 방향성 및 과제

도시의 상징색을 개발한다는 것은 세계적으로 흔지 않은 일이며 그러기에 정해진 방법이 있는것도 아니다. 다만 연구를 통해 개발된 방법이 있을 뿐이다. 도시상징색을 개발하는 것은 개발과정의 개발 자체가 선행되어야 한다. 아직까지 국내에서는 타 연구과정을 그대로 밟아갈 수 밖에 없는 것이 현실이다. 우리 연구진이 서울색의 개발과정에서 고안해낸 방법과 좀 더 사람의 시각에서 본 상징색을 개발하기 위해 진행된 성남시의 개발과정처럼 각각의 도시의 자연, 행정에 맞는 방법의 고안이 필요하다.

그 다음으로 중요한 것은 어디에 어떻게 적용할 것인가를 고민하는 것이다. 상징색이라 하면 주목성을 위해 고명도 고채도의 색이 선정되는 것이 다반사이다. 그러나 이것을 어떻게 사용해야 하는지에 대한 고민이 없다면 도시는 다시 색으로 넘쳐나고 혼탁해질 것이다.

그 간의 연구를 토대로 대한민국의 도시의 색을 조사한 결과 색으로 봐서는 어디가 어디인지 누구도 알 수 없는 것이 현실이었다. 도시상징색을 개발하는 것은 도시 이미지의 미래를 그리는 작업이다. 미래를 논할 때 과거를 논한 듯 우리는 지금 도시의 색을 추출하고 이를 축적하는 작업을 해야 한다. 지금의 색이 과거의 색이 되기 때문이다.

마지막으로 도시상징색을 개발한다는 것은 단순히 기계적이거나 시각적이거나 혹은 두가지 방법을 혼용하는 식으로 행해져 왔다. 그러나 정작 도시상징색에서 중요한 것은 심상의 색이다. 이를 개발하기 위한 소양을 기르는 것이 무엇보다 시급하다.

06

산업단지의 색채계획

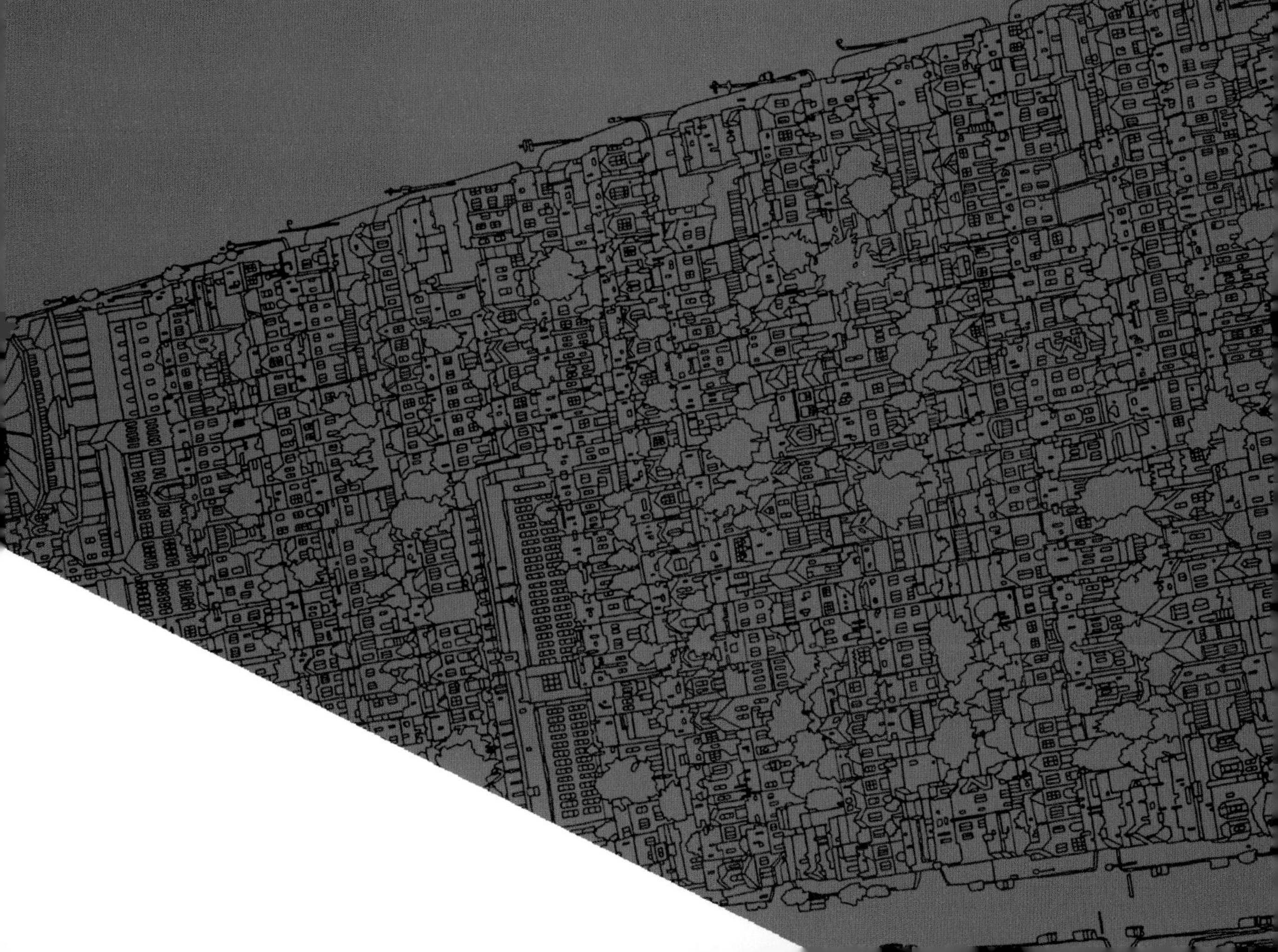

PART 6 산업단지의 색채계획

우리나라의 산업단지의 개발역사가 50여 년에 이르면서 가동된 지 20년이 넘는 산업단지가 전체 산업단지 조성면적의 51.6%를 차지하고, 노후산업단지 종사자의 수가 전체 산업단지 종사자의 72%를 차지하게 되면서 이제 산업단지의 환경개선은 간과할 수 없는 주요한 문제로 떠오르게 되었다.

산업단지는 한때 소재 도시의 성장동력으로서의 역할을 담당했음에도 불구하고 산업단지의 낙후된 환경으로 인해소재 주민들에게 환경오염의 주범으로서 부정적 이미지로 여겨지고 있으며 노후산업단지는 종사자의 근로의욕을 약화시키는 것은 물론 젊은이들의 산업단지 취업을 기피하게 하는 요소로 작용하고 있다.

이에 정부에서는 지역경제의 원동력인 산업단지의 환경개선을 위해 산업단지 환경디자인 개발에 정책적으로 지원을 하고 있으며 이러한 환경디자인사업으로 노후화된 산업시설의 개선 및 산업 단지의 아이덴티티 정립을 통한 산업경쟁력 강화를 꾀하고 있다.

특히 환경색채계획사업은 시간적, 경제적 비용에 비해 개선의 효과를 빠르게 얻을 수 있는 사업으로 많은 산업단지에서 환경디자인사업의 필수사업으로 추진되고 있다.

산업단지의 색채계획은 매력적인 경관색채조성이라는 일차 목표와 함께 산업경쟁력강화라는 국가 경제적 기대효과를 가져와야 하므로 다른 분야의 색채계획보다도 더욱 더 전문성을 가지고 세심하게 계획되어야 할 것이다.

산업단지 색채계획은 새롭게 조성되는 산업단지의 색채가이드라인제안의 경우도 있으나, 본 장에서는 기존 산업단지의 환경개선디자인사업의 일환으로서의 색채디자인을 중심으로 다루고자 하며, 울산 국가산업단지와 부산 무지개공단의 사례를 통해 그 이해를 돕고자 한다.

1. 산업단지 색채계획의 핵심

환경색채디자인은 공간을 구성하는 여러 요소가 가지고 있는 색채의 특성을 파악하고 이들 요소들 간의 상호관계성을 고려하여 적절한 조절을 통해 심미적 조화로움을 만들어내는 작업으로 그 어떤 디자인보다도 공공의 성격을 가지고 있는 분야이기 때문에 환경색채디자이너는 개인적인 감성의 선택이 아니라 사회적 책임감을 가지고 객관적 유효성을 가진 색채를 기획하고 전개해야만 한다.

산업단지 색채계획 역시 조화롭고 매력적인 환경색채연출을 위해 전문성과 책임감을 가지고 진행되어야 하며, 일반적 환경색채디자인에서 필요한 관점들이 모두 고려되어야 하는 것은 물론이고 산업단지의 경우 그 공간을 구성하고 있는 요소들의 특징이 다른 공간과는 다르다. 국가적으로, 좁게는 입지하고 있는 소재지의 성장동력이라는 경제적 역할을 담당하고 있어 일반 환경색채계획보다도 신중하고 다양한 검토가 필요하다

1. 산업단지 색채계획은 입지하고 있는 도시공간과의 조화성이 검토되어야 한다 – 입지지역공간과의 조화성

산업단지는 입지하는 지역의 이미지 형성에 간과할 수 없는 요소이므로 산업단지의 색채계획은 단지의 매력적 환경색채조성과 함께 지역의 어메니

티를 위한 입지 지역 전체 공간과의 조화성 검토가 필요하다.

우선 공간의 분석이 단지라는 국지적인 공간이해에 머무르지 않고 입지한 지역의 특성이해가 바탕이 되어야만 한다. 이러한 거시적 공간이해를 기반으로 산업단지의 색채를 어떻게 조성할 것인가의 고민을 해야 한다.

사례로 제시되는 울산 국가산업단지는 조성된 지 40여년이 지나면서 많은 변화의 과정을 겪어왔는데 그 과정에는 공업기반의 도시 개발단계를 지나 상당한 규모의 시가지를 가진 광역시로 성장한 울산이라는 지역과 밀접하게 연결되어 있다.

따라서 산업단지의 색채계획은 기획의 초기 단계에 입지한 지역의 경관목표, 경관디자인가이드라인 및 지역 발전전략에 대한 다양한 계획과 보고서를 충분히 검토해야 하며 지역 경관조성방향과의 연관성을 찾아 산업단지의 색채계획에 반영해야 한다.

2. 산업단지의 해결과제와 제한조건에 대해 적절하고 효율적인 색채계획을 제시해야 한다

- 산업단지 당면과제 해결방안제시

산업단지의 색채계획은 단지의 색채환경을 매력적으로 만들어 나가는 것뿐만 아니라 매력적 색채경관 조성과 함께 그 산업단지가 해결해야 하는 과제가 무엇인지 파악하고 색채계획을 통해 해결할 수 있는 방안을 제시할 필요가 있다.

울산 미포 산업단지의 경우 석유화학업종의 기업들이 집적되어 있어 악취라는 후각적 공해에 대한 부정적 이미지를 가지고 있다. 따라서 미포 산업단지는 환경색채를 설계함에 있어서 이러한 부정적 이미지를 상쇄시킬 수 있도록 상쾌함이 느껴지는 경관을 연출하는 등의 색채디자인 방안을 제시할 수 있다. 이러한 다양한 공해 요소가 가지는 부정적 이미지, 업종의 특성에 따른 거대 시설물의 위압감과 시각적 폐쇄성 등 산업단지가 가진 해결과제를 파악하고 이에 대한 적절한 색채설계 방안을 제시할 수 있어야 한다.

부산의 무지개 공단의 경우 종사자와 관계자들만이 드나들던 공간이었으나 택지개발 등에 의해 주거지역이 가까이 위치하게 되고, 공단주변 관광명소개발, 도시사업에 따른 공장철거지의 문화공간화 등을 통해 일반인의 접근이 빈번해짐에 따라 친근한 경관에 대한 기대가 커지고 있다. 따라서 무지개공단의 색채계획에 있어서는 산업시설의 위압감과 폐쇄성을 최대한 상쇄시키면서 친근한 경관조성을 위해 어떠한 색채분위기를 부여할 것인가 구체적인 색채디자인 방법이 제시되었다

다른 공간과는 달리 산업단지이기 때문에 생기는 문제와 제한조건은 과업지시를 통해 전달될 수도 있고 현황조사를 통해 과제를 도출할 수도 있다. 이러한 산업단지별 난제를 해결하기 위한 색채조성방안은 다른 산업단지와 다른 개성적 색채경관을 만들어내는 특화색채조성 방안으로 연결된다.

3. 동질적 환경 특성을 지닌 산업단지경관에서는 적절한 조닝(Zoning)을 통한 색채공간의 변화감을 주어 지루하지 않은 환경색채를 연출한다
- 조닝(Zoning)을 통한 공간이미지 변화

산업단지의 특성상 산업단지의 건축물이나 시설물은 동일한 마감재가 반복적으로 사용되고, 비슷한 조형을 가지고 있어 전반적으로 균일화되기 쉬운 경관을 지니고 있다. 따라서 획일적 경관을 제어하고 변화감을 부여하기 위해 산업단지를 주요 업종 또는 주요 자원 등 적절한 환경특성을 지닌 공간적 범위를 기준으로 구획하고 세부적인 색채계획 제안으로 지루하지 않은 환경색채가 연출되도록 한다.

조닝된 각각의 공간의 세부색채계획은 그 공간 특성에 따라 색채조성방향을 설정하고 색채계획을 제안하는데, 이때 산업단지 전체 색채 이미지를

고려하면서 부분으로서의 각각의 공간에 적합한 색채를 제안함으로서 전체적으로 연속되면서도 변화감이 느껴지게 하여 자칫 지루해질 수 있는 산업단지 환경색채의 리듬감이 느껴질 수 있도록 한다.

4. 입주기업에 대한 배려를 통해 산업단지 색채계획 활용성을 높인다 – 실질적 활용을 위한 입주업체 참여 유도

제안되는 산업단지 색채계획 매뉴얼은 행정 또는 관리기관에서의 관리지침이기도 하지만 산업 단지내 건축물과 시설물의 색채계획에서의 활용지침로서의 역할이 가장 크다. 따라서 제안되는 색채계획은 활용처에서 적극적으로 활용될 수 있도록 효과적인 방안의 제공이 필요하다.

산업단지 색채계획은 일방적인 지시적 가이드가 아니라 입주기업들이 자사의 건축물 또는 시설물 색채 조성에 실질적으로 활용되기 위해서는 입주기업들의 의견이 적극적으로 반영되어야 한다.

한 예로 울산 국가산업단지의 경우 주요 업종의 대기업들이 입주되어 있으며 그들이 차지하고 있는 면적이 매우 넓고, 그 주변 또한 이들의 협력업체들이 집적되어 있는 경우가 대부분이다. 이들 대기업은 브랜드에 대한 자부심이 크다. 따라서 대기업이 입지하고 있는 구역의 세부색채계획에는 이들의 브랜드컬러와의 조화를 염두한 색채를 제안함으로써 이들 기업들이 제안한 색채계획이 적용에 어려움이 없도록 하였다.

무지개공단에서는 공단내 업종별 협동조합이 구성되어 있으며 이들은 각각의 업종기업들을 위해 활발한 활동을 하고 있다. 이에 무지개공단의 색채계획에서는 계획 착수에서부터 공단 협동조합관계자가 적극적으로 참여토록 하여 이들의 의견을 반영하였고 협동조합을 통해 입주기업에서의 활용이 독려될 수 있도록 하였다.

2. 산업단지 색채계획 프로세스의 소개

산업단지의 색채계획을 위한 작업과정은 크게 보면 일반적인 환경색채계획의 프로세스와 별반 다르지 않다. 그러나 세부적으로는 다른 공간색채계획과는 다른 고민의 부분과 신중한 검토의 내용들이 있으며 색채 디자인에 있어서도 산업건축물 및 시설물이 가지는 조형적 특성과 주요마감재 특성에 따른 전개방법에 차이가 있다. 따라서 본 장에서는 산업단지 색채계획을 진행하기 위한 기본 프로세스를 정리하고 일반적 환경색계획 프로세스와의 차이점을 살펴보고자 한다.

1. 기획과 조사 분석의 단계

(1) 계획의 수립

① 산업단지 환경색채에 대한 계획 수립을 위해서는 주어진 과업지시에 대한 충분한 검토를 통한 조건의 검토가 있어야 한다.

② 산업단지 색채계획의 경우 단독사업으로 이루어지기도 하지만 최근에는 산업단지가 다른 분야의 환경디자인 요소인 가로경관, 공공시설물 등과 연계되어 진행되는 경우도 많다. 따라서 이와 같은 다른 계획과의 긴밀한 협의와 검토를 통해 환경디자인에서의 색채계획의 위상을 정립하여 색채계획의 기본 골격을 구성한다.

(2) 현황조사 및 국내외 사례조사

① 환경색채계획 진행과정에서 일반적으로 수행하는 현황 및 사례조사의 과정에서도, 산업단지의 색채현황 조사를 통해 색채특성을 조사·분석하고 유사사례 또는 반영 방법에 대해 제안을 한다.

그림 6-1 산업단지 색채계획 프로세스

② 산업단지의 경우 입지지역 성장의 동력으로서의 역할을 담당하고 있는 경우가 대부분이다. 그러나 시대의 변화는 산업의 변화를 가져오므로 지역에서는 변화에 대한 대처를 위해 산업단지 관련 다양한 추진사업을 가지고 있기 마련이다. 따라서 산업단지의 색채계획은 현황분석을 통한 지역의 특성과 함께 앞으로의 산업의 미래상을 담아낼 수 있는 계획이 되어야 한다. 그러므로 산업관련 상위 계획 및 추진사업에 대해 면밀히 검토하고 추구하는 미래상이 충분히 담겨질 수 있도록 색채계획이 제안되어야 한다.

③ 산업단지의 특성상 동일한 마감재를 사용하고 있는 건축물이 많다. 따라서 산업단지의 색채조성방안에는 필수적으로 주요 마감재에 대한 지침이 포함되어져야 하므로, 단지에서 주로 사용되고 있는 마감재의 특성과 적용색채 현황, 색채연출에서의 조건 등을 조사할 필요가 있다.

2. 색채디자인

(1) 기본 색채디자인

① 산업단지 색채계획은 앞장에서도 소개한바와 같이 입지지역의 경관목표 및 지역의 상위경관계획과의 연계성을 가져야 하며 지역전체와 산업단지의 조화를 이룰 수 있도록 기본 방향이 수립되어야 한다.

② 대상 산업단지의 해결과제 및 제한조건과 같은 난제(難題)에 대해 색채를 통해 풀어낼 수 있는 전략을 제시한다.

③ 공간의 대부분이 비슷한 가로환경 모습을 갖고 있는 산업단지는 자칫 경관모습이 지루해질 수 있으므로 공간 조닝을 통한 색채변화감이 필요하다. 대상 단지 여건에 최적화된 구역의 구분 제시는 경관색채의 리듬감도 주지만 유사 가로환경 속에서 산업단지 방문자에게 장소의 위치를 알려주는 정보로 활용될 수 있다.

(2) 색채조성방안

① 기본적 색채골격과 함께 각각의 조닝된 구역의 세부색채조성방안을 제시한다.

② 다양한 시뮬레이션 제안을 통한 단색, 배색 색채계획의 이해·증진과 환경 개선 이해를 도모한다.

③ 단지에서 많이 활용되고 있는 주요 마감재에 대한 색채범위를 제시하여 보다 현실적이고 활용성 높은 색채조성방안이 되도록 한다.

3. 색채 매뉴얼화

① 체계적으로 구성된 단계별 관리지침을 통해 일회성에 그치는 가이드라인이 아닌, 변화하는 도시와 함께 지속가능한 색채매뉴얼이 되도록 한다.

② 산업단지관리기관에서 색채디자인의 심의와 허가를 하는 데 용이하게 사용할 수 있도록 명확한 인허가 지침을 제시한다.

③ 정확한 적용색상을 이해하는 데 용이한 표준 색표집을 제작, 보급이 가능하다면 보다 충실한 색채매뉴얼이 될 수 있다.

3. 산업단지 색채계획 사례

1. 산업수도 울산의 랜드마크 - 울산 국가산업단지 색채계획

(1) 울산 국가산업단지 환경색채계획의 배경

울산광역시는 1962년 울산 특정 공업지구로 지정된 이후 울산 미포 및 온산 국가산업단지를 조성·운영하고 있다. 이들 울산시 소재 국가산업단지는 지난 50여 년 동안 울산의 성장 동력으로서 도시구조형성과 경제적 사회적 기반형성에 기여하며 역동적 산업도시의 이미지를 형성하여 왔으나 한편으로는, 대기 및 수질 오염 등 환경문제와 관련된 부정적 이미지를 동시에 갖게 되면서 공해의 중심부에 있게 하였다.

그러나 공업기반의 도시 개발단계를 지나 상당한 규모의 시가지를 가진 광역시로 울산이 성장하게 되었고 시민들의 미적 수준과 도시어메니티에 대한 요구가 증대되면서 환경오염도시, 공해도시라는 부정적 이미지에서 벗어나 산업과 환경이 조화를 이룬 공업문화도시로서의 이미지개선과 울산의 고유한 정체성을 찾기 위한 노력을 기울이게 되었다. 나아가 이러한 상황들은 산업단지의 경관관리의 새로운 변화에 대한 요구를 가지고 왔다.

울산의 국가산업단지는 대부분이 해안지역에 위치하고 있어 울산만의 독특한 경관을 형성하고 있으나 조성된 지 꽤 오랜 시간이 경과되면서 산업단지 내 시설의 노후화 등과 같은 환경 악화가 가속되어지고 있어 이에 대한 환경개선의 요구가 울산시 전체의 경관적 측면에서 시급하게 진행되어야할 사업이 되었다.

울산의 산업단지는 울산시 도시 브랜드 이미지 형성에 간과할 수 없는 요소이므로, 산업단지 경관계획은 지역 대표경관으로서의 매력적인 산업단지 조성계획과 함께 도시 어메니티를 위한 전체 도시공간과의 조화성이 검토되어야 한다. 이러한 산업단지의 경관 변화 요구를 아우를 수 있도록 경관의 핵심적 요소로서 환경색채의 중요성을 파악하고 이에 대한 체계적 통합 환경 색채 계획을 수립하게 되었다.

(2) 울산 국가산업단지 환경색채계획의 목표

① 울산 산업단지 색채경관 분석을 통하여 특성을 반영하고 아름다운 해안경관 연출 및 풍부한 녹지와의 조화를 고려한 색채계획

② 울산광역시가 추진하고 있는 산업단지 관련계획들의 지향방향을 반영한 색채계획으로 친환경 산업단지를 지향

③ 구체적 활용사례의 제시와 배색디자인 및 시뮬레이션을 제시하여 이해와 현장사용이 용이한 색채가이드라인을 수립

(3) 울산 국가산업단지 일반현황

울산은 1962년 울산 특정 공업지구로 지정된 이후 온산 및 미포 국가산업단지를 조성·운영하고 있다.

① 온산 국가산업단지

- 온산 국가산업단지는 1974년 개발되었으며, 삼면이 산으로 둘러싸여 있고 한 면이 바다에 접해 있다.
- 산업단지내 주요 업체로는 비철금속업체인 고려아연(주), (주)풍산, LG니꼬동제련(주)와 S-OIL(주)를 비롯한 석유화학업체가 입지하여 있다.

그림 6-2 온산 국가산업단지

② 울산미포 국가산업단지

- 울산미포 국가산업단지는 1962년 개발되었으며 해안, 구릉지, 야산 전답, 잡종지, 매립지로 구성된 지형을 가지고 있다
- 석유화학, 자동차, 조선 공업 중심의 국내 최대 중화학공업단지로 급속한 발전을 거듭하여 왔다.

그림 6-3 울산미포 국가산업단지

(4) 울산 국가산업단지 색채계획

① 산업단지 색채계획 기본 방향 설정

- 울산의 산업단지는 울산시 도시브랜드 이미지 형성에 간과할 수 없는 요소이므로 산업단지 색채계획은 지역대표경관으로서의 매력적인 환경색채조성과 함께 도시 어메니티를 위한 전체 도시 공간과의 조화성이 검토되어야 한다.

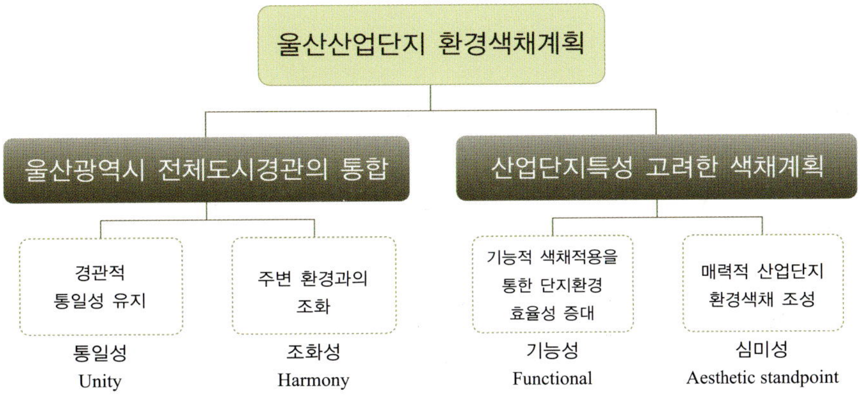

② 색채현황조사

- 색채현황조사는 산업단지내 주요도로변을 따라 가로환경 및 건축물 중심으로 경관사진을 촬영하고 이미지 사진들에서 보여지는 기조적 색채분위기를 분석하여 검토한다.
- 울산 산업단지의 경우 Photograpic Analysis Software를 이용하여 분석하였으나 특별한 색채분석 프로그램이 없다면 포토샵의 컬러모자이크 분석을 통해 이미지에서 인상을 결정짓는 색을 검토하는 방법을 활용하도록 한다.
- 울산 산업단지의 경우 색채현황의 특성을 파악하기 위해 경관의 기준을 다양하게 하여 색채현황을 비교 검토하였다.

표 6-1 색채현황 조사

기 준	분 류	분류 목적
주요 업종	석유화학 vs 자동차관련 vs 선박,부품	국가산업단지는 업종별로 집적화되어있고, 해당업종의 대기업이 넓은 면적을 차지하고 있으므로 기업컬러 등을 비롯한 색채현황의 반영 필요성
건축 용도	공업형건물 vs 창고형건물 vs 구조물	건축의 용도, 사용마감재, 소재 등에 따른 색채 차이점 비교 분석

※ 석유화학업종 색채현황분석의 예

가. 경관사진이미지

나. 색채 분석

– Hue&Tone 분석

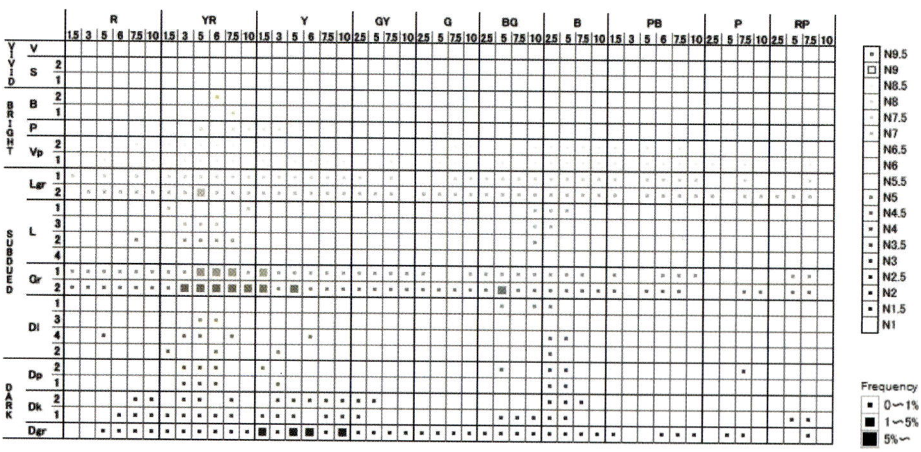

– 고출현율

① 색 상 : YellowRed ~ Yellow의 중명도의 색이 대부분을 차지. 또한 어두운 yellow계열이 눈에 띔

② 색 조 : YellowRed ~ Yellow계열의LightGrayish~Grayish Tone이 주를 이루며, BlueGreen계열의 경우 차분한 LightGrayish Tone이 넓게 분포함

③ 색채디자인 컨셉 및 전략

울산 국가산업단지는 중요한 도시이미지 요소로서 자리 잡고 있으나 무질서한 색채경관으로 주변 경관과 조화를 이루지 못하고 도시미관을 저해하며 혐오대상으로 인식되고 있다. 따라서 현재 산업단지의 무질서한 색채경관을, 체계화된 계획과 통합요소를 부여함으로써 일관되고 울산의 산업단지로서의 정체성을 느낄 수 있도록 색채계획 한다.

• 색채디자인 컨셉

United 연합한, 통일된, 단결

울산 전체 경관 색채의 기조적 이미지를 유지하고 입지 여건을 반영하여 울산산업단지의 일관성을 가지면서 단지별 특성을 살리는 색채계획을 구현한다.

• 색채디자인 전략

Strategy 1. 산업단지 색채브랜드화

United CLUSTER ▶	· 산업시설이 집적되어 있으므로 기업별 독자적 계획을 탈피하고 통일감 있는 색채계획이 필요 · 울산 국가산업단지의 통합요소로서 통일감 있는 색채제안을 통해 산업단지를 색채브랜드화한 울산의 정체성이 확보될 수 있도록 함

Strategy 2. 환경 정보색 구현

환경정보색채적용을 통한 단지환경 효율성 증대 ▶	· 동일한 마감재의 반복과 비슷한 조형의 건축물 등으로 산업단지의 경관은 전반적으로 균일화되기 쉬움 · 균일화된 경관과 산업단지의 특징인 격자형 가로구조는 방문자의 방위감(orientation) 형성을 어렵게 함 · 이러한 문제점의 개선안으로 일정 기준으로 산업단지를 조닝(Zoning)하고, 설정된 존(Zone)별로 공간인지를 위한 환경 정보색을 제안

• 색채경관 통일감 확보를 위한 제안색채범위 도출

- 디자인 전략에서 제시한 바와 같이 울산 국가산업단지의 색채브랜드화를 위해 통일감 있는 색채의 제안을 위해 일정범위내의 색을 제안함으로써 색채를 통해 산업단지의 정체성이 표현될 수 있도록 한다.
- 국가산업단지의 색은 앞서 색채계획 기본방향에서 제시한 바와 같이 울산광역시 경관색채의 특성 반영을 위해 울산시 색채현황조사결과 나타난 블루계열의 고출현을 고려하였다. 또한 울산 산업단지 입지의 가장 큰 특징인 해안인접을 고려하여 해안가다운 경관을 만들 수 있는 색채를 제안했다. 더불어 다른 도시보다 월등히 높은 녹지율을 가지고 있는 울산의 풍부한 녹지도 국가산업단지의 주요 배경으로 고려했다.
- 또한 울산시의 산업부문 정책 및 추진계획 방향을 고려하여 산업단지의 새로운 변화를 담아낼 수 있는 색채제안이 이루어졌다.

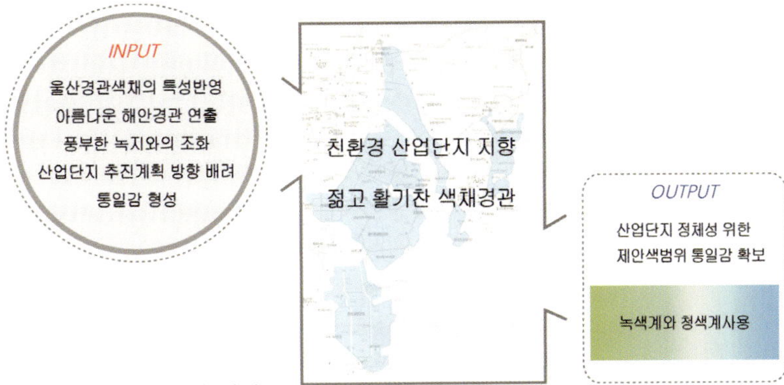

그림 6-4 제안색 범위

④ 국가산업단지 색채 조성 방안

가. 국가산업단지 조닝계획

- 온산 국가산업단지 조닝 계획 : 온산단지의 경우 주요도로를 중심으로 내륙의 녹지배후의 온산 A존과, 산업단지내부 중심인 온산 B존, 그리고 항만을 낀 해안부의 온산 C존으로 구획되었다.

- 온산 산업단지내 주요 산업도로에 따른 구획

그림 6-5 온산 국가산업단지 조닝계획

• 울산 미포 국가산업단지 조닝 계획 : 울산미포는 태화강, 바다, 산 등을 통해 지형이 자연스럽게 나누어져 있으며, 대기업을 중심으로 그 주변에 동일 또는 관련 업종 기업들이 집적되어 있으므로 업종과 입지 지형이 조닝계획의 기준이 되었다.

▪ 지형, 주요 업종에 따른 구획

그림 6-6 울산 미포 국가산업단지 조닝계획

나. 국가산업단지 색채계획 기본방향 및 색채팔레트

• 온산 국가산업단지 색채계획 기본방향

- 녹지에서부터 바다까지 다양한 자연 경관 특성을 보존, 향유할 수 있는 색채경관 조성을 목표로 하였다.
- 배후의 풍부한 녹지와 어우러지는 경관색채 연출을 위해 그린계열을 풍부하게 사용하여 시각적 편안함이 이어지도록 하였다.
- 차가운 산업시설물 이미지를 완화할 수 있도록 따뜻한 느낌의 베이지, 브라운을 적절히 활용하였다.

• 미포 국가산업단지 색채계획 기본방향

– 해안에 접한 면이 많으며, 넓은 면적을 차지하고 있는 입주 대기업의 기업 컬러등을 고려하여 블루계열을 중심으로 색채를 제안했다.

– 대단위 석유화학단지 입지 등으로 인한 환경오염 이미지를 상쇄시켜줄 수 있는 맑고 상쾌한 이미지의 색채를 제안했다.

– 화이트 등의 고명도 컬러와 비교적 채도감 있는 블루계열의 사용으로 해안경관의 경쾌함이 표현될 수 있도록 하였다.

• 국가산업단지 색채팔레트 제안

– 전략에 따라 온산 / 울산 미포 국가산업단지의 주조, 보조, 강조색이 제안됐다.

– 주조, 보조색의 범위를 따로 구분하지 않고 사용토록 하여 단지 내 건물 간 주, 보조의 색이 리듬 있게 연출되도록 제안하였으며 그레이 계열은 전 권역에서 사용할 수 있도록 하였다.

표 6–2 색채팔레트

	온산 Zone			울산 미포 Zone		
주조 / 보조	60 WHITE	61 5G 8.5/1	62 6.3BG 9.2/0.5	US_60 WHITE	US_69 1.5BG 8.8/0.5	US_70 10B 9/2
	63 7Y 8.2/0.8	64 2.5G 7/2	65 9.2BG 7/3	US_71 2.5GY 7.5/0.5	US_72 5B 8/4	US_73 2.5PB 8/3
	66 5Y 6/1	67 2.5BG 6/2	68 7.5BG 6/4	US_74 5.7GY 9/3	US_75 9B 6.3/5.5	US_76 2.5PB 6/6
범위	① 색상 : White, Y, G, BG ② 명도 : 6 이상 ~ 9.5 이하 ③ 채도 : 4 이하			① 색상 : White, GY, BG, B, PB ② 명도 : 6 이상 ~ 9 이하 ③ 채도 : 6 이하		

(계속)

	온산 Zone	울산미포 Zone
지붕색	① 색상 : 5BG~10BG ② 명도 : 3 이상~4 이하 / 채도 2 이상~4 이하 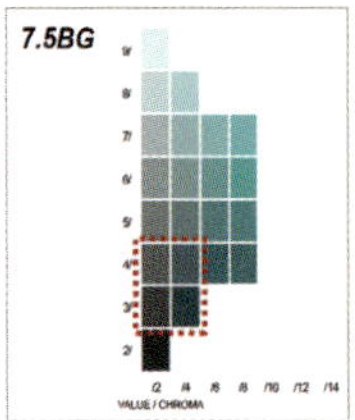 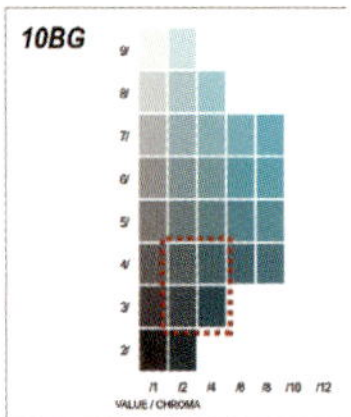	① 색상 : 10B~2.5PB ② 명도 : 3 이상~4 이하 / 채도 2 이상~4 이하 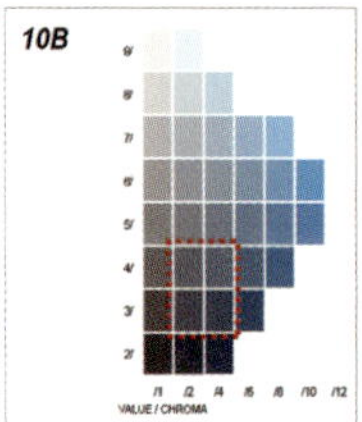 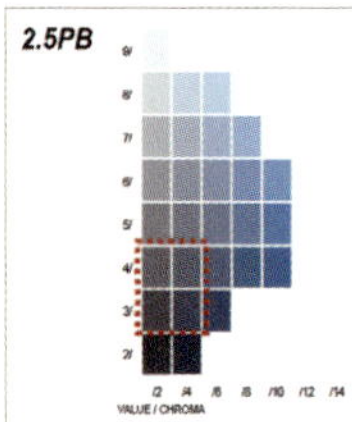

다. 국가산업단지 존별 특화계획

- 디자인 전략에 따라 설정된 존(Zone)별로 각기 보유한 특징을 기반으로 한 정보색을 제안하였다. 존별 정보색이 환경정보를 인지하는 효과적인 지원도구로서 활용될 수 있도록 함으로써 색채의 기능적 측면이 적극적으로 환경색채계획에 도입되도록 하였다.
- 제안되는 정보색은 지정된 존에서만 사용하는 것을 전제로 한다.
- 각 존의 정보색은 건축물 색채계획시 강조색으로 사용하거나, 사인시스템에 적극 활용토록 하여 존별로 공간인지를 위한 환경 정보색으로서의 역할뿐만 아니라 색채 경관적으로 존별 개성이 표현될 수 있도록 하였다.
- 온산산업단지, 미포산업단지 존별로 제안된 정보색을 다음과 같다.

표 6-3 온산산업단지, 미포산업단지 존(Zone)별로 제안된 정보색

Zone		유치업종	현황 및 색채계획	정보색
온산 국가 산업 단지	온산 A	석유화학 1차금속 기타업종	**녹지, 산이 인접해 있는 지역** : 전체적으로 소거형 배색이 되도록 색채계획 : 안정적이고 정돈된 경관 연출위해 온산단지 주요색 계열인 그린(Green)계 제안으로 동일색상 배색 유도 **지향 이미지 _ 차분한, 내츄럴한**	77 7.5BG 6/8
	온산 B	석유화학 1차금속 종이·인쇄 기타업종	**온산국가산업단지 중심에 위치** : 명확함이 느껴지는 색채계획으로 시각적 쾌적함과 단지의 활기가 느껴질 수 있도록 유도 : 단지 중심부로 풍성한 그린의 분위기에 색상차와 명도차가 느껴지는 색상, 명도대비 배색 유도 **지향 이미지 _ 활기찬, 개성있는**	78 7.5R 4/6
	온산 C	석유화학 1차금속 종이.인쇄 기타업종	**해안가에 위치 / 거대한 구조물 입지** : 해안에서의 조망을 염두하여 색채계획 : 밝은 해안VIEW를 위해 고명도의 주조색에 산뜻하고 선명한 포인트컬러로 경쾌함 유도 **지향 이미지 _ 밝은, 경쾌한**	79 3.8Y 8/8
울산 미포 국가 산업 단지	울산 미포 D	화학 석유정제 조립금속 기타업종	**석유화학단지 밀집지역 / 복잡한 구조물 / 다양한 업종이 체계적이지 않은 형태로 분포** : 다양한 업종 특성을 고려하고, 대규모시설물의 위압감을 덜어주는 쾌적하고 상쾌한 색채계획 : 전반적으로 무채색사용의 시설물과 조화되어 깨끗하고 심플한 색채 경관이 연출되도록 배색 유도 **지향 이미지 _ 맑은, 쾌적한**	80 5GY 8/7
	울산 미포 E	자동차 및 부품 기타업종	**자동차관련 기업 밀집지역 / 주거지역과 인접한 지역** : 입주 대기업 색채현황을 고려하고 난색계의 적절한 활용으로 주거지역과 위화감 없는 색채계획 : 자동차 글로벌 생산거점으로서 역동적이고 활기찬 산업단지 이미지 부각 **지향 이미지 _ 젊은, 현대적인, 조화로운**	81 7.5PB 5/9
	울산 미포 E	선박 및 부품	**해안에서 접근 가능한 지역 / 원경VIEW의 노출** : 바다와 조화되는 베이스 컬러에 산뜻한 보조, 강조색 사용으로 밝고 경쾌한 색채 경관 유도 : 업종 특성상 노출되는 시설물들의 컬러를 포인트로 활기차고 재미있는 해안 VIEW를 연출 **지향 이미지 _ 밝은, 역동적인, 경쾌한**	82 5YR 7/9

• 존별 정보색은 사인시스템에 활용이 가장 주된 활용이며 이와 함께 건축물 색채계획시의 활용방법은 다음과 같다.

– 건축물의 예시

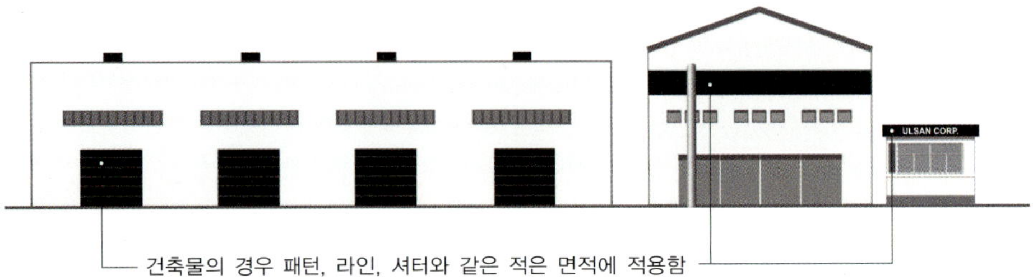

– 구조물(굴뚝, 탱크, 크레인 등)의 예시

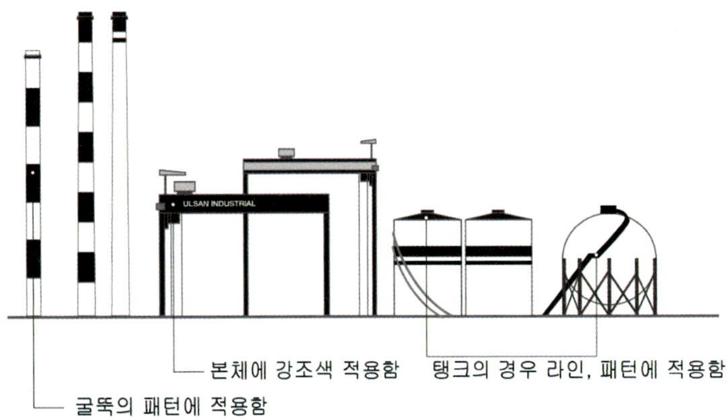

– 시설물(펜스, 담장)의 예시

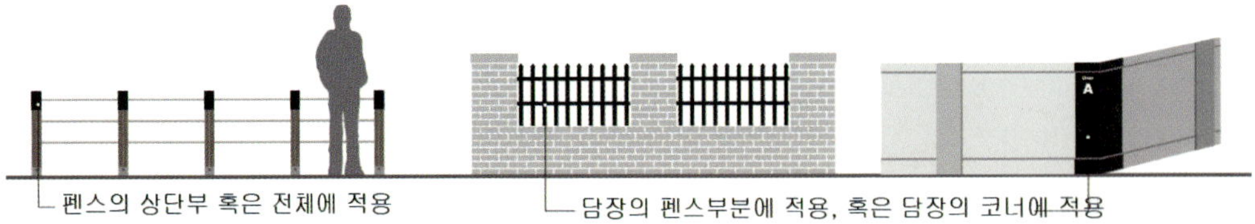

라. **국가산업단지 존별 세부 색채조성방안** : 국가산업단지 존별 세부 색채조성방안에서는 구체적 활용사례의 제시와 배색디자인 및 시뮬레이션을 제시하여 이해와 현장활동이 용이하도록 하였다.

- 온산 국가산업단지 존(Zone)별 색채조성방안
  온산 C존 색채계획 사례

  – 온산 C존은 해안에 인접하고 있어 해안 조망을 염두하고 색채계획되어야 하므로, 전체적으로 밝고 화사한 색채경관을 유도하고 원거리에서의 조망을 염두하여 해안을 따라 정돈감이 느껴지도록 색채조성방안을 제안하였다.
  – 온산 C존에는 항만이 위치하고 있는데 항만입지로 인한 많은 거대한 시설물들이 주는 경관위화감을 최소화할 수 있도록 색채조성방안이 제안되었다.
  – 온산 C존 색채조성방안의 색채적용 기본사항은 다음 표와 같다.

표 6-4 온산 국가산업단지 존(Zone)별 색채조성방안

구분	내용
권장사항	• 해안 인접한 존임. 비교적 고명도의 주조색 활용으로 밝고 산뜻한 해안경관이 연출될 수 있도록 화이트, BG계열 사용을 권장 • 바다와 어울리는 베이스 컬러에 밝고 산뜻한 보조, 강조색 사용으로 경쾌하면서 쾌적한 이미지를 연출 • 색상, 명도 대비가 비교적 명확히 느껴지는 색채, 색조배색을 권장 • 경관위화감을 최소화하기 위해, 필요에 따라 거대한 시설물에 엄격한 심의과정을 거쳐 수준 높은 그래픽 사용
규제사항	• 밝고 개방적인 해안 경관을 저해하지 않도록 주조, 보조색으로 명도 4 이하의 색채 사용은 가급적 피하도록 함

– 온산 C존의 특성을 살릴 수 있는 배색디자인을 다양하게 제안하여 색채계획시 활용할 수 있도록 하였다.

표 6-5 온산 C존 배색디자인

온산 C존 배색디자인

– 제안된 배색 디자인을 활용한 2D시뮬레이션 사례를 제안하여 보다 활용이 쉽도록 하였다.

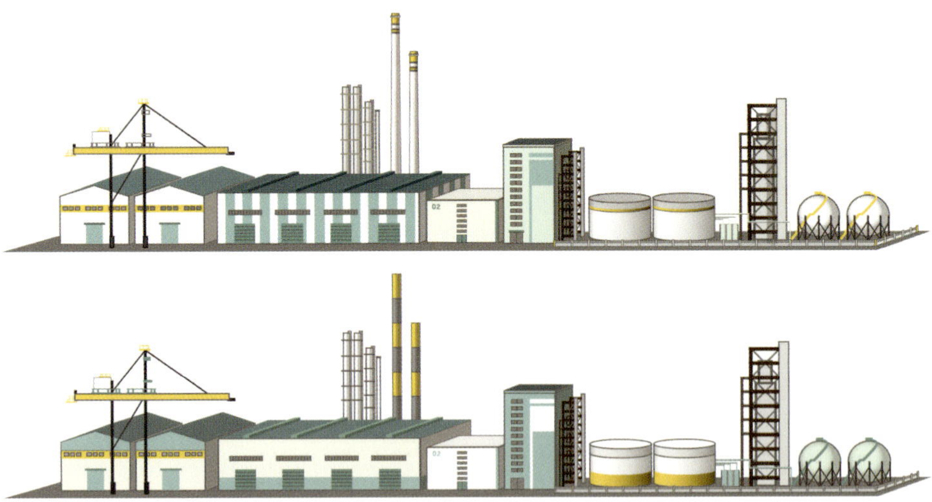

그림 6-7 온산 C존 배색이미지적용 2D시뮬레이션

- 제안되는 색채가이드를 통한 계획 시 환경색채 개선효과를 보다 이해하기 쉽도록 색채 적용전, 후의 3D시뮬레이션을 제시하였다.

▪ 온산 C Zone 현황

▪ 온산 C Zone 색채적용

그림 6-8 온산C 존 색채전용 전·후 3D시뮬레이션

• 울산 미포 국가산업단지 존(Zone)별 색채조성방안
울산미포 F존 색채계획 사례

- 울산 미포 F존은 다른 존과는 달리 해안에서의 접근이 가능한 지역으로서 바다와 조화되는 베이스 컬러에 산뜻한 보조, 강조색의 활용으로 밝고 경쾌한 경관을 유도하고자 하였다.
- 입주한 대기업 색채 현황을 고려하여 반영하므로써 실효성 있는 색채계획이 되도록 하였다. 또한 업종 특성상 노출되는 시설물들의 색채를 포인트로 활기찬 해안 경관이 조성되도록 하였다.
- 울산 미포 F존 색채조성방안의 색채적용 기본사항은 다음 표와 같다.

표 6-6 울산 미포 F존 색채조성방안

권장 사항	• 해안으로의 접근이 가능한 지역이므로 다른 존(ZONE)보다 밝고 개방적인 경관 연출을 위해 고명도의 주조색 적용 • 주조색으로 화이트와 비교적 채도감 있는 블루계열 활용으로 산뜻한 색채 경관 유도 • 업종특성상 노출되는 시설물의 컬러를 포인트로 색채계획하여 활기차고 재미있는 해안 VIEW를 연출 • 바다와 조화되는 베이스 컬러에 밝고 산뜻한 강조색을 사용하여 색상, 명도대비가 비교적 명확히 느껴지는 배색방법 권장 • 방어진등대 주변으로 해안접근가능지역은 담장 등의 정비를 통해 위화감, 폐쇄감을 최소화하도록 함
규제 사항	• 밝고 개방적인 해안 경관을 저해하지 않도록 주조, 보조색으로 명도 4 이하의 색채 사용 규제

– 울산 미포 F존의 특성을 살릴 수 있는 배색디자인을 다양하게 제안하여 색채계획시 활용할 수 있도록 하였다.

표 6-7 울산 미포 F존 배색디자인

온산 F존 배색디자인

- 제안된 배색 디자인을 활용한 2D시뮬레이션 사례를 제안하여 보다 활용이 쉽도록 하였다.

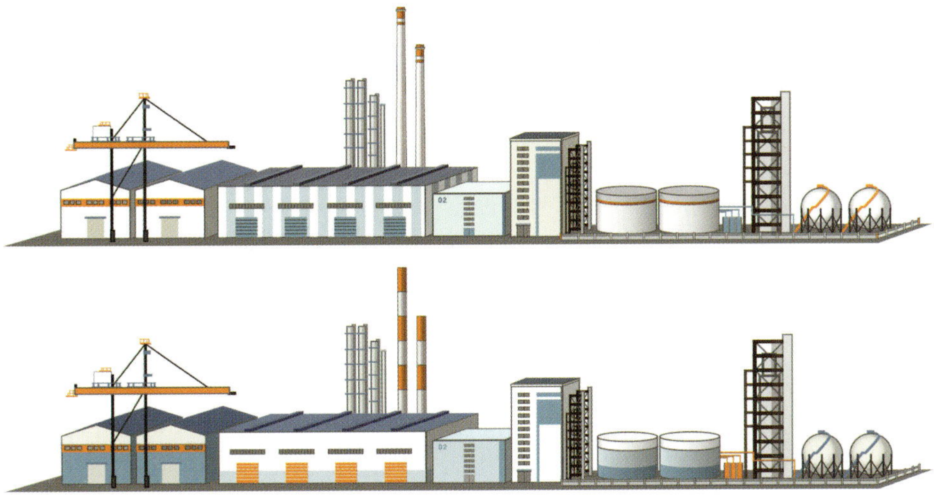

그림 6-9 온산 C존 배색이미지적용 2D시뮬레이션

- 색채가이드를 통한 계획시 색채 적용전·후의 3D시뮬레이션을 제시하였다.

▪ 울산 미포 F Zone 현황

▪ 울산 미포 F Zone 색채적용

그림 6-10 울산 미포 F존 색채적용 전·후 3D시뮬레이션

2. 친근한 에코 팩토리 _ 부산 무지개 공단 환경색채계획

(1) 무지개 공단 환경색채계획의 배경

부산시 사하구에 위치한 무지개 공단은 1980년대 도심권에 산재한 이전 대상 업체를 이전하기 위해 개발되었으나, 최근 주거지역 확대로 대규모 아파트 등이 들어서면서 인근 주민들의 환경민원이 자주 발생하고 있으며, 좁은 도로, 주차장 부족, 악취 등 악화된 환경과 시설노후화에 의한 슬램화가 야기되고 있는 실정이다.

또한 부산시는 비교적 개발이 뒤처진 무지개공단이 입지한 부산 강동지역에 대해 다양한 지역자원을 활용한 창조 도시적 전략을 수립하여 지역의 발전을 꾀하고 있으며, 공단의 환경개선과 생태복원을 최우선 과제로 삼고 이에 대한 일련의 노력들을 진행하고 있다.

이러한 배경 하에 무지개 공단의 환경을 개선하기 위한 공단의 가로경관 특화 및 디자인 가이드라인 개발의 필요성이 대두되었고 그 일환으로 건축물과 시설물에 대한 환경색채디자인이 진행되었다.

(2) 무지개공단 환경색채계획의 목표

① 낙후된 공단의 이미지를 개선하고 친환경 산업단지 이미지 구축 및 공단의 브랜드 가치를 높일 수 있는 차별화된 색채계획을 수립한다.

② 무지개 공단이 가진 기능과 특징을 반영하고, 체계적이고 지속적인 환경색채관리를 위한 표준화된 매뉴얼을 제시한다.

③ 명확한 색채범위 제안 및 시뮬레이션, 쉬운 용어 설명으로 사용자의 편의를 제공하는 실용적 색채 가이드라인을 수립한다.

(3) 무지개공단 일반현황

그림 6-11 무지개공단

① 무지개공단은 도심권에 산재한 이전대상 업체를 유치하기 위해 1980년후반부터 조성된 산업단지로서 입주주요업종은 기계, 염색, 피혁, 도금, 자동차부품이다.

② 영세한 중소규모이하의 산업체가 집중적으로 분포하고 있어 환경적인 측면에서 관리가 어려운 실정이다.

③ 공단내에는 3개의 포구가 위치하고 있다.

(4) 무지개공단 색채계획

① 산업단지 색채계획 기본 방향

무지개 공단의 색채계획은 단독사업이 아니라 공단의 가로환경개선사업의 일환으로 진행되기 때문에 가로경관디자인 전체목표가 반영되어야 하는 전제조건을 가지고 있다. 그뿐만 아니라 무지개공단 색채계획과는 별개로 공단 일부구역에서 이미 진행되고 있는 환경개선사업과도 연계성을 확보해야하는 상황이다.

따라서 이러한 제반사항들을 충분히 염두하고 다음과 같이 무지개공단 색채계획의 기본 방향을 설정하였다.

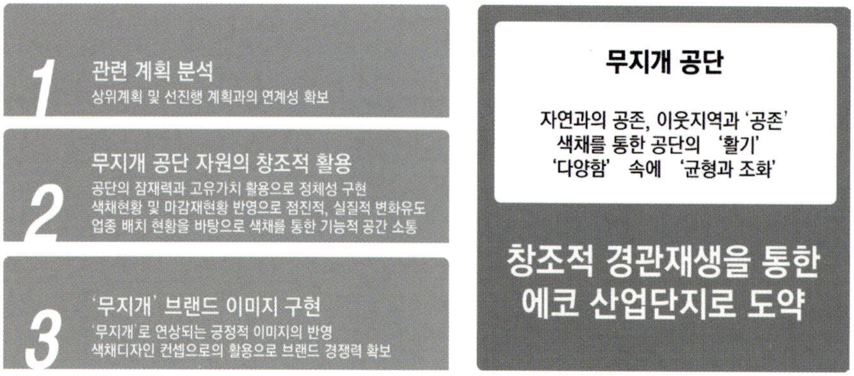

그림 6-12 무지개공단색채계획 기본방향

② 색채현황조사

- 무지개 공단이 가진 색채분위기와 현황을 조사하여 공단이 가지고 있는 강점과 기호요소들을 분석하고 색채계획에 반영하기 위해 색채현황조사를 실시하였다.
- 무지개 공단의 경우 색채현황 특성파악을 위해 업종에 따른 분류와 주요도로변과 이면도로변으로 구분하는 등 경관기준을 다양하게 하여 색채현황을 조사하였다.
- 무지개 공단은 공간이 5개의 업종별로 계획·배치되어 있으므로 이들 업종단지별 색채현황조사를 실시하여 각 단지의 특성을 파악하였다.
- 무지개 공단은 염색, 피혁, 도금, 자동차 부품, 기계단지로 업종별 협동화 단지로 구성되어져 있으며 공간적으로도 구분되어 위치하고 있다. 업종에 따라 건축물의 규모나 시설물 및 구조물에 차이가 있으므로 업종에 따른 색채특성을 파악하여 이를 색채계획에 반영하였다.
- 앞서 소개한 울산산업단지 사례와 같이 무지개공단 색채현황은 Photographic Analysis Software를 이용하여 분석하였다.

표 6-8 업종단지별 비교분석 사례

피혁 단지	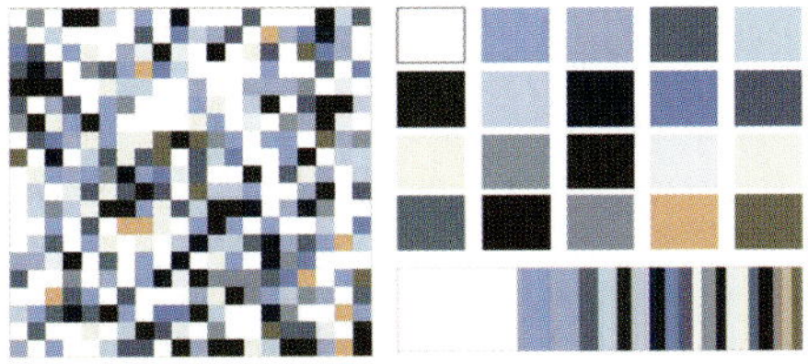	• 밝고 부드러운 파스텔톤의 다양한 색감의 외관색출현 높음 • 블루, 웜그레이계열 사용이 두드러지며, 부드럽고 따뜻한 색감 출현도 높음
도금 단지		• Yellow계열 두드러지며 비교적 밝은 톤의 Yellow Red계열 출현이 특징적 • 판넬형 마감재의 색으로 비교적 강한 색감의 블루, 그린 사용 눈에 띔
자동차 부품 단지	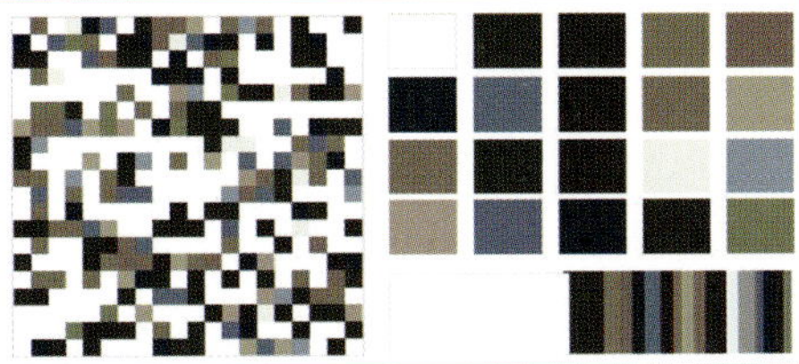	• 고명도주조색에 고채도 포인트색을 적용한 건축입면디자인 사례 다수 • 중명도의 YellowRed와 Red계열 출현율 높고 웜그레이 계열도 눈에 띰
기계단 지		• 가장 넓은 면적을 차지하며 다양한 경관이미지 • 다른 업종에 비해 블루계열의 색상이 주를 이루며 어두운 톤의 출현율도 비교적 높음

표 6-9 도로별 비교분석 사례

다산로	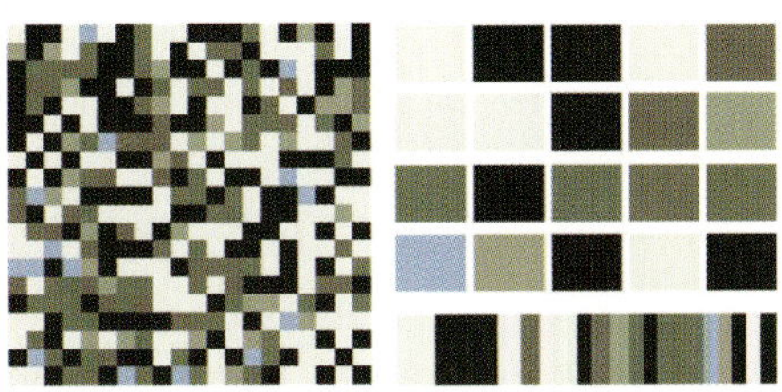	• 이면도로에 비해 상대적으로 건축물의 규모가 크나 건축입면의 관리소홀 및 노후화로 무지개 공단 주요도로로서 낙후된 가로경관 연출 • 판넬마감재 적용 건축물의 경우 고명도저채도 사용이 많으나 간혹 고채도 컬러를 적용한 건축물이 눈에 띔
이면 도로		• 다산로에 비해 상대적으로 입면사용색상이 다양 • 영세한 업체가 많아 건물의 규모도 비교적 작고 노후한 외관이 많음 • 다산로에 비해 비교적 채도가 높은 색을 건축의 넓은 면적에 적용하고있는 경우가 많음

③ **색채디자인 컨셉 및 전략** : 무지개 공단의 색채계획은 가로경관디자인의 일환으로 진행되는 사업이므로 가로경관디자인의 목표와 컨셉과 연계하여 색채디자인 컨셉을 수립하였다.

• 가로경관디자인 컨셉

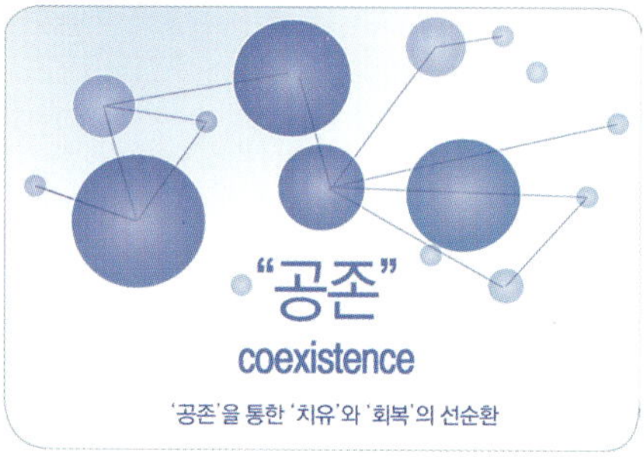

사람과의 공존
• 혐오시설의 이미지에서 머물고 찾고 싶은 공간으로의 업그레이드 • 공단 내 근로자의 근로환경 개선
자연과의 공존
• 부산의 대표 관광자원(낙동강하구)인접이라는 지역적 특수성을 고려 • 은폐되고 가리고 싶은 곳이 아니라 주변과 조화를 이루는 '장소성' 부여
지역과의 공존
• 주거와 기능이 혼재하는 도심의 공업단지 특성을 고려 • 입주기업, 지역민, 지자체가 공감할 수 있는 가이드라인 제시 • 민원의 대상이 아니라 지역민과 함께 공존하는 친근한 공단 구현

• 가로경관디자인과 경관색채디자인의 연계전략

'공존' 을 위한 안과 밖으로부터 하나 되기

IN 안으로부터의 디자인 : 무지개공단의 경관 개선과 근로자의 근로 환경 개선을 위한 디자인 – 공공공간, 공공시설물

OUT 밖으로부터의 디자인 : 외부로부터 보여지는 무지개공단의 이미지 개선을 위한 디자인 – 경관색채

• 무지개 공단 색채디자인 컨셉

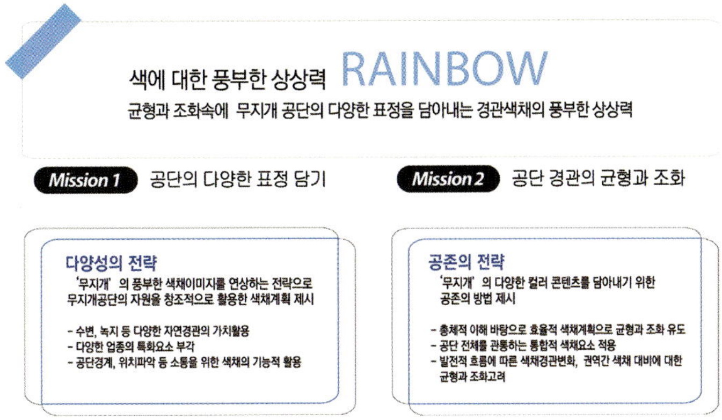

그림 6-13 무지개공단 색채계획 컨셉

④ 무지개 공단 색채 조성 방안

• 단지 조닝계획

– 무지개 공단은 5개의 협동화 단지로 이루어졌고 업종별로 집적화 되어 있으며, 무지개공단 입주기업 및 관련 이해관계자의 대부분이 업종별로 경관색채특화를 요구하고 있어 색채계획을 위한 단지 구획의 기준은 업종단지로 하였다.

– 무지개 공단은 업종단지에 따라 존(Zone)을 구분하며, 각 존별 색채전개방향을 도출하였다.

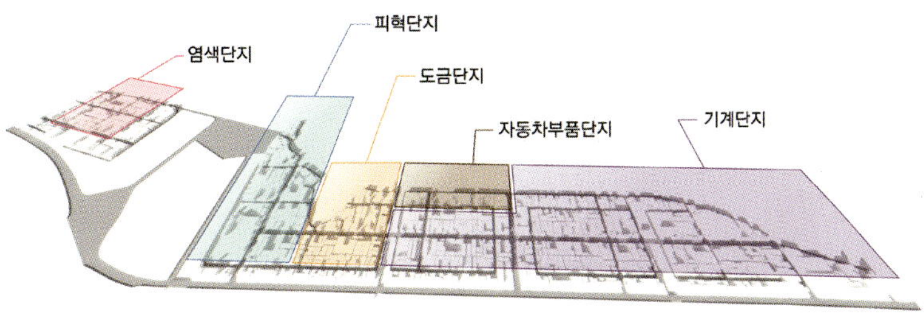

염색단지	피혁단지	도금단지	자동차부품단지	기계단지
• 패선산업으로서의 업종이미지부각 • **세련되고 쾌적한 경관 유도** • 세련된, 쾌적한 , 다양한	• 신평역에서 대중교통이용시 무지개공단 진입부로 활기찬 공단 이미지 표현 필요 • 장림포구 인접 _ 장림포구 명소화사업으로 방문객 증가 예상 • **활기있고 매력적인 경관 유도** • 활기찬, 쾌적한, 매력적인	• 보덕포구 인접 • 보덕포산책로, 공단내 다리 등에서 보여지는 밝고 경쾌한 수변경관 창출 필요 • **밝고 경쾌한 경관 유도** • 경쾌한, 밝은 ,여유로운	• 타업종단지에 비해 건물 및 산업시설물의 규모 큰편 • 발전적 공단이미지 부각될수있도록 **진취적이고 현대적인 경관유도** • 진취적인, 현대적인, 세련된	• 공단내 가장 넓은 영역 차지하며 넓은 면적만큼 다양한 경관보유 • 에코팩토리 시범지역 포함 • 기반산업으로서 무게감 있으면서 에너지가 느껴지는 경관 연출 • **역동적이고 품위있는 경관유도** • 역동적인, 무게감있는

그림 6-14 무지개공단 단지조닝계획

- 무지개공단 색채계획 특화방안
  - 업종별 이미지를 분석하여 각 존의 색채전략을 도출하고, 업종단지별 아이덴티티를 부여하는 조닝(Zoning)색채계획을 한다.
  - 또한 무지개공단 전체의 통합성과 정체성의 구현은 업종단지별의 구분 없이 사용될 수 있는 완충색 색채계획을 제안함으로써 업종단지간의 색 대비를 완화할 수 있도록 한다.

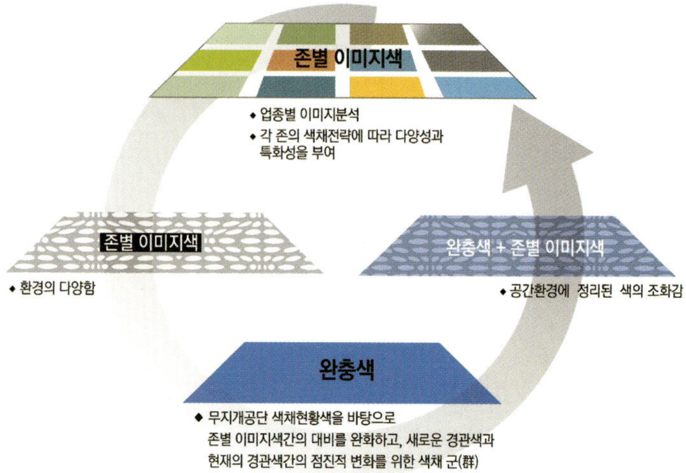

그림 6-15 무지개공단색채계획 특화방안

※ 존별(업종 단지별) 이미지색 _ 다양성의 전략

색채전략과 지향이미지를 통해 각각의 이미지색을 도출하며 이것은 무지개고단 조닝계획에 따라 나눠진 업종단지 존(Zone) 영역안에서만 사용함으로써 각각의 업종단지 존(Zone)별 색채경관의 차별화를 유도하는 역할을 담당한다.

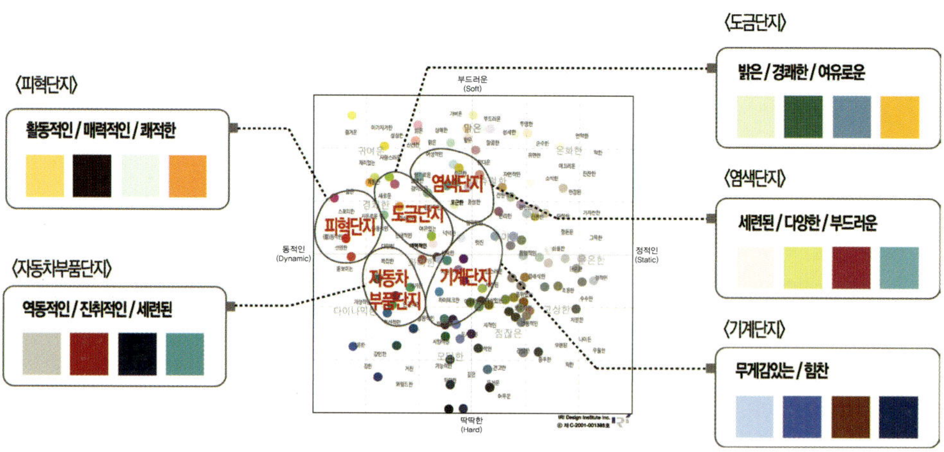

그림 6-16 존(업종단지)별 이미지색

※ 완충색의 추출 _ 공존의 전략

① 존별 이미지색이 무지개 공단의 다양성을 보여준다면 완충색은 무지개 공단의 통합성을 보여주는 공단의 기조적 분위기를 담당한다.

② 우선 색채현황조사를 바탕으로 무지개공단에서 많이 보여 지는 '무지개 공단 고출현 현상색'을 분석하여 환경색으로서 활용가치가 있는 색을 추출하고 색채 전문가의 필터링을 거쳐 제안하여 공단의 통합적 이미지 조성의 역할을 담당한다.

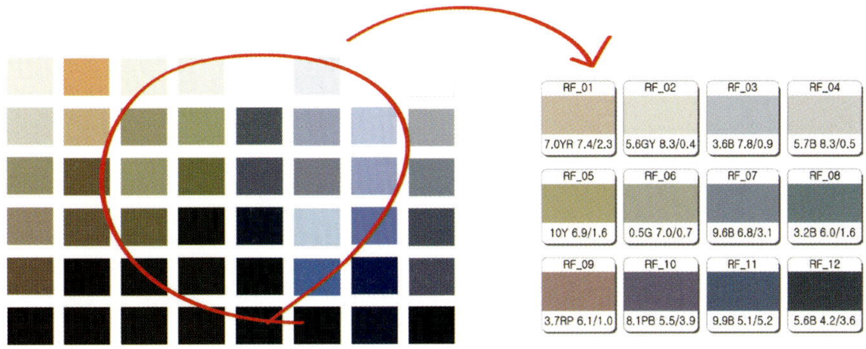

무지개공단 고출현 현상색 **무지개공단 완충색 팔레트**

그림 6-17 무지개공단 완충색 추출

• 업종단지별 색채조성방안 _도금단지 색채계획 사례중심

– 각 업종단지의 색채 팔레트는 추출된 각 업종별 이미지색과 완충색 팔레트로 구성된다. 예를 들어 도금단지의 경우 도금단지 이미지색 4개색과 완충색 12색을 합쳐 총 16색의 팔레트로 구성된다.

– 도금단지의 경우 보덕포구가 인접해 있고 기진행된 공단환경개선 산업으로 포구를 중심으로 산책로가 조성되어 있어 산책로에서 포구 수변을 따라 공단의 건축물 및 시설물들이 조망되는 개방적 View를 보이는 특징이 있다.

- 이러한 경관의 특징 및 도금이라는 업종의 이미지를 염두하여 색채조성 기본방향을 설정하고 이에 따른 색채계획을 제안하였다.
- 도금단지 색채팔레트와 색채조성의 기본사항은 다음과 같다.

색채경관형성에 대한 기본방향

1) 밝고 경쾌한 수변경관 창출
2) 넓은 면적의 단순한 색채계획보다는 면분할 등을 통해 시각적즐거움 주는 색채연출
3) 밝고 경쾌한 경관을 목표로 함

지향이미지

▶ Keyword : 경쾌한 / 밝은 / 여유로운

권장사항

- 비교적 밝은 명도의 주조색 활용으로 밝고 산뜻한 수경관을 연출하도록 함
- 포구를 따라 정돈감이 느껴지도록 색채계획함
- 시각적으로 심플하면서 정돈된 느낌을 주는 무채색조화나 산뜻함이 느껴지는 색상, 색조배색 권장

규제사항

- 전반적으로 밝고 경쾌한 경관조성을 위해 명도 4이하의 낮은 명도의 주조색 사용 지양

- 도금단지의 특성을 살릴 수 있는 배색디자인을 다양하게 제안하여 색채계획시 활용할 수 있도록 하였다.

표 6-10 도금단지 배색디자인

도금단지 배색디자인

– 제안되는 색채가이드를 통한 계획시 환경색채 개선효과를 보다 이해하기 쉽도록 색채 적용전·후의 시뮬레이션을 제시하였다.

<BEFORE>

<AFTER>

그림 6-18 도금단지 색채적용 전·후 3D시뮬레이션

• 무지개 공단 지붕색채계획

– 무지개 공단은 인근의 아미산 전망대에서 낙동강 하구 전망과 함께 무지개 공단의 전망을 볼 수 있다. 또한 인근 주거지역이 공단보다 고지대에 위치하고 있어 주민들이 조망하게 되는 공단의 환경색채는 원경뷰로 지붕색을 중심으로 조망되고 있다.

– 무지개 공단 지붕 View를 가장 잘 조망되는 인근 주거지역 주민 의견조사결과를 살펴보면, 주민들은 공단의 색채지향 이미지로 정돈되고 운치 있고 자연적인 분위기를 선호하는 것으로 조사분석되었고 이를 반영하여 지붕색채를 제안하였다.

– 무지개 공단의 지붕색은 복잡한 경관을 초래하는 다양한 색상사용을 지양하고 낙동강하구와 녹지의 경관색과 조화를 이루어야 한다. 따라서 공단주변의 자연경관과 대비감이 크지 않도록 명도와 채도감이 조절되어 제안했다.

– 공단의 지붕은 기본적으로 생태지붕, 옥상녹화를 권장하나 인공색사용 시는 제시되는 권장범위 안에서의 색채 또는 대표 지붕 권장색 적용을 제시하였다.

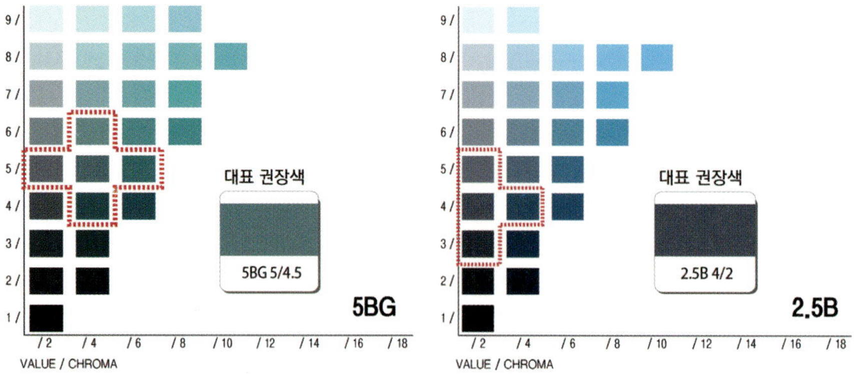

그림 6-19 무지개공단 지붕색계획

4. 산업단지 색채계획의 시사점

경관색채에 대한 중요성에 대해 사회적으로 인정되면서 환경색채계획에 대한 이론과 실천의 많은 부분이 정립되고 있다.

역시 환경색채분야의 하나인 산업단지 색채계획 또한 세부적 차이점이 있기는 하나 정립된 방법론에 따라 색채계획을 진행할 수 있다.

그러나 여러 산업단지의 색채계획사업을 진행하면서 작업의 과정에 있어서의 문제점보다는 산출된 결과물인 색채계획의 활용에 어려움이 있음을 경험하였다. 많은 예산과 시간, 그리고 전문적 인력의 투입으로 만들어진 산업단지 색채계획의 활용성을 높이기 위해 몇 가지 방안을 제안해 보고자 한다.

1. 건축소재 업체와의 협업을 통한 마감재 샘플색의 제안

① 산업단지 색채계획에는 제안하고 있는 색채가 제대로 적용되어 환경

정비가 꾸준히 이루어질 때 색채계획에서 지향하고 있는 환경색채경관을 만들어나갈 수 있다.

② 비교적 환경개선에 경제적 투자여력이 있는 중견, 대기업의 경우 제시된 색채계획에 따라 나름의 프로세스로 색채정비가 이루어지고 있으나, 영세한 중소업체의 경우에는 색채정비에 대한 인식이나 자금이 많지 않아 주먹구구식으로 이루어지기 일쑤이다.

③ 산업건축물의 경우 판넬이 건축소재로 사용되고 있는데 카다록에 제시되는 샘플 판넬색 외에 별색의 판넬을 제작주문을 할 경우 추가비용이 발생하기도 한다. 따라서 영세업체들은 소재업체에서 제시하는 카다록에서 판넬색을 선택하여 사용하고 있는데 현재 판넬업체에서 제시하는 샘플색은 매우 제한적이며 채도감이 높아 환경색으로서 활용에 신중함이 요구되는 것들이 대부분이다.

④ 건축소재업체와의 협업을 통해 소재의 샘플색으로 산업단지 제안색채를 제시할 수 있다면 입주업체들이 보다 경제적인 비용으로 환경색채정비가 가능하며, 제작되는 색채계획의 활용성은 높아질 것이다.

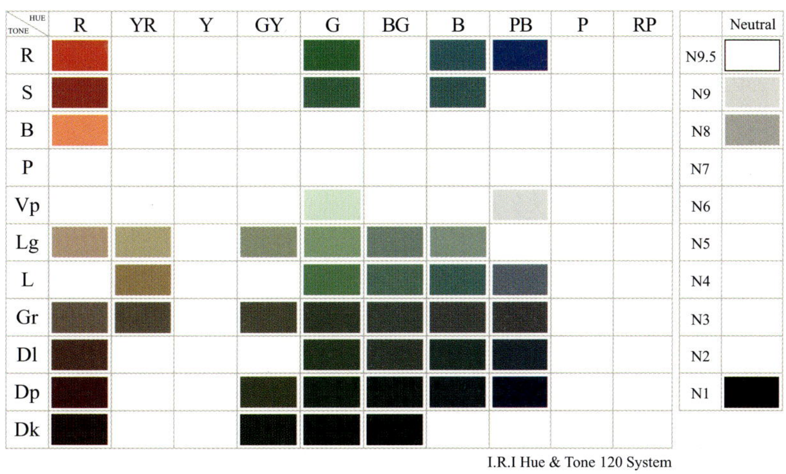

그림 6-20 시판 판넬 샘플색현황

2. 시범사업의 추진으로 개선효과 가시화

1) 산업단지 색채계획에는 색채적용에 따른 환경개선효과에 대한 이해를 도모하고자 2D, 3D 시뮬레이션 등 다양한 방법을 활용하고 있다.

2) 그러나 이것은 이해에 도움은 되나 시뮬레이션에 불과하여 사업주나 기업의 관계자가 그 개선의 효과를 가늠하기에는 부족함이 있다.

3) 따라서 개선의 효과를 빠르게 가시화하고 사업체에서 보다 적극적으로 색채정비에 참여할 수 있도록 하기 위해서는 색채시범사업이 이루어져야 한다.

4) 색채시범사업은 해당기업의 예산확보 어려움 등으로 행정기관이 주도적으로 진행할 수밖에 없다. 대상 산업단지를 관리하는 행정기관에서는 개발되는 색채계획을 적용한 시범사업에 대해 보다 적극적으로 나서야 한다.

5) 색채계획사업을 진행하는 업체는 색채계획과 함께 개선효과를 가시화할 수 있는 최적의 시범색채대상지에 대한 제언을 하여 행정기관의 시범사업 진행을 돕도록 한다.

6) 울산 국가산업단지의 경우 울산시에서 국가산업단지 색채계획을 활용한 사업체의 색채디자인을 지원하고 있으며, 단지에 위치한 울산자원회수시설에도 색채계획을 적용하여 준공함으로써 색채계획을 통한 색채정비의 효과를 잘 보여주고 있는 모범사례라 할 수 있다.

① 울산 국가산업단지 시범사업 대상지 추천사례

그림 6-21 울산국가산업단지 시범사업 추천사례

② 울산자원회수시설 색채디자인 : 울산 산업단지색채 가이드라인을 활용한 울산자원 회수시설 증축 색채계획 실시 (2012년 준공)

그림 6-22 울산자원회수시설 조감도

07

빛과 환경색채

빛과 환경색채

우리를 둘러싼 환경은 매우 다양한 색들로 가득 차 있다. 산과 바다의 색이 다르고 도시와 시골의 색도 다르다. 봄, 여름, 가을, 겨울 등 계절의 색상이 다르고 아침과 점심, 저녁의 색이 다르다. 시간과 장소의 변화에 따라 같은 환경이 각기 다른 모습으로 읽혀지는 이유는 무엇일까. 색을 보기 위해서는 빛이 필요하다. 빛이 없는 어둠 속에서는 색을 알 수 없기 때문이다. 자연의 빛은 낮에서 밤으로, 밤에서 낮으로 시간성을 갖고 계속 움직인다. 자연광의 변화에 따른 환경색채의 변화를 유추해 볼 수 있는 이유이다.

인간이 "사물을 본다."라고 말하는 것은 시각적 측면에서의 눈으로 보는 행위를 말한다. 하지만 본다는 시각 행위를 통한 행동의 시작은 단순히 보는 것이 아닌 사물을 인지하고 그 내용을 지각하여 새로운 생각과 행동을 실행하는 것을 의미한다. 빛을 통하여 사물의 색을 인지한다는 것은 보는 대상 자체의 색과 그 대상의 색을 볼 수 있게 하는 빛의 두 가지의 관계를 통해서 시각적 행위를 할 수 있음을 의미한다. 그러므로 시각의 수용자인 인간의 관점에서 빛과 대상환경 색채와의 관계를 살펴볼 필요가 있다.

자연의 빛이 사라질 무렵 땅에서는 또 다른 빛이 떠오른다. 인간이 만든 태양을 닮은 빛이다. 인간이 만든 인공의 빛은 점점 더 태양을 닮으려 노력을 했고 결국 스스로 밝기를 조절하고 색상을 변화시킬 수 있는 새로운 광원을 만들어 냈다.

LED (Light-Emitting Diode) 라고 명명되어진 신광원의 출현으로 인간의 밤은 한층 자연스러워지고 다양한 삶을 영위하게 되었고 각기 다른 분야와의 결합을 통하여 공간에서의 새로운 상상을 할 수 있게 되었다.

그러므로 본 장에서는 자연광의 특징과 빛의 이해를 통하여 자연광과 변화하는 환경색채의 의미를 살펴보고, 기존의 전기제품이 아닌 새로운 디지털 재료인 LED 광원으로 표현된 빛과 색채 환경의 실제 사례를 살펴보도록 한다.

1. 빛의 이해 (Time, Color, Shadow)

1. Time

2월의 유럽은 유난히 표정이 다양하다. 금방이라도 눈이 내릴 듯 찌푸린 하늘에서는 사람들의 표정도 도시의 풍경도 어둡기만 하다. 하지만 점심을 먹고 거리로 나오는 순간 언제 그랬냐는 듯이 도시의 표정이 하나 둘씩 살아나기 시작한다. 어떻게 된 걸까 주위를 둘러보지만 시간이 흘렀을 뿐 변한 건 없다. 단지 구름을 뚫고 나온 햇살이 보일 뿐!

푸른 하늘이 조금씩 보이기 시작하며 움직이는 구름사이로 나타나는 햇빛은 시시각각 도시의 표정을 조금씩 살아 움직이게 하고 있었다. 움츠렸던 재료들은 오후의 햇살을 받아 따스한 온기마저 내보이며 환한 미소들을 짓기 시작했고 거리를 활보하는 사람들의 표정조차도 밝은 색들로 활기차고 행복해 보이기 시작한 것이다.

공기의 흐름 속에 햇살의 기운은 다양한 모습으로 풍경을 채색하며 오전의 모습과는 사뭇 다른 도시의 색들과 공간의 변화를 즐기게 해주었다. 시간이 얼마나 흘렀을까. 길모퉁이를 돌아서며 만나는 차가운 바람이 붉은 석양을 몰고 오는 순간 도시의 거리에 땅거미가 내리기 시작한다. 한낮의 그 강렬했던 햇살들은 어디론가 사라지고 진한 회색빛 어둠을 따라 하나 둘씩 노란색 엷은 불빛들이 또 다른 도시의 풍경을 만든다(그림 7-1).

구름 낀 아침

햇살이 나타나는 시간대별 풍경

저녁노을과 도시 불빛

그림 7-1 런던의 하루 도시풍경

세계의 어느 도시를 가던지 하루 일상의 변화는 늘 분주하다. 특히 런던은 날씨변화에 따른 표정이 많기로 유명한 곳이지만, 이렇듯 하루 스물네 시간, 일 년 열두 달 시시각각으로 변하는 변화무쌍한 자연의 흐름은 우리가 원하든 원하지 않듯 우리가 살고 있는 환경을 끊임없이 변화시키고 움직이며 삶의 모습을 다양하게 만들어 준다.

빛의 움직임과 변화를 통하여 환경의 표정과 색채는 매우 역동적인 모습을 보여주는데 시간성을 갖는 이러한 모든 빛의 근원은 우리의 삶과 함께 존재하는 자연광 즉, 태양에서부터 시작된다. 인간은 오랜 시간을 거쳐 낮과 밤의 주기와 빛과 어둠이 반복되는 움직이는 빛의 변화에 자연스럽게 익숙해져 있다.

물리적으로 같은 장소일지라도 시간대별, 계절별, 날씨의 변화 등 각기 다른 빛의 내용에 따라 공간은 매우 다른 특별한 환경들을 연출하며 우리의 삶의 모습도 그에 따라 자연스러운 변화와 다양성을 보여준다. 그러므로 3차원의 공간을 자연광의 변화에 따른 빛의 움직임으로 4차원적 시간성으로 이해하고 그에 따른 환경의 변화를 다양하게 관찰하고 느끼는 것이 빛과 환경을 이해하는 첫 단계이다(그림 7–2).

시간대별 환경의 변화

빛과 색의 변화 – 경주 보문호

그림자와 건물의 변화 – Asencio House by Alberto Campo Baeza

빛과 시간의 변화에 따라 하얀 벽면이 각기 다른 색으로 보여짐 /제임스 터렐 – Sky Space

그림 7-2 빛에 따른 환경의 변화

2. Color

전자파인 방사 에너지의 좁은 부분에 위치하는 빛은 주기성 진동을 반복하며 한 방향으로만 똑바로 나아가는 직진성을 갖는데 380~780nm(나노미터) 의 가시광선은 우리가 “볼 수 있다”라고 말하는 시각의 범주에 있어 밝기와 감각을 일으키는 기능을 한다.

물리적 측면에서의 빛은 파장이며 입자이고 에너지이다. 조명과 물체의 색은 파장의 차이에 따라 특징지어 지기 때문에 과학의 시선에서 빛의 본질은 “색”을 의미하기도 한다.

유리창 덧문에 구멍을 뚫어 빛줄기를 프리즘에 통과시키는 실험을 했던 뉴턴은 두 단계의 프리즘을 통과한 빛이 같은 굴절 각도를 갖는다는 것을 알게 되었다. 백색광 속에 모든 색들이 혼합되어 있으며 각 색상들은 고유한 굴절률을 갖고 있다는 것을 알게 된 것이다.

뉴턴이 봤던 스펙트럼의 색깔은 파장이 다르기 때문에 나타나는 것이었는데, 스펙트럼 끝에 보였던 붉은 색은 파장이 긴 빛이었다. 눈에 보이는 파장은 길이가 짧아지면서 점차 다른 색으로 나타나며 빨강에서 주황으로, 파랑에서 보라색으로 짧은 파장을 보여준다(그림 7–3).

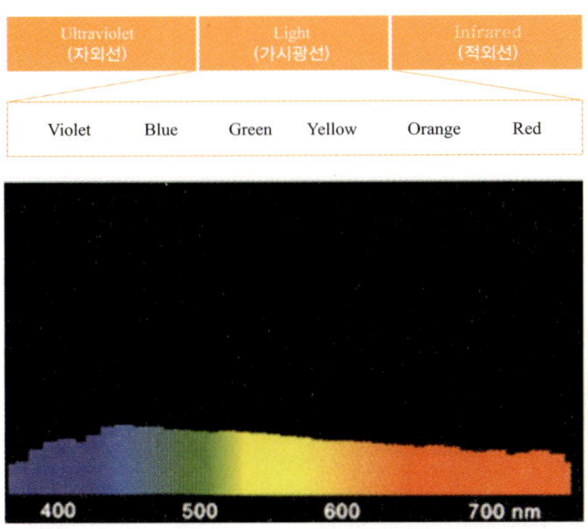

가시광선과 분광 스펙트럼

프리즘을 통과한 빛과 색

그림 7–3 가시광선과 분광 스펙트럼

이처럼 파장에 따른 빛의 단색광들은 인공적으로는 빨강, 초록, 파랑의 세 가지 색만 있으면 파장의 조합으로 대부분의 다양한 색을 만들어 낼 수 있으며 세 가지 색을 동일한 비율로 섞으면 백색광이 된다. 그러므로 기준이 되는 Red, Green, Blue의 비율을 어떻게 배합하느냐에 따라 다양한 색상을 얻어낼 수 있는 것이다.

빛이 있는 환경에서 대상물의 색채를 인식할 때에는 대상물을 비추는 광원의 색과 이에 의한 물체색의 지각을 구분해서 환경의 색을 이해하고 계획해야 하는데, 전자를 광색이라 하고 후자는 연색이라 한다. 광원의 광색에 의하여 환경 및 물체의 색 환경이 변화될 수 있으며, 또한 물체의 고유색을 제대로 표현하기 위해서는 광원의 연색지수가 중요한 변수가 되기 때문이다.

광색은 색온도로 표현되는데 색온도란 광원의 색을 그 광원의 색도와 같은 색도를 갖는 완전 방사체의 절대온도로 나타낸 것으로 단위는 K (Kelv in 켈빈)을 사용한다. 단위 K의 수치가 낮을수록 적색광의 양이 많아 색온도가 낮다고 하고 따뜻한 색으로 인식한다. 반대로 색온도가 높은 경우에는 청색광이 많아 차가운 색으로 표현한다. 자연광을 기준으로 한낮의 태양은 색온도가 높고 일출과 일몰에는 색온도가 낮다고 이해하면 된다(그림 7-4).

그림 7-4 태양과 색온도의 변화

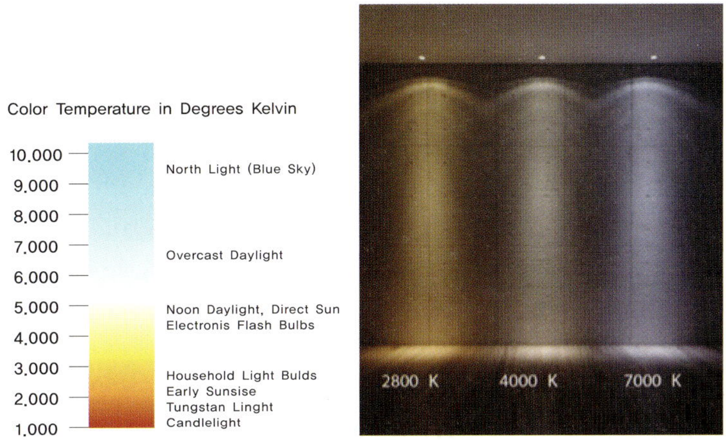

그림 7-5 표준적인 광원의 색온도

일상의 환경에서 빛의 색온도는 공간의 기능성 및 조도와 관계가 있는데, 감성적이고 편안하며 휴식을 필요로 하는 낮은 조도의 공간에서는 색온도가 낮은 따뜻한 빛을, 사무실, 회의실, 수술실과 같은 기능적이고 활동적이며 높은 조도를 요구하는 공간에서는 색온도가 차가운 빛을 선호하는 경향이 있다(그림 7-6).

3,000K의 Lobby _ Trinity C.C. ***by bitzro*** **4,000K의 Office_ 제일기획 Headquaters** ***by bitzro***

그림 7-6 공간의 색온도

자동차 운전을 하면서 터널에 진입을 하는 경우가 있다. 노란색의 빛 (저압 나트륨 램프)이 설치된 터널에 들어선 순간 옆에 앉은 사람의 얼굴과 차

량내부의 모든 물체들의 색상이 고유의 색과 크게 다르게 보이는 것을 경험한 적이 있다면 이는 물체가 가진 원래의 색을 빛이 제대로 표현해 주지 못한 것을 의미한다. 이렇듯 광원이 물체색의 보임에 미치는 영향을 연색(color rendering) 이라 하고 이러한 광원의 성질을 연색성이라고 표현한다. 붉은 사과를 더욱 빨갛게 하여 맛있게 보이도록 하거나, 초록 채소를 더욱 싱싱하고 푸르게 보이게 하려면 연색성이 좋은 광원을 사용하면 된다.

연색성이 좋은 광원은 연색성 지수(Color Rendering Index)가 Ra=90이상을 의미하며 색상을 중요하게 생각하는 의류 및 화장품 매장, 갤러리나 색채관련 공간에서 중요시 된다. 주택, 호텔 및 레스토랑 등에서는 Ra=80 이상도 무리없이 적용할 수 있다(그림 7–7).

출처 : Erco

그림 7–7 연색지수에 따른 물체색의 변화

그러므로 환경을 구성하고 있는 색채의 이해와 적용은 결국 대상물이 갖고 있는 표면 자체의 색과 그 색을 구현해 주는 본질적인 광원과의 관계를 살펴보는 것에서부터 시작되는 것을 알 수 있다.

3. Shadow

“빛이 없다면 형태는 사라진다. 빛의 그림자와 색조, 다양한 광원, 투명한 정도, 그리고 반사와 굴절 등을 통하여 복잡하게 흩어진 공간을 재정의 한다.” 라고 건축가 스티븐 홀(Steven Holl)이 말하였다. 건축 및 환경공간에서의 빛은 물리적 존재를 드러내는 것과 동시에 우리가 그 공간을 어떻게 느끼는가에 대한 경험을 주는 역할을 한다. 맑은 날, 전반적으로 구름이 낀 날, 부분적으로 구름이 있는 날을 기준으로 측정하는 일조량은 우리가 환경을 지각하고 행동하는데 있어서도 매우 중요한 역할을 한다. 날씨가 맑은 날의 공간은 빛과 그림자의 대비되는 연출로 인하여 매우 역동적이고 생동감 있는 입체적 환경을 만드는 반면, 구름이 잔뜩 낀 날에는 빛과 그림자의 대비가 없는 평면적인 공간을 연출한다.

빛과 그림자의 존재는 표면색의 지각에도 많은 영향을 주는데 같은 색상일지라도 빛과 그림자의 대비가 있는 경우에는 표면색의 휘도비도 강한 차이를 보여 실제 보다도 적극적이고 강한 이미지를 주는 반면 그림자가 없을 때에는 상대적으로 지루하고 평면적인 표면의 연출을 보여준다. 표면에 떨어지는 빛의 내용이 다르면 물리적으로 동일 색상일지라도 눈에서 느끼는 색은 다르게 인지된다는 사실을 알 수 있다.

태양은 자신이 벽에 부딪치기 전에는 자신이 얼마나 훌륭한지 모른다고 루이스 칸이 말하였듯이 빛 조건이 변하면 우리의 공간 인식에 대한 상황도 바뀐다.

그림 7-7에서 보듯이 우리가 살고 있는 환경에서 인간이 인지하는 색 지각은 광원과 물체, 눈과 뇌 사이의 복잡한 상호작용의 결과로서, 사람은 눈으로만 환경을 보는 것이 아니라 모든 감각을 동원해서 공간을 느낀다. 그렇기 때문에 광원과 환경의 표면재에 의하여 형성되는 빛은 그 공간의 표

면에 반사된 빛과 그림자의 정도로 공간의 이미지를 느끼는 것을 알 수 있다(그림 7-8, 7-9).

Guerrero House by Alberto ampoBaeza

Leon City Morgue *by BAAS*

그림 7-8 빛과 그림자의 입체적 모습

Guerrero House by Alberto Campo Baeza

그림 7-9 빛과 그림자의 휘도에 따라 동일 색상이 다르게 읽혀지는 경우

※ 결론

① 자연광인 태양은 빛의 내용과 색을 끊임없이 변화하며 움직임을 갖는 시간성의 재료이며, 인간은 변화하는 빛에 원초적으로 익숙하다.
② 빛은 색과 동일한 속성을 갖고 있으며 환경의 색은 물체의 색과 대상을 비추는 광원의 색으로 구분해서 접근해야 한다.
③ 빛과 그림자를 통한 표면재의 휘도를 이해하고 색채와의 관계를 계획하여야 한다.

2. 새로운 빛 - LED광원과 패러다임의 변화

우리가 살고 있는 하루라는 물리적 개념의 24시간은 낮과 밤이라는 이분법적 환경과 의미를 갖고 있다. 오랜 세월 인간은 빛이 있는 "낮"에는 활동을 하며, 빛이 없는 "밤"에는 휴식을 해왔다. 하지만 문명이 발달하고 삶의 모습이 복잡해지기 시작하면서 빛이 없는 밤에도 낮과 유사한 활동의 연장을 원하게 되었다. 자연광의 원리를 이용한 인공광원의 발명은 낮의 또 다른 모습인 밤의 풍경을 혁신적으로 바꾸는 전환점이 되었다.

인류가 부싯돌을 통해 얻은 불이 인류의 원초적 생존과 연결되는 빛의 시작이라고 한다면 미국의 과학자 에디슨에 의한 인공광원 백열전구의 발명은 인류 문명의 발전과 삶의 질적인 향상에 전환점이 된 인류사의 2차 빛의 혁명이었다.

인공의 빛으로 연장된 밤의 표정은 동·식물성 기름을 이용했던 기존의 생활 모습과는 완전히 다른 삶을 패턴을 인간에게 제공해 주었고 생각하고 경험하는 인간의 모든 삶의 방식을 바꾸는 원동력이 되었다. 낮의 연장으로 인한 인간의 물리적 시계는 시간을 빠른 속도로 움직이게 하며 문화적 풍경까지도 변화시키는 결과를 가져왔다(그림 7-10).

〈어리석은 부자〉 렘브란트

제주 나인브릿지 골프 리조트 *by bitzro*

그림 7-10 등잔불 vs 전기조명의 풍경

따스하고 온화한 빛의 백열전구는 주거공간을 비롯한 안락하고 편안한 분위기를 원하는 다양한 공간에 적용되었고 좀 더 효율적이고 기능적인 공간에서는 형광램프가 광범위하게 사용되었다. 색상의 연출이 중요하거나 고급스러운 공간에서는 석영이 첨가된 할로겐 램프를 많이 사용하였다. 공항, 대형 오피스 빌딩 로비등 대형 공간이나 외부공간에서는 방전등인 메탈 할라이드 램프를 사용했다.

모든 인공조명의 최종 목표는 자연스러운 색상의 연출과 변화하는 자연광의 특징을 닮는 것이다. 하지만 기존의 전기방식의 광원들은 목적과 상황에 맞는 자연스러운 빛의 연출보다는 사용자에게 일방적으로 빛을 보내는 소유의 개념으로 빛 환경을 인식시키며 소비에너지로서의 역할을 해왔다. 물론 빛 조절장치 등을 통하여 밝기의 조절이나 색을 표현하는 액세서리를 통한 소극적인 빛의 변화는 가능하였지만 자연스러운 야간환경을 표현하기 위한 근본적인 해결은 되지 못하였다(그림 7-11).

그림 7-11 현대해상 광화문 사옥 *by bitzro*

21세기가 되면서 인류의 밤은 또 한 번의 전환기를 만났다.

발광다이오드 (Light-Emitting Diode) 인 스스로 빛을 내는 신 재료는 반딧불의 원리를 바탕으로 하는 반도체 소자이다. 청색광에서부터 시작되어 빛의 삼원색인 Red, Green, Blue의 세 가지 파장이 혼합되어 태양과 유사한 방식으로 빛을 조절하고 자연스럽게 변화시키며 색상의 연출이 가능한 새로운 신 개념의 디지털 재료인 것이다.

전자제품으로 분류되는 LED 광원은 단순하고 일방적이었던 인공조명의 세계에 스스로 빛을 조절하고 다양한 색을 연출할 수 있는 새로운 빛 환경 연출 방식을 제시하였다. LED를 이용한 조명 디자인은 다양한 빛 환경 연출을 원하는 소비자와의 소통을 통한 디자인을 가능하게 하였고 소비자의 감성을 표현하는 중요한 기능을 담당하기 시작했다. 또한 재생 가능한 친환경적 에너지로서 빛을 통한 창조적인 디자인 작업 및 새로운 조명환경을 연출하는 무한한 가능성을 제시하게 되었다. 빛의 3차 혁명이 시작된 것이다(그림 7-12).

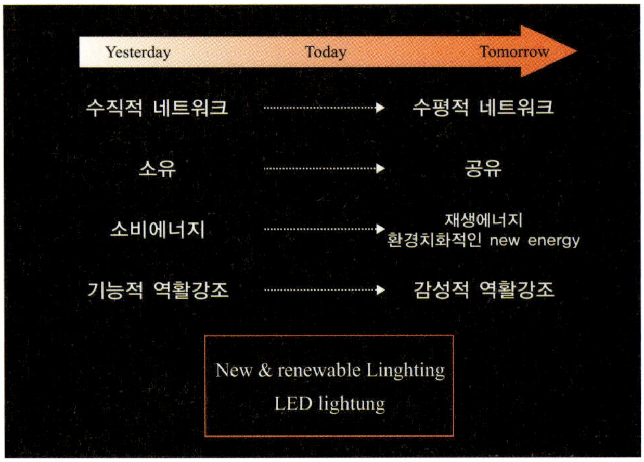

그림 7-12 패러다임의 변화

LED 등기구의 구조는 크게 빛을 내는 소자와 기판모듈로 되어 있는데 반드시 빛을 컨트롤하는 시스템이 함께 운용 되어야 한다. 기존 조명디자인에 적용하였던 광원과는 다르게 사이즈가 매우 작고 다양한 형태로의 표현이 가능하기 때문에 광범위한 공간 표현에 사용할 수 있는 특징을 가지고 있다. 빛의 파장 조절이 가능하여 모든 색을 담고 있는 태양처럼 다양한 색의 조절이 가능하며 빛의 밝기와 색온도 또한 자유롭게 조절할 수 있다.

모듈의 다양성은 일반 조명용을 포함한 여러 형태로 접목이 가능하며 낮은 전력 소비전력과 5만 시간 이상의 긴 수명으로 경제적 효율성이 매우 용이하다(그림 7-13, 7-14).

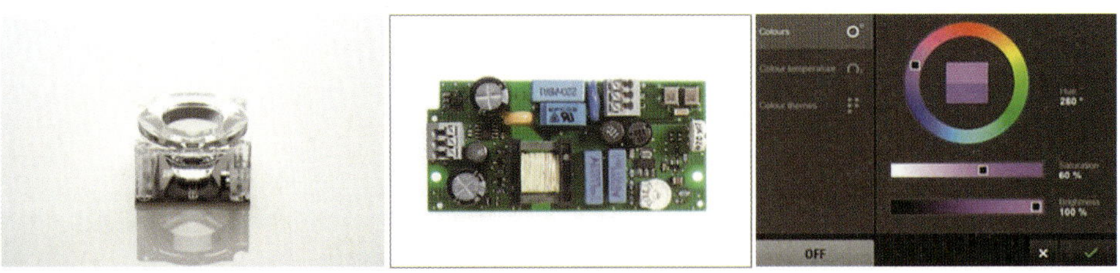

LED 소자　　LED 기판모듈　　LED Control

그림 7-13 LED 제품의 구조

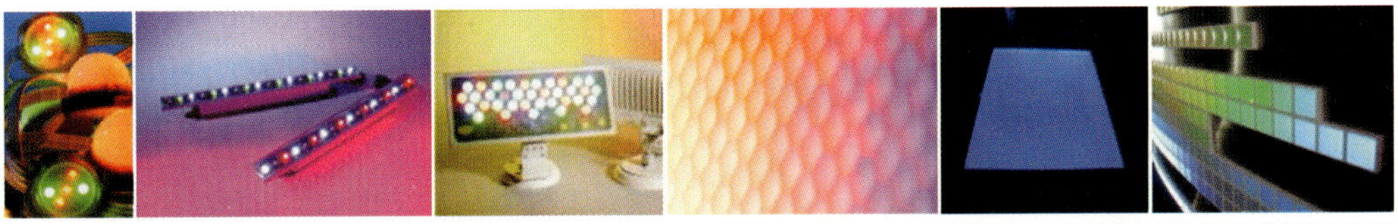

Light Source	Lamp Power / W	Luminous Flux/ lm	Dimensions/ mm	Lamp life / h	Luminous Efficacy
LED	**0.1-0.3**	**2-7**	**7x5ø**	**More than 20000**	
LED	**1.0-1.3**	**20-25**	**5x7ø**	**More than 20000**	**70-75 lm/W**
LED	**5**	**120**	**5x7ø**	**More than 20000**	
Hologen QT 9	5	60	33x10ø	4000	10-20 lm/W
CFL twin-tube	5	250	34x21x85	15000	50-110 lm/W

그림 7-14 기존광원과 LED 비교표

다양한 LED모듈을 렌즈나 반사판을 이용하여 빛을 표현 할 경우 등기구로부터 나오는 열 Heat 에 관한 관리는 매우 중요하다. 일반적으로 LED 광원은 열이 없다고 생각하기 쉬우나 등기구로부터 발생되는 열을 어떻게 관리하는지가 등기구의 수명에 직접적인 영향을 준다. 컨트롤 기어를 통하여 조명을 제어하고 그를 위한 다양한 시스템을 디자인 하는 것이 매우 중요하다(그림 7-15, 7-16).

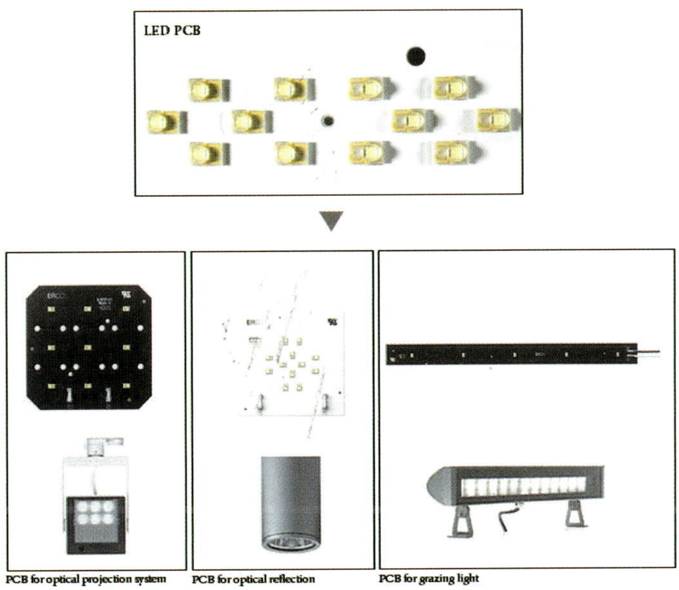

그림 7-15 LED를 이용한 제품 어플리케이션

출처 : Erco

1. LED 제품의 종류

그림 7-16 LED 제품의 종류

빛을 이용한 환경을 계획하는데 있어 LED 광원의 사용은 매우 광범위하고 창조적이며 기능적이고 다양하다. 공간의 존재를 인식시켜주는 실내외 건축의 조명뿐만이 아니라 외부의 경관을 표현하는 재료로서, 간판 및 사인조명, 그리고 예술적 분야에 이르기 까지 범위가 매우 크다.

미래형 신소재 LED 광원의 사용으로 조명디자인은 생활 속에서의 사물을 인식하는 기능은 물론 타 분야와의 접목 및 예술영역까지도 적용 범위를 확대하며 인간의 감성을 움직이는 역할을 한다(그림 7-17).

다양한 빛의 색으로 변화하는 SPA

음악의 내용에 따른 공간의 변화

빛의 변화에 따른 수영장

청담동 근생 업무시설 *by bitzro*

여수엑스포 SK 기업관 *by bitzro*

광양 포스코 미디어파사드 *by bitzro*

Paju Light Festival 2013 *by bitzro*

그림 7-17 LED 적용사례

크기가 작은 장점과 디지털 소재로서의 빛 조절 기능으로 인한 표현의 자유로움은 단순하고 평면적이던 기존의 야간환경을 좀 더 감성적이고 기능적이며 스토리가 있는 매력적인 상황으로 바꾸고 있다.

3. LED조명과 환경색채계획

스스로 빛을 조절하고 태양의 모든 색을 표현할 수 있는 디지털 재료인 LED 광원의 사용은 우리의 일상 환경에서 매우 광범위하게 적용되기 시작했다. 초창기의 LED 광원은 밝기의 정도나 연색성 등의 질적 표현 등에서 많은 한계가 있었으나 소자의 발전과 함께 반사판과 렌즈를 이용한 빠른 기술력 향상으로 이제는 높은 광량을 요하는 고난도의 공간에서도 사용할 수 있는 정도가 되었다. 특히 사용자 입장에서 빛 환경을 조절할 수 있는 장점은 심리적·감성적인 측면과 함께 에너지의 효율적 관리면 에서도 매우 적절한 재료가 되기 시작한 것이다.

이번 장에서는 LED를 적용하여 빛과 색채로 공간의 표정을 다양하게 표현한 사례를 살펴보고 실제적인 디자인 과정을 통하여 빛과 색채가 인간과 미래 환경에 미칠 가능성에 관하여 살펴 보도록 한다.

인간의 삶의 모습이 다양화 될수록 물리적 일정 공간에 대한 표현의 다양성 요구는 점점 커지게 마련이다. 물질적 재료의 유한성 디자인은 개성을 중시하는 최근의 트렌드를 충족시키지 못할뿐더러 타 분야와의 다양한 소통에 한계를 보여 주었다. 하지만 신 광원 LED는 같은 공간이라도 빛의 특징을 이용하여 공간의 다양한 연출을 가능하게 한다. 그림 7-18은 세미나 공간의 효과적 연출을 위하여 빛의 밝기와 방식 및 색채의 변화를 통하여 자칫 지루하고 딱딱해질 수 있는 기능적 공간을 풍부하고 감성적인 즐거운 환경으로 변모시킨 LED 조명디자인 사례를 보여준다(그림 7-18).

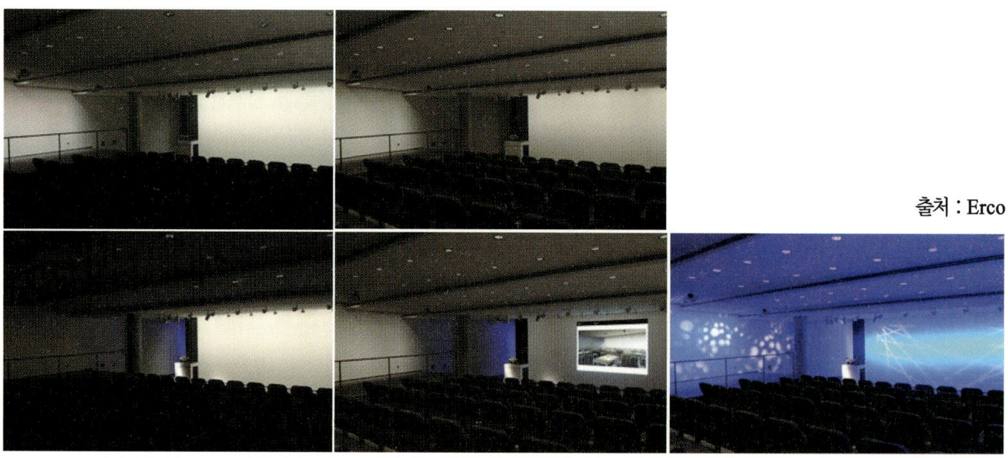

출처 : Erco

그림 7-18 강의의 내용에 따른 빛의 변화

벽면의 휘도조절과 spot-light을 통한 강조조명 및 blue 색채를 이용한 특별한 세미나공간을 표현하였다.

같은 공간에서의 색채의 변화는 심리적 변화를 함께 유발하며 다양한 공간의 분위기를 제공해준다. 그림 19는 색온도의 조절을 통해서 오피스 빌딩의 출퇴근시간대의 빛 환경 변화를 표현한 사례이다. 천정패턴을 이루는 한 단위의 셀(cell)에 두 종류의 색온도가 다른 광원을 계획을 하여 좀 더 친환경적이고 자연스러운 빛 환경을 연출하였다.

한낮의 높은 색온도는 공간을 활기차고 다이나믹하게 만들어 주기 때문에 실내의 색온도도 6500K로 계획하였고 점점 해가 저물어가는 퇴근 무렵의 오후에는 색온도를 3000K으로 바꾸어서 편안하고 따스한 환경을 연출하였다. 그림 7-19는 자연광의 색채가 시간대별로 각기 다른 색 환경을 제공해 주듯이 LED를 사용한 인공의 빛의 변화를 통하여 심리적 즐거움과 공간의 각기 다른 분위기를 보여주는 사례이다(그림 7-19).

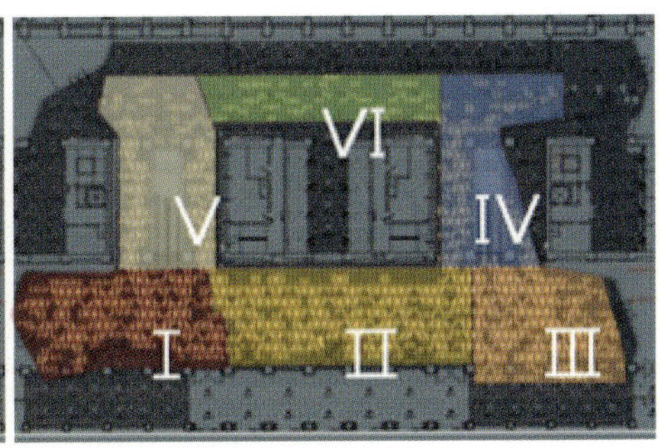

Ceiling Pattern Lighting

Lighting Control

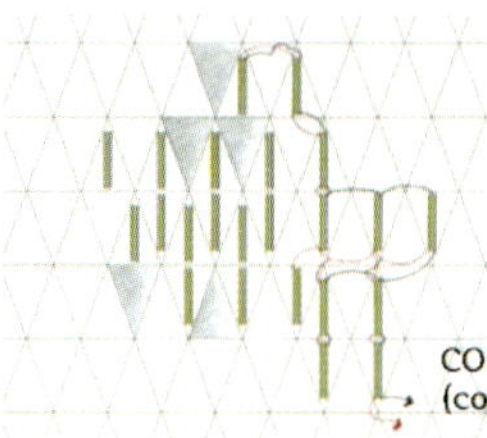

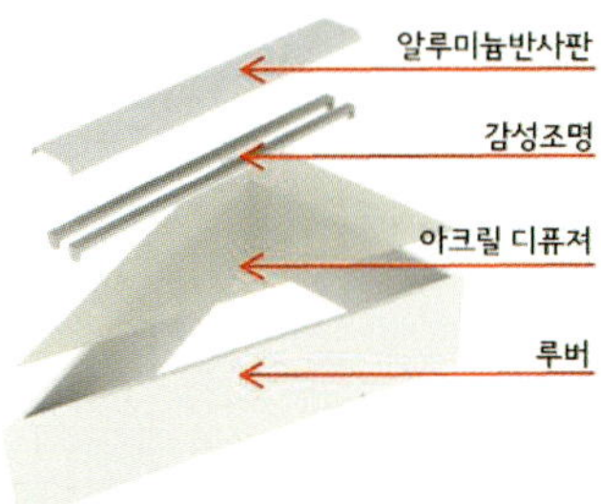

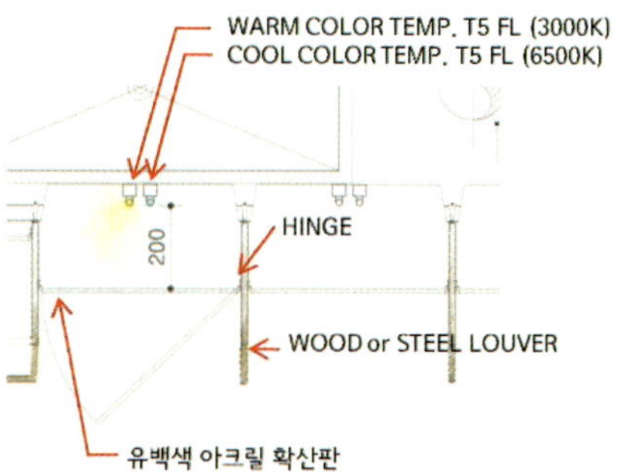

Installation Detail

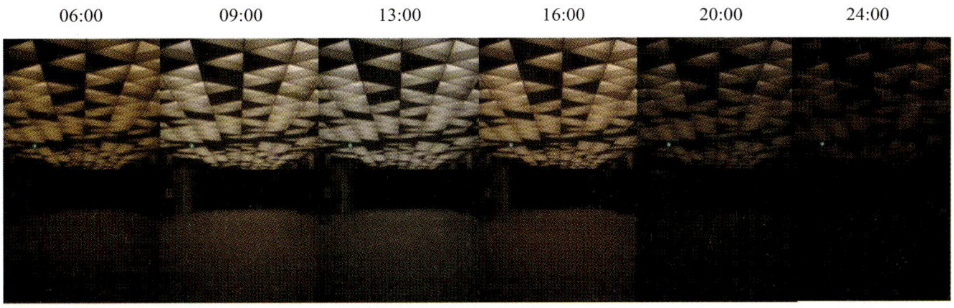

Scene Control

그림 7-19 서울스퀘어 로비 조명사례 *by bittro*

자기조절기능과 색채의 연출가능성은 빛을 단순히 공간을 밝히는 일차적 기능에서 벗어나 시각적이고 입체적인 타 영역과의 결합을 가능하게 해주었다. 기존의 건축물 입면의 조명은 표현 방식이 제한적이고 일방적이었으나 LED광원과 다양한 건축 재료와의 만남을 통한 새로운 표정의 연출이 가능하게 되었다. 비물질의 재료인 빛으로 정지된 건물을 살아있는 생명체로 변화시키는 순간이다. 또한 다양한 영상과 시각예술을 표현할 수 있는 미디어 파사드 조명은 아티스트와의 협업을 통하여 공공예술이라는 새로운 장르로 야간 도시문화의 미래형 아이콘이 되기 시작했다(그림 7-21).

그림 7-20 서울스퀘어 *by bittro*

Media Facade : Night Art Canvas

건물의 크기와 모양, 주변환경과의 관계를 고려한 LED조명계획을 주간과는 전혀 다른 public Art를 위한 Media Canvas로서의 기능을 담당한다. 건축과 일체화된 조명연출은 R.G.B의 혼합을 통한 색상표현으로 다양한 Scene의 화면을 연출할 수 있다.

밝기의 정도와 움직임 등의 표현도 자연스럽게 연출이 가능하므로 LED 덕분에 좋은 작품을 다양하게 적용할 수 있다.

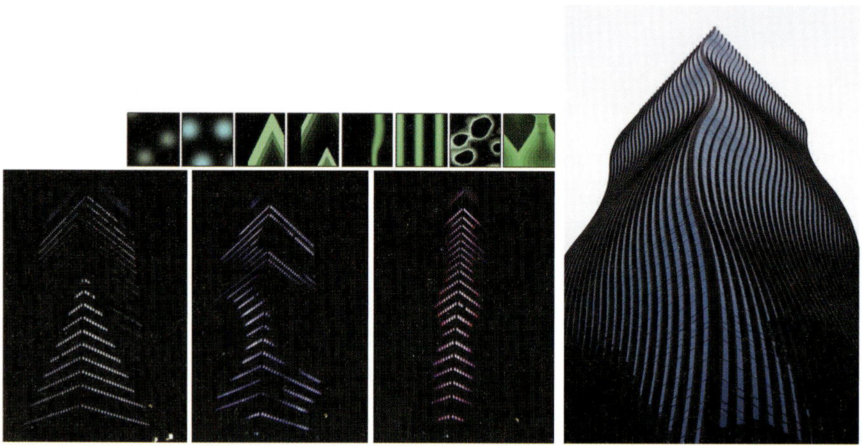

살아있는 생명체를 표현하는 Media Art

그림 7-21 GT Tower by bitzro

다음으로 LED광원을 이용한 지하공간의 새로운 빛환경계획 사례를 살펴보고자 한다.

지하공간의 경우 빛이 없다면 시간의 흐름을 알 수 없음은 물론이고 어둠으로 인한 공간의 상황도 전혀 알 수 없게 된다. 주차장으로 사용되고 있던 현장은 층고가 매우 낮고 공간이 길어서 자동차를 주차장에서 바로 입고할 수 있다는 장점 말고는 매우 취약한 환경을 갖고 있었다. 그럼에도 불구하고 지상과 연결되어있는 일층의 쇼룸을 확대하여 젊은 고객층을 확보하기 위한 새로운 쇼룸 조성은 매우 중요하다. 지하공간의 한계를 극복하고 다양한 기능을 수행하기 위한 전시장을 계획할 때, 빛은 매우 중요한 요소로서 공간 디자인 계획에 중요한 역할을 한다. 낮은 천정의 지하공간은 입면휘도를 확보하기 위하여 반사율이 높은 마감재를 선정하였고 전체적인 벽면은 Wall washing을 통하여 지하공간의 심리적 휘도를 확보할 수 있다.

그림 7-22 기존 현장사진

길이가 긴 동선은 컨셉트카의 전시영역과 상담공간 및 시승영역으로 구분하였고 중심에는 간단한 음료를 즐길 수 있는 Bar를 만들어 고객층의 감성을 유도하였다. 전반적인 조명은 공간의 기능과 사용목적에 맞도록 계획하였는데 전반적인 일상의 전시조명과 다양한 행사를 위한 이벤트 조명으로 구분하여 계획하였다.

빛은 정지되어 있는 지하공간을 시시각각으로 변화시키며 쾌적함과 살아있는 생동감을 제공해 주었고 회사의 상징 색채를 활용한 빛의 색채의 표현은 LED광원의 사용으로 자연스럽고 다양한 스토리가 있는 공간의 연출을 가능하게 하였다.

그림 7-23 빛을 통한 새로운 공간의 탄생

가로로 긴 공간의 특징을 고려하여 런웨이를 연상시키는 linear light(선조명)을 사용하여 자동차의 속도감을 연상시켰으며, 자동차전시의 다양성과 변화를 예당하여 Track lighting(트랙조명)을 통한 연출의 효과를 계획하였다.

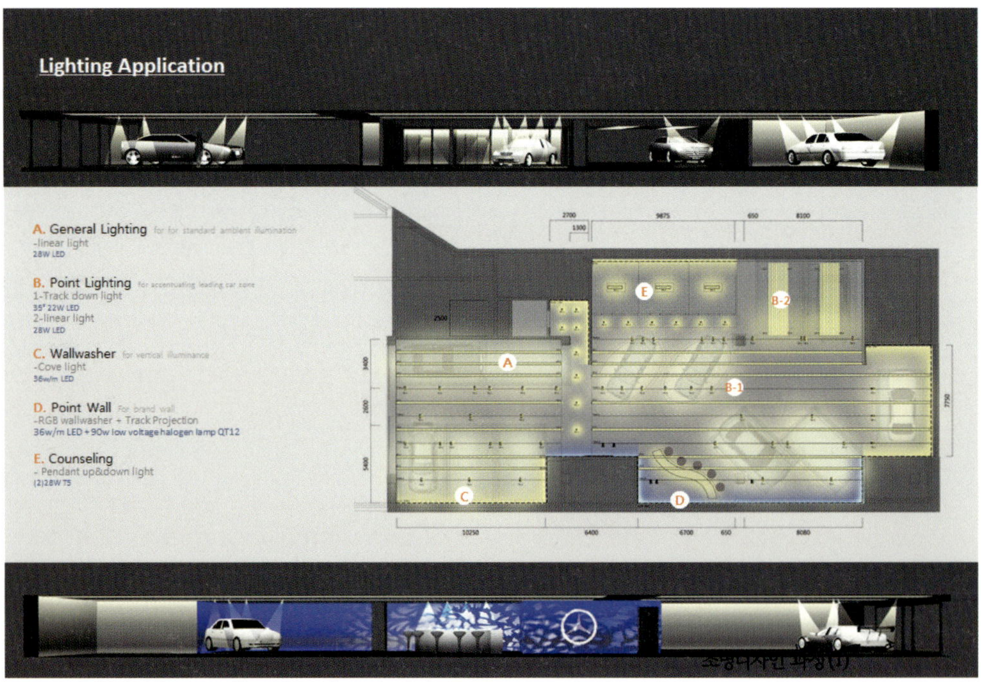

조명디자인 과정(1)

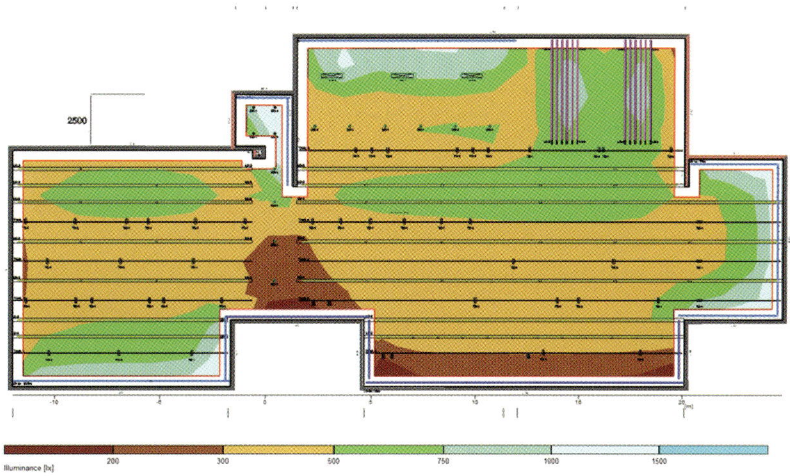

조명디자인 과정(2)

전반조도의 확보와 자동차의 강조를 위하여 110˚의 앵글을 가진 28W LED 4,000K과 15˚의 15W LED 4,000K Track light을 사용하였다. 색채연출은 48W/M LED RGB Linear light을 사용하여 벽면을 Wall washing 하였고, 이벤트 조명은 180W LED Gobo Moving light으로 연출하였다.

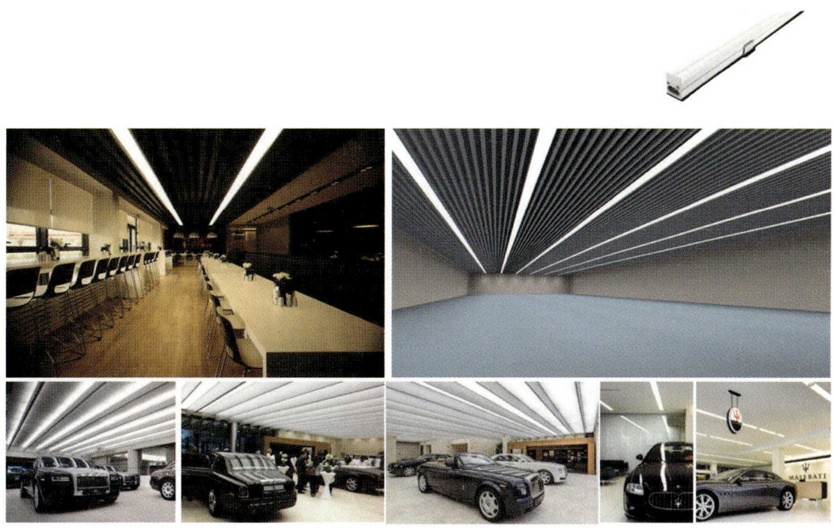

Linear 조명 사례

Spot Light 조명 사례

공간의 중심이 되는 포인트 벽면에는 다양한 패턴연출이 가능한 등기구를 적용하여 이벤트 조명을 연출하였다. 고보(Gobo)를 이용한 빛의 패턴은 상품의 로고연출과 고급스러운 공간 표현을 LED 색상의 변화와 함께 목적에 따른 공간표현을 가능하게 하였다.

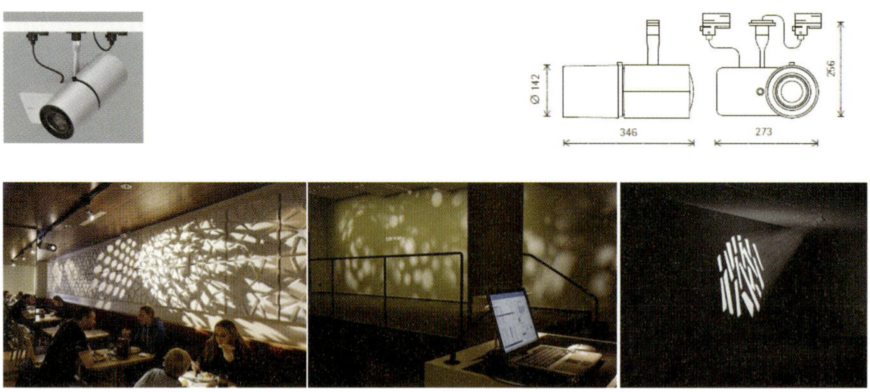

Gobo 조명 사례

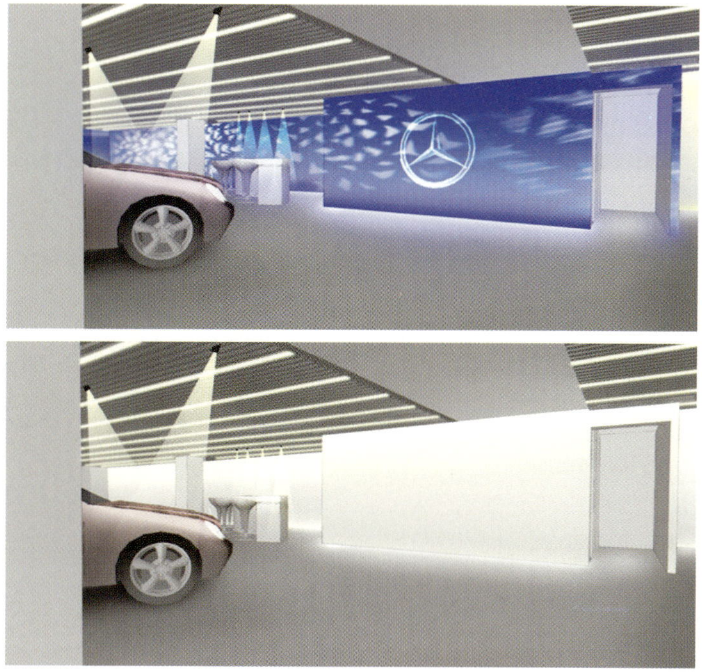

그림 7-24 조명디자인 과정

새로운 제품의 출시에 따라 변하는 전시내용과 다양한 소비자의 취향에 따라 지하쇼룸은 각기 다른 변신을 하며 지하공간의 불리함을 장점으로 변화시킨다. 편안하면서도 드라마틱한 연출을 하는 자연광의 모습으로 계획되어진 공간은 인공광인 LED광원의 특징을 이용하여 빛으로 기존에는 할 수 없었던 새로운 환경을 구축할 수 있게 한다.

두번째 사례는 빛으로 새로운 도시의 랜드마크를 만드는 과정을 살펴보고자 한다.

활기찼던 도시의 대로변은 저녁의 해가 뉘엿뉘엿 떨어지면 조용한 침묵을 드리운다. 자동차를 타고 길을 달려도 어디가 어디인지 알 수도 없으며 화려한 네온사인의 존재 유무에 따라 공간의 모습과 기능을 추측할 뿐이다. 유리 건물로 된 자동차 전시장은 밤이 되면 어둠 속으로 사라져 존재감을 전혀 알 수가 없었으며 건물을 둘러싼 주변환경은 어둠속에 잠긴 상태였다.

전시물의 표현과 공간의 다양한 기능을 위하여 야간의 조명계획은 필수적이며, LED의 사용은 시간대별, 목적별 빛의 변화를 유도할 수 있다. 이에 건물이 위치한 주변의 야간 환경을 분석하여 건축물의 새로운 야간 모습을 예측하였고 그에 따라 공간의 조도 및 휘도기준을 정하고 빛의 색채계획을 하였다.

기업의 이미지 및 자동차의 생김새와 마감색상들을 고려하여 빛을 통한 전시물의 형태를 설정하고, 단순전시, 계획전시와 각종 프로모션 행사등 공간의 다양한 활용도를 위하여 기본적인 디자인의 방향과 컨셉을 설정하고 빛의 밝기와 움직임, 그리고 색채의 기준을 설정하였다.

(1) Design Concept & Approach

01
Emotion
Light attracts people

· Interior to exterior

02
Identity
Light creates character

· Targeted product illumination

03
Lighting management
Light makes drama

·Scene Control

(2) View 1 Simulation

건축의 재료가 내부가 보이는 투명유리인 점을 고려하여 기본적인 조명 방식은 유리프레임을 사용한 upligth 방식으로 천정면을 투사하여 빛을 담은 유리박스로 설정하였다. 다이나믹한 연출을 위하여 Gobo fiter로 연출하였으며 포인트 칼라인 blue를 함께 표현하므로서 상품의 아이덴티티를 극대화하였다.

빛과 색채는 여러가지 상황을 연출함으로써 공간의 가치를 높이는 결과를 가져 온다.

Plan

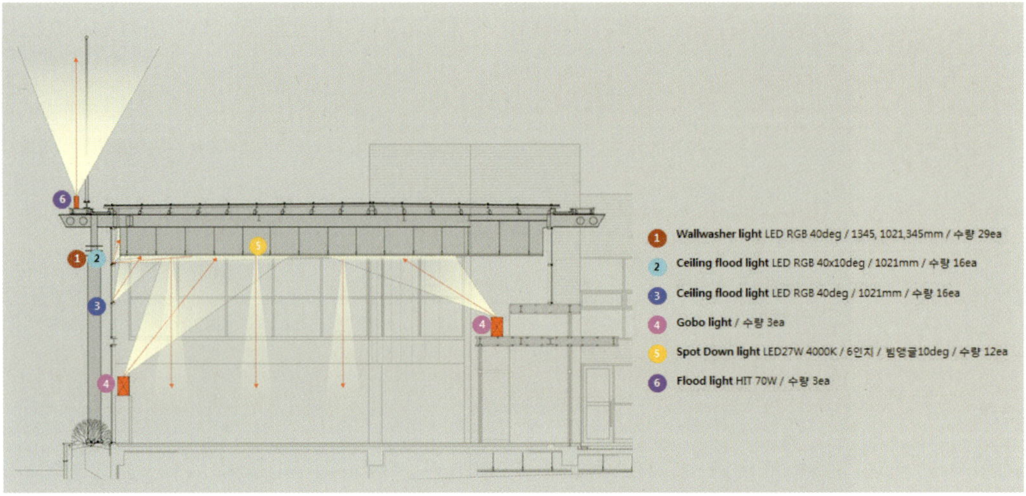

(3) View 1 Uplight를 이용한 전반조명 + 전시물을 위한 Point 조명

Fixture

1 **Wallwasher light** LED RGB 40deg / 1345, 1021,345mm / 수량 29ea

2 **Ceiling flood light** LED RGB 40x10deg / 1021mm / 수량 16ea

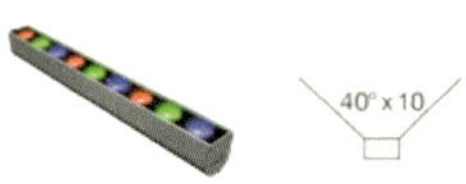

3 **Ceiling flood light** LED RGB 40deg / 1021mm / 수량 16ea

4 **Gobo light** / 수량 3ea

- 1 X LED 170W COLD WHITE LED
- 17° TO 36° ZOOM
- DIMENSIONS: 375X384X601mm
- WEIGHT: 21KG

5 **Spot Down light** LED27W 4000K / 6인치 / 빔앵글10deg / 수량 12ea

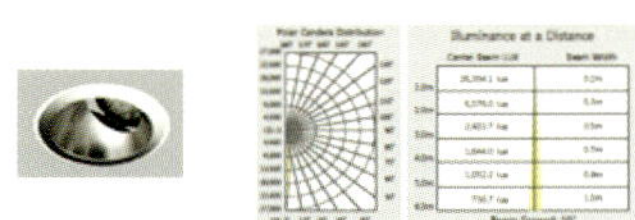

6 **Flood light** HIT 70W / 수량 3ea

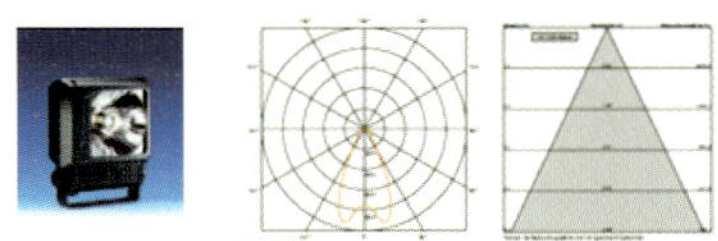

Gobo install

Fixture

Photometric Data

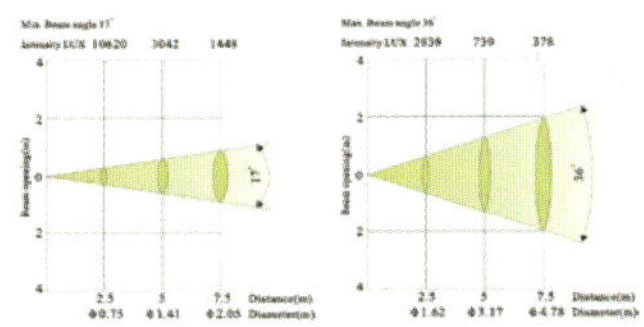

Size

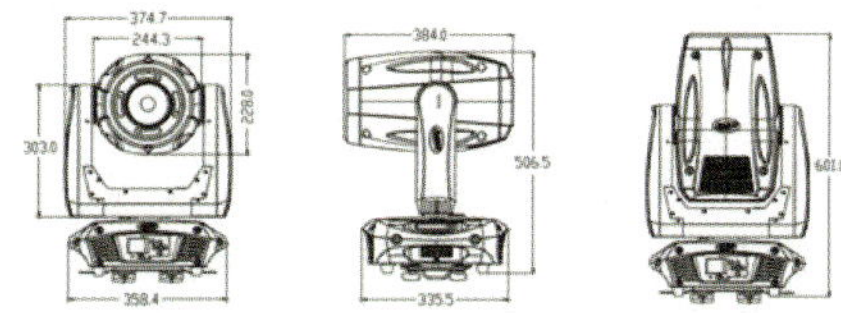

최대 조사면적

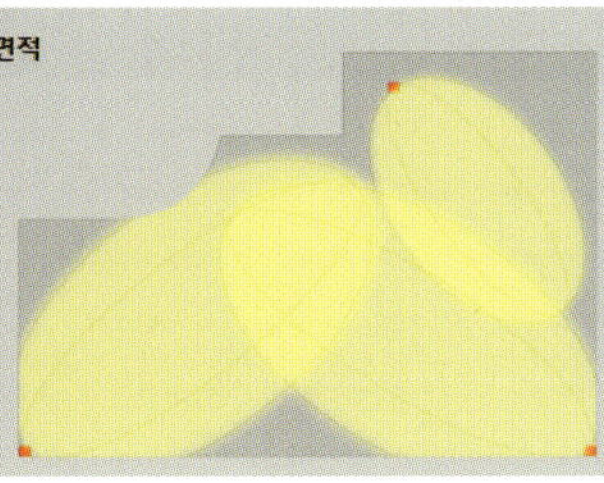

공간대비 기구크기

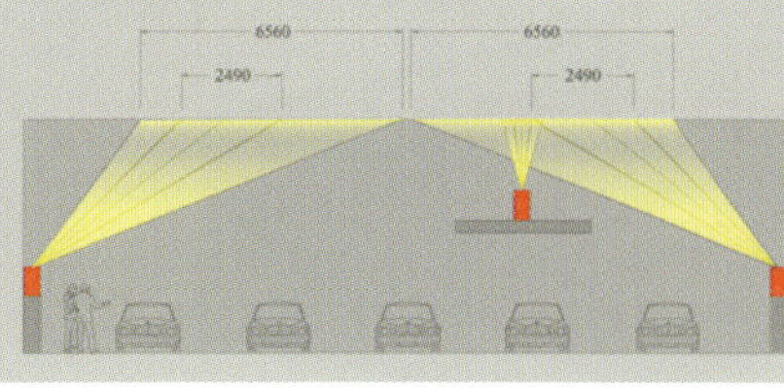

Gobo install

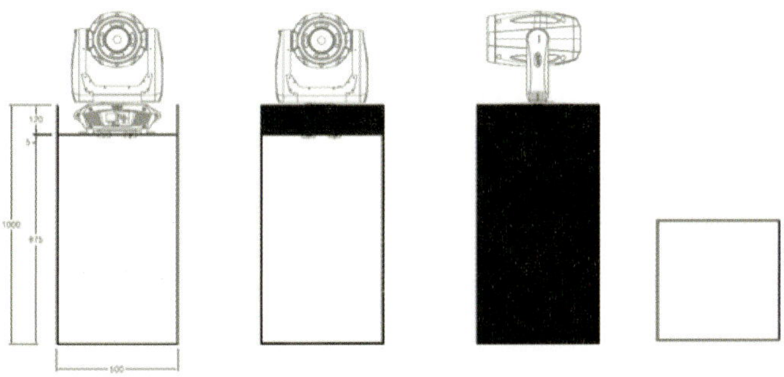

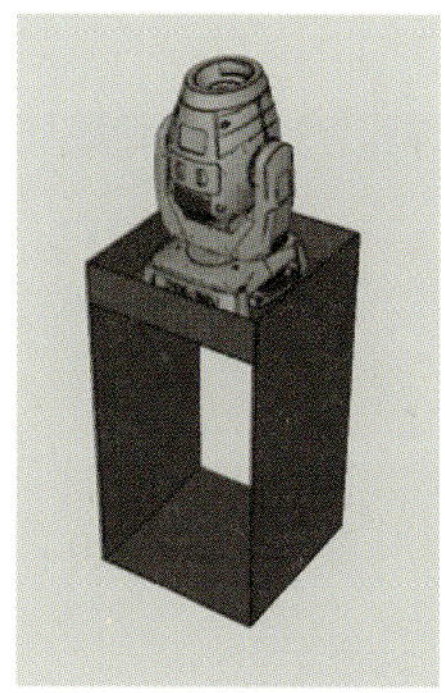

단면도 정면도 측면도 평면도

Lighting pattern Switch

Switch 1 : Color Control

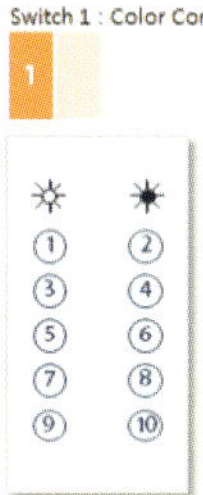

Switch 2 : Gobo Pattern Control

STATIC GOBOS ROTATING GOBOS

(4) 적용한 Gobo 패턴과 색상표

Calculation

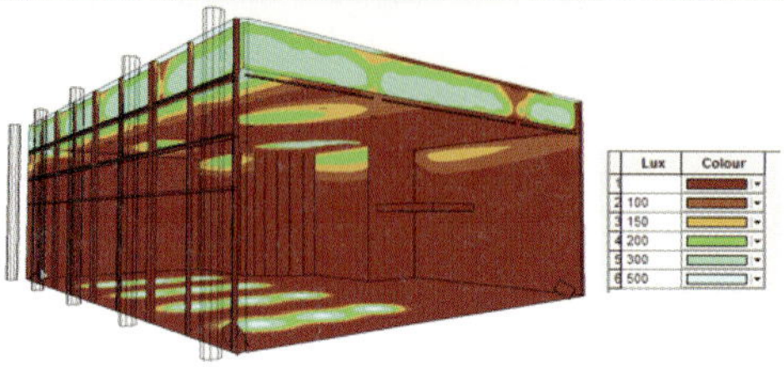

1. **Wallwasher light** LED RGB 40deg / 1345, 1021,345mm / 수량 29ea
2. **Ceiling flood light** LED RGB 40x10deg / 1021mm / 수량 16ea
3. **Ceiling flood light** LED RGB 40deg / 1021mm / 수량 16ea
4. **Gobo light** LED 135W RGB / 빔앵글 Min 14deg Max 32deg / 수량 3ea
5. **Spot Down light** LED27W 4000K / 6인치 / 빔앵글10deg / 수량 12ea

(5) 조도계산을 통하여 빛의 분포 및 예상결과를 검토

(6) 계획한 색상과 패턴을 실제 Aming하는 모습

그림 7-25 빛과 색채의 연출

4. 결론 - 빛과 색으로 만드는 환경디자인

우리가 매일 아침 만나는 환경은 색으로 가득 차있다. 하지만 그 색들은 빛이 없으면 볼 수가 없다. 그런 의미에서 빛과 색은 같은 의미로 존재한다고 할 수 있다. 그러므로 빛으로 환경계획을 할 때에는 공간이 갖고 있는 조건들을 정확히 분석하고 빛의 변화에 따라 같은 공간이 어떻게 다른 모습으로 다양하게 보여질 수 있는지를 생각해야 한다. 또한 빛이 가진 색의 특성에 따라 같은 재료나 형태일지라도 다양한 이미지의 연출이 가능하다는 점을 이해하고 상상해야 한다.

도시는 과거를 기반으로 현재를 만들고 미래에 대한 꿈을 꾸며 끊임없이 변화한다. 지리적 환경적 문화적 조건에 따라 매우 다른 삶의 형태를 만들어 내지만 빛에 의한 인간의 감성적 본질은 크게 다르지 않다. 색을 담고 있는 빛이라는 재료가 인간의 행동과 감성을 컨트롤하기 때문이다.

이제는 보편화되어 사용되어지고 있는 신광원 LED는 그러한 측면에서 과거의 어느 광원보다도 다양한 분야와 긴밀한 협조를 필요로 하는 미래형 복합광원이다. 밝고 어둠만을 일방적으로 표현하는 것이 아니라 IT분야 뿐만이 아니라 정치 사회 경제 문화 예술등 전반에 걸친 협업을 통하여 인간의 행동과 감성을 조절하고, 쾌적하고 행복한 삶의 질을 얻기 위한 새로운 디자인 접근을 다각적으로 모색해야 한다.

그림 7-26과 7-27은 밤이면 사라지는 삭막한 바다위의 대형 구조물인 교량을 LED 광원과 scence control을 위한 전자 시스템방식을 통하여 도시의 새로운 랜드마크로 재탄생시킨 사례이다. 날씨의 변화나 삶의 변화를 빛의 색으로 표현을 한 부산항 대교는 건조하고 우울한 바다의 이미지를 파스텔 톤의 유연한 색상 혼합으로 밝고 경쾌한 이미지로 바꾸었으며, 그림 7-27의 광안대교는 비어있는 케이블부분을 LED를 적용한 미디어 캔버스

로 디자인하여 다양한 컨텐츠를 시민들에게 제공함으로써 바닷가의 새로운 미래형 인터랙티브한 재료로 활용되기 시작했다. 이와같이 빛의 다채로운 색상의 표현은 공간 환경의 새로운 활력소가 되어 도시와 삶의 환경을 새로운 모습으로 바꾸는 사회적 역할을 하게 될 것이다.

날씨와 안개의 변화에 따른 색상연출

그림 7-26 부산항대교 *by bitzro*

Art Contents를 활용한 축제의 모습

그림 7-27 광안대교 *by bitzro*

하루 24시간 일 년 365일 나와 가장 가까이에 있는 태양의 변화에 대한 새로운 이해와 관찰과 상상이 빛과 색으로 하는 인간을 위한 미래형 디자인의 중요한 시작이다.

08

참여형 환경색채계획

PART 8 참여형 환경색채계획

환경색채계획은 환경디자인의 발전과 함께 도시의 경관문제를 해결하기 위한 중요한 대안으로서 20세기 후반부터 국내에서 급격히 전개되었다. 이와 함께 기존의 물리적인 경관요소중심의 색채계획에 대한 대안으로서 지역 공동체가 참여하는 커뮤니티 참여형 환경색채계획이 21세기 환경디자인 분야의 중요한 이슈가 되고 있다. 이러한 커뮤니티 참여형 환경색채계획은 도시 색채의식의 근간이 되는 문화를 만들고 수준 높은 색채의식의 토대를 만들어 나간다는 점에서 그 중요성이 더욱 커질 것이다.

1. 커뮤니티참여형 환경색채계획이 대두된 배경

이러한 커뮤니티 참여형 환경색채계획이 중요한 이슈가 된 우리 도시의 배경으로 다음의 세 가지를 들 수 있다.

첫째, 지역에서 주장하는 색채의 풍토성이 너무도 유사하여 전국적으로 진행되고 있는 색채개선이 일률적 색채환경 정비로 그치고 있다는 점이다. 이것은 도시의 색채가 차분해지고 안정적으로 되고 있다는 점에서는 긍정적이지만, 한편으로 전국 어디를 가나 도시의 개성을 알기 어렵게 되고 있다는 점에서 부정적이다.

거리정비를 진행한 특화가로와 주택가를 가도 차별화된 색채를 발견하기 힘든 점에서도 이러한 사실을 쉽게 느낄 수 있다.

둘째, 상징색으로 적용하고 있는 색채까지도 녹색과 파란색, 붉은 색 등과 같은 일차적인 원색 위주로 되어 있어, 이미 상징으로서의 기능을 잃고 있다는 점이다. 대규모 공공 건축물의 색채가 석재마감에 상징색을 사인과 로고에 적용하는 일률적인 패턴이 이미 정착되고 있다는 점에서도 이러한 사실을 쉽게 알 수 있다.

셋째, 국내 주거단지의 가장 대표적인 주거 형태인 아파트에서 어느 지역을 가더라고 유사한 색채기준을 형태에 따라 적용하는 '브랜드 위주의 색채환경 조성' 이 확산되고 있다는 것이다. 이것은 아파트뿐만 아니라 새로운 주거단지나 거리가 형성될때도 이러한 풍토적 색채의 브랜드적 적용이 일반화되고 있다는 것을 의미한다.

그림 8-1 물리적인 환경색채개선은 많이 진행되었지만 반면 도시색채문화의 획일성을 가져왔다.

2. 참여형 커뮤니티디자인의 의미와 내용

사람이 모여 살아가는 도시에서 공동체는 생활의 기본 단위가 된다. 공동체는 스스로 고립을 선택하여 문명과 결별하지 않은 이상 인간으로서의 기본적인 생활을 영위하기 위한 단위이며 조건이다. 그 공동체가 어떤 공동체인가의 문제가 있을 뿐이지, 우리는 공동체 속에서 삶의 가치를 만들고 정체성을 가지게 된다. 즉, 공동체는 한 집단과 개인의 문화의 근간이며, 무형으로 규정된 사회적 결속력의 실체라고 할 수 있다.

커뮤니티디자인은 이러한 공동체의 지속가능한 미래를 예측하고 그에 따른 생활방식, 공간의 구성방식을 계획하고 운영하기 위한 기술이다. 당연히 이를 통해 보다 우리의 삶의 질을 향상시키는 것이 목적이며, 구성원들의 공통의 목적과 이해를 충족시킬 수 있는 환경 조성이 중요하다. 여기에는 도시를 구성하는 사람과 문화에서부터, 건축물과 자연, 시설과 같은 물리적인 요소도 포함이 된다.

이러한 커뮤니티디자인은 다음과 같은 특징을 가지고 있다.

첫째, 커뮤니티디자인은 도시계획과 같은 관료적인 행정 용어라 아닌 누구나 이해하기 쉬운 시민의 용어이다[1]. 이는 지금까지 행정의 모든 계획을 국가가 주도하고 국가의 정책에 도시가 무조건 맞추어 나가던 방향에서, 도시마을, 도시국가와 같은 지역이 스스로의 자생력을 가지고 자신들의 문제를 해결해 나갈 수 있는 하나의 공동체로서 자율적인 구조를 만들어나가야 하는 시대적 변화가 우리에게 크게 다가와 있다는 것이다. 이것이 비로소 시민주도의 시대이자, 시민자치의 시대이기도 하다.

1) 田村明、まちづくりの実践、岩波新書、1999

둘째, 하드웨어만이 아닌 소프트웨어를 포함한 총체적인 마을형성의 시대적 요구이다. 마을을 단지 물리적인 구조와 부동산 가치만으로 모든 것을 구성하는 그런 공간적 구분이 아닌, 사람의 정신과 문화, 역사와 풍습, 풍토와 같은 눈에 보이지 않는 풍부한 소프트웨어의 관계성이 같이 결집된 결정체로서 바라보는 관점이다.

그림 8-2 인천의 근대문화거리
근대의 오래된 풍경의 색채가 지역의 새로운 이미지를 만들어 낸다.

셋째, 개성적이고 주체적인 마을을 지향한다. 수많은 기존 중앙이나 지방자치단체의 획일적이고 성과위주의 정비와 마을개선 사업, 디자인 사업은 개성보다는 깨끗함, 랜드마크의 강조에 치우쳐 획일적이고 혼란스러운 환경과 경관을 조성한 주요원인을 제공하였다. 사람보다는 거대한 시설과 건축물을, 걸을 수 있는 공간보다는 눈에 띄는 화려한 장식적 광고판이나 무대를 선호하여, 무엇을 위해 이러한 계획을 하는지 알 수 없는 상황이 빈번히 연출되었다. 그 결과 지역 어디를 가나 비슷비슷한 축제와 경관이 형성되어버리게 되고 그것은 정주와 정체성의 상실로 이어지게 되었다. 커뮤니티디자인은 이러한 중앙중심의 획일성을 탈피하고 지역과 마을 스스로가 주체성을 가지고 역사적 환경이나 문화를 새경으로 마을을 삶의 터전으로 변모시켜나가는 과정이며, 이를 위한 애착과 긍지를 키워나가는 것을 의미한다.

넷째, 모든 사람이 다양성을 인정하고 쾌적한 환경에서 생활할 수 있도록 배려하는 인간존중의 가치를 키워나가는 것이다. 지역의 주민은 주체이고, 팔고 사는 물건도 아니며, 국가의 발전을 위해 살던 곳을 금방 포기하고 떠나야 하는 계획의 대상도 아니다. 물론 마을 안의 특정한 권력과 세력의 행복을 위해 많은 이들이 불편을 겪고 권리를 포기하고 살아야 하는 그러한 무기력한 존재도 아니다. 서로의 가치와 존재감을 인정받는 속에서 안전하고 살기 좋은 환경의 권리를 누릴 존재인 것이다. 이를 위해서는 도시와 마을의 모든 공간과 사람 간의 관계에서의 일체의 구분과 차별을 없애기 위한 협력과 존중이 요구되며, 그것을 구현하는 과정이 바로 커뮤니티디자인의 과정이다.

따라서 커뮤니티디자인의 의미에는 '지역의 공간을 공동체 구성원이 중심이 되어 지속가능한 곳으로 만들어 나가는 생각, 방법' 의 개념이 포함되어 있다. 즉, **우리의 마을을 우리 스스로, 다양한 힘을 모아, 오랫동안, 우리 특성에 맞는 곳으로 만들어 나가는 것**' 이다. 따라서 커뮤니티디자인에는 자율성, 다양성, 정체성, 협동성, 지속성의 5가지 원칙이 필요하다.

그림 8-3 커뮤니티디자인 5원칙

그림 8-4 요코하마 바샤미치역의 지하역사

각 역사의 색채가 지상의 경관을 그대로 반영하는 것을 당연하게 여기는 문화에서 같으면서도 다른 그들만의 색채 다양성을 접할 수 있다.

3. 커뮤니티 참여형 환경색채계획의 의미와 내용

커뮤니티디자인이 기존의 물리적인 환경정비의 한계를 넘어서고 지속가능한 주거환경을 만들기 위한 디자인 대안으로 나온 것처럼, 참여형 환경색채계획도 공동체가 가진 잠재력과 자원의 특성을 고려한 색채계획을 통해 외면의 색채환경이 아닌 문화가 중심이 되는 성숙한 색채환경을 만들어 나가는 데 중요한 목적이 있다.

그림 8-5 광주시 서하리 마을 주민워크숍
다양한 주민들과의 교류를 통해 지역색채에 대한 교감을 높였다.

커뮤니티참여를 통한 색채환경 개선을 위해서는 다음과 같은 관점의 전환이 요구된다.

첫째, 외부로 보이는 색채가 아닌 문화를 중심으로 한 도시 내면의 색채를 계획하는 관점이 요구된다. 기존의 환경색채 계획은 지역의 풍토색이나 환경색을 도출하는데 있어 사람들의 의식과 문화보다는 물리적인 색채자원의 추출에 의존하는 경향이 강했다. 이것은 결과적으로 도시의 색채를 쉽게 이해하고 적용하기 쉬운 방법을 제공하였지만, 색채의 다양성이 한정되고 많은 도시들의 색채가 비슷해지는 획일화의 원인을 제공하였다. 따라서 사람들이 생각하는 도시의 색채에 대한 생각과 기억, 이미지를 중심으로, 지역의 역사와 문화자원이 가진 색채의 의미를 총체적으로 생각하고 발굴하며 만들어나가는 것에 더 의미를 두는 방식으로의 전환이 요구된다.

둘째, 결과보다 과정을 중시하는 관점이 필요하다. 기존의 환경색채계획은 주민은 전문가와 행정이 연구를 통해 선정한 색채에 대한 공청회에 참여하거나 그 색채를 어떻게 적용하는가에 대한 간단한 교육을 듣는 정도로 역할이 한정되었다. 그 결과 지역색채에 대한 관심과 이해 정도가 낮았고 지역의 색채는 전문가와 행정의 관리와 계획용으로 한정된 문제점이 생겨났다. 행정에서 관리할 수 있는 환경요소의 색채는 한정적이다. 그러나 문화가 바뀌게 되면 자연스럽게 개인 소유의 건축물과 시설물의 색채도 지역에 부합되는 흐름으로 바뀌게 된다. 이를 위해서는 환경색채에 대한 조사와 결과물의 도출, 계획의 적용의 단계에서부터 주민들의 참여를 유도하여 지역의 색채에 대한 관심과 이해를 높여야 한다.

셋째, 다양한 도시의 잠재력을 발굴하기 위한 사람중심의 색채계획의 관점이 필요하다. 기존의 색채자원의 도출에서는 지역의 풍토색이나 건축물의 색채에서 기준을 도출하는 것을 기본으로 하였으나, 사람들의 의식 속에 남아 있는 도시의 이미지에서 색채를 추출하는 경우는 많지 않았다. 이는 색채개선의 대상이 대다수 건축물과 시설물에 한정되어 있었기 때문이다. 그러나 보다 다양한 관점에서의 도시의 근간이 되는 공동체의 의식에서 색채의 공통점을 공유하기 위해서는, 지역의 역사 문화에서 유지되어 온 색채의 통일점을 찾기 위한 시도가 요구된다.

넷째, 한 개인과 전문가에 의해서가 아닌 모두의 협력과 참여를 통한 소통이 요구된다. 기존의 환경색채계획은 전문가와 행정 담당자 중심으로 이루어진 경우가 대다수였기 때문에 주민들은 색채환경의 변화와 기준에 대한 이해가 부족하였다. 이는 결과적으로 색채의 지속성과 사적 영역에서의 색채변화를 기대하기 어려운 결과로 이어졌다. 이러한 문제를 넘어서기 위해서는 색채의 기획과 계획의 과정에서 주민과 같이하는 다양한 행위가 요구되며, 그것이 반영되는 색채의 관리까지도 주민의 적극적인 활동을 포함하는 과정이 추가되어야 한다.

그림 8-6 지역 문화를 상징하는 색채를 같이 발굴하고 공유하며 지역의 가치를 높여나간다.

다섯째, 지역의 내적 가치를 높이는 것에 주안점을 둔다. 이것은 물리적인 환경의 개선에만 치중하는 것이 아닌 지역이 가진 역사문화적, 경제적, 의식적으로 상징적인 자원을 같이 발굴하고 공유하며 그 속에서 잠재된 색채의 의미를 찾아내고 발전, 계승시켜 나가는 관점이다. 색채를 단지 단순한 물리적인 외장색의 개념이 아닌, 지역의 가치를 반영하는 상징성을 발굴해 나가는 차원에서 접근하고 지역 문화의 상징색을 공공의 색채에 반영하여 지역의 가치를 높여나가는 것이 이에 해당한다.

4. 커뮤니티 참여형 환경색채계획의 방법과 내용

다음으로 커뮤니티 참여형 환경색채계획의 접근을 위한 관점을 정리해 보자.

첫째, 공동체가 지역의 가치 있는 환경색채이미지를 구축하기 위해서는 참여를 통한 색채의식 형성이 단기간에 해결되는 것이 아니고 많은 시간을 걸리며 사람들의 참여가 협의가 필요하다는 **지속성에 대한 믿음**이 필요하다. 이는 공동주택의 외벽과 문화이벤트에 환경색채가 한정되지 않도록 하며, 지역의 장기적인 목표 속에 단계적으로 사업을 추진할 수 있도록 한다. 또한 단기적인 갈등이나 시련, 정치적인 대립으로 인하여 색채의식의 형성이 멈추지 않도록 중요한 근거를 제공한다.

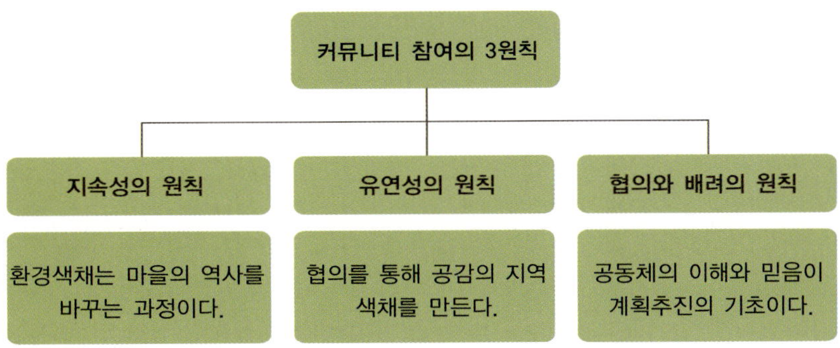

그림 8-7 참여를 통한 환경색채계획의 3원칙

둘째, 지역 색채계획의 모든 방법과 원칙은 지역의 특성에 적합한 방향으로 적용할 수 있도록 하고 서로가 가진 다양성을 이해할 수 있도록 하는 **유연성 또는 다양성의 이해**이다. 선진 도시에서 적용되고 계획되었다고, 오랫동안 발전한 도시에서 시도했다고 모든 방법과 관점이 옳지는 않다. 사람들과의 관계도, 도시의 조건과 특성, 색채 자원도 다르기 때문에 스스로에 맞는 방법을 여러 가지 방법으로 이해하고 발견해 나가는 힘이 된다. 또한 공동체 내부의 관계 조율과 참여방식도 이러한 다양한 사람들의 차이가 가진 힘을 이해하는 것 속에서 더욱 새로운 창의적인 방법이 모색된다.

셋째, 시작과 전개를 포함한 환경색채계획의 전 과정에서 민주적인 의사결정과 최대한 참여하는 사람들의 의견을 조율해 들어가게 하는 **협의와 배려의 원칙**이다. 많은 경우 적극적인 강한 추진력이 보다 좋은 성과로 이어지는 듯한 착시효과를 주지만, 그 과정에서 생성되는 조율과 참여의 부족이라는 부산물에서 자유롭기는 어렵다. 내 일이 아니라고 생각하는 것처럼 위험한 경우는 없다. 협의와 배려의 원칙은 모든 일이 자신의 일로서 느끼게 하는 효과적이고 근본적인 접근 방식을 제공할 것이다.

1. 차이를 인정해야 한다

모든 사람은 자신만의 살아온 경험과 처한 입장이 다르며, 공동체에 대한 기대와 자신이 할 수 있는 범위도 다르다. 커뮤니티 참여형 환경색채계획에서도 각 지역과 참여하는 각자가 가진 가치의 차이를 인정하며 다양한 활동을 담보해 나가기 위한 과정이라는 점을 이해해야 한다. 이러한 이해는 다른 관심과 주제의 차이를 인정하게 하며 한계를 인정하게 하여 더욱 나은 계획을 위한 촉매제 역할을 한다. 다양성은 모두에 대한 배려를 기본으로 지속적인 마을을 만드는 원칙이다.

그림 8-8 하우고개마을만들기 워크숍

대화로 서로 간의 차이와 공유지점을 확인하는 것이 시작이다.

2. 쉬워야 한다

많은 사람들이 공감하며 계획에 참여하기 위해서는 서로가 이해할 수 있는 공통의 관심사와 용어, 자세가 필요하다. 색채의 접근과 계획, 조사도 가장 쉬운 방법으로 진행하여야 하며, 전문적인 용어보다는 지역마다의 언어와 방식을 찾으면 더 효과적이다. 지역의 구성하고 있는 연령대, 직업군, 성별 특성을 고려하여 더 관심을 가질 수 있고 더 쉽게 이해할 수 있는 방식을 찾는다. 이를 위해서는 이미지로 정리된 자료와 색표의 정리, 색칠하기 등의 재미 있는 접근의 개발이 요구된다.

그림 8-9 광주시 서하리마을 조사
지역에 오래 살아온 사람들의 지혜에서 마을의 역사를 이해한다.

3. 지역에 기반해야 한다

나와 멀리 있는 상황을 이해하는 것에는 한계가 있다. 공동체는 지역이라는 대지 위에 성장하는 나무이다. 그들과 나 사이에 이 지역의 현황과 같이 살아오고 살아갈 것이라는 것만큼 명확한 사실은 없다. 따라서 지역의 역사와 전통 속에서 색채를 우선적으로 파악하고, 지역의 자연과 그 속에 살아온 사람들의 문화 속에서 색채 적용의 지혜를 찾아내어야 한다. 대다수의 사람들은 이런 점을 간과하거나 의식하지 못하고 있지만 사실 그러한 색채의 전통과 문화가 없는 공동체는 거의 존재하지 않는다.

마을신문 자연

다시 살아난 유산

그림 8-10 시흥시 맹꽁이 책방 마을신문 만들기

지역의 소소한 이야기에서 공동체의 관심과 참여를 높인다.

4. 재미있어야 한다

참여를 통해 공동으로 색채를 발견하고 만드는 과정이 즐겁지 않고 모든 활동이 의무감으로 가득하다면 그 누구도 지루함과 거부감으로부터 자유롭기는 힘들다. 참여와 협의는 관심과 흥미에 비례하며, 웃음과 놀이, 게임과 흥겨운 노래가 오히려 지속적인 활동을 이끈다.

5. 과정이 중요하다

참여가 중요하지만 그것이 참여형 계획의 목표는 아니다. 마을경관의 향상이 중요하지만 그것 역시 결과나 목표가 아니다. 마을 환경색채의 아름다움과 매력이 중요하지만 그것 역시 참여형 계획의 목표가 될 수 없다. 중요한 것은 참여를 통해 지역의 색을 공유하는 과정 그 자체이다. 그렇게 살아가는 과정이 지역의 색채이며, 새로운 사람과 공동체의 유산을 통해 결실을 맺고 다시 새로운 상황에서 그것을 극복하는 과정을 시작하는 것이다. 단기적 목표와 장기적 목표는 지역의 색채의식 향상의 지향이 될지라도, 성급하게 가기 보다 매 단계, 지금 시작하고 발을 딛고 서 있는 그 자리가 바로 지역 문화의 중요한 한 걸음이라는 것을 다시금 생각하자.

6. 힘이 될 수 있는 모든 역량을 집중한다

누구에게나 한계가 있고 장점이 있듯이 공동체도 개인의 한계를 극복하고 집단이 가진 강점을 극대화시키는 것에 그 가치가 있다. 지역색채의 구축이라는 버팀목은 많은 일을 할 수 있는 소수의 사람들이 세우는 것이 아니라 적은 일을 하더라도 많은 다수의 사람들이 지지해 나가는 것이다. 그러나 외부인에 대한 지나친 의지는 참여의 가장 중요한 목표인 공동체의 자율적 능력의 성장을 저해할 수 있다. 우선 스스로 할 수 있다는 믿음이 기반이 되어야 한다.

7. 평소에는 여유 있게 때로는 과감하게 한다

사람들이 모여 진행하는 활동에는 시간이 필요하다. 복잡하지 않고 쉽게 시작하더라도 서로가 공감을 가지고 참여하기 위해서는 적절한 배려와 시간이 필요하지만, 지나치게 지루한 활동은 참여의욕을 저하시킬 수도 있다.

8. 투명성과 민주적 절차를 중시한다

결과보다 과정을 중시하는 사고가 정착되기 위해서는 신뢰의 확보가 관건이다. 의사결정부터 집행까지의 전 과정에서 공동체의 이익을 우선하고 있는가에 대한 의구심을 없앨 수 있는 투명한 정보공개와 민주적 협의구조를 만드는 것이 중요하다.

이상과 같은 관점으로 효과적으로 커뮤니티 참여형 환경색채계획을 추진하기 위한 단계와 방법은 다음과 같다.

Tip

마을만들기 추진 10단계와 효과적인 방법

① **스스로를 알기** : 자기 마을이 어떤 색채, 사람, 역사, 문화를 가지고 있는지 자원을 확인

② **문제와 자원의 공유** : 지역이 가진 현안 문제와 갈등을 협의를 통해 파악하고 공동체의 중요한 색채 자원을 조사하고 정리

③ **교류와 소통의 기반구축** : 참여형 계획 과정을 통해 지역 주민 간, 또는 행정과 전문가 간 등 다양한 사람들의 교류를 할 수 있는 기반을 조성

④ **작은 실천으로부터** : 참여형 계획의 색채의식 구축의 과정이므로 주변에서 할 수 있는 작은 실천부터 착실히 진행하여 장기적으로 진행하는 것이 중요

⑤ **공동체의 작은 조직구성** : 참여형 색채계획은 어디에서 누구로부터 새로운 의식형성이 시작될지 모르므로 다양한 사람들의 모임을 만들고 그러한 활동을 활발히 전개할 수 있는 환경조성이 중요

⑥ **협력관계의 구축** : 지역 내외부의 행정과 전문가, 주민, 심지어 해외에까지 공동체의 발전에 기여할 수 있는 다양한 사람들과 협력관계를 형성시키고 서로의 경험과 지식을 공유하는 것이 중요

⑦ **장기적인 지역의 환경색채의 미래상 구축** : 적어도 10년 이후의 지역의 색채가 어떻게 될 것인가 등의 장기적 모습을 같이 그리고 매 해마다 어떤 단기적 활동을 할 것인가를 정하고 공유하면 보다 구체적인 실천방안과 목표치를 설정할 수 있음

⑧ **경제적 활성화와 함께** : 살기 좋은 도시경관과 환경을 공동으로 만들기 위해서는 단지 좋은 관계를 만드는 것 이상으로 색채환경의 개선이 어떤 경제적인 효과를 가져오는가를 파악하는 것이 필요함. 보다 현실적인 참여를 이끌 수 있음

⑨ **더 넓은 정보교류와 공유로** : 참여형 계획은 현재 전 세계적으로 진행되고 있는 실천활동. 우리 마을에 도움이 되는 더 많은 정보를 얻기 위해, 또한 새롭게 실천하는 지역에 대한 지원을 통해 보다 수준 높은 마을공동체 형성이 가능함

⑩ **공동체에 기반한 주거 환경의 개선** : 참여를 통해 도출된 색채를 적용하여 공동체 주거환경의 개선을 시도하는 것은지역에 가장 가시적인 성과를 가져올 수 있으며, 마을 특성에 맞는 색채환경조성과 공동체 적용 프로그램의 운영으로 지역의 가치를 높일 수 있음

9. 단계별 추진내용

참여형 환경색채계획의 시작은 지역의 색채를 이해하고 공동체 상호 협력으로 색채를 알아나가는 데 있다. 그리고 지역의 가치를 발견하고 자원을 수집하며 지역의 미래상을 같이 만든다. 다양한 실천 활동을 그 이후에 진행된다. 이러한 활동이 발전되면서 지역색채의 룰을 만들고 관리하는 활동이 제대로 전개된다. 이것을 간단한 도표로 정리하면 다음과 같다.

단계	내용
시작	지역 환경색채의 문제점 발견 문제를 공유하는 결성 모임(주민, 전문가, 행정 등)
▼	
조사	지역의 색채특성과 자원 등을 조사 문제점과 현황 정리, 지역 색채지도 만들기 지역경관과 색채가치의 발견(지역 알아가기)
▼	
기획	조사결과를 바탕으로 환경색채의 미래상 설정 환경색채 업무와 내용 파악 등을 설정 기초적인 운영방안 수립
▼	
활동	구체적인 환경색채 (건축물, 거리 시설물, 공공사인 등) 개선 사업의 추진 공동체별 특성화 사업 추진 자료발간, 환경색채 교육 추진 등
▼	
상승 · 확산	지속적인 환경색채 운영 및 관리 모임으로 개별 연구 발전 및 자문위원회 구축

그림 8-11 단계별 추진내용

그림 8-12 환경색채개선 워크숍

지역주민과 전문가, 행정 담당자 등 관계된 모든 이들의 참여로 관심과 이해를 높인다.

그림 8-13 평가 위원회

전반적인 사항을 검토하고 자문을 지속적으로 실시한다.

(1) 시작

참여형 환경색채계획은 공동체가 가지고 있는 환경색채의 문제점을 인식하고 같이 의견을 나눌 사람을 모이는 과정으로부터 시작된다. 지역마다 환경색채의 현황의 차이점이 있을 것이고, 어떤 지역에는 보다 성숙한 환경을 구축해 나가기 위한 색채가 요구될 수도 있고 어떤 지역에서는 혼란스러운 색채를 정리해 나갈 요구가 클 수 있다. 지역의 도시환경의 특성을 고려하여 그것을 개선해 나가기 위한 문제점을 공유해 나가는 것이 필요하며, 이와 뜻을 같이 하는 사람들을 중심으로 그룹을 만들 필요가 있다.

초기 단계에서는 전문가의 조력과 행정의 지원이 요구된다. 전문가는 지역 주민들의 색채에 대한 이해를 높이고 방법을 알려주는 중요한 역할을 할 수 있으며, 행정은 모든 활동이 지속적으로 가능하도록 지원하는 역할이 가능하다. 초기부터 많은 사람들이 같이 할 필요는 없으며 작은 단위부터 지역의 관심을 높여나가는 내실이 더 중요하다.

따라서 시작단계에는 과도한 목표를 설정하기보다는 편한 동우회와 같은 형태로 문제점을 스스럼 없이 이야기 나눌 수 있는 관계가 더 적합하다.

그림 8-14 참여주체 모임
다양한 참여주체의 모임을 통해 지역색채의 문제점을 공유한다.

(2) 조사

조사 단계에는 지역의 색채현황과 문제를 구체적으로 파악해 본격적으로 들어간다. 조사의 방법에는 지역색채 자원에 대한 측색을 하는 방법과 지역의 색채에 대한 기억을 토론과 분석을 통해 정리하는 방법이 있다. 어느 방법이건 처음은 전문가의 체계적인 교육이 요구된다. 이 과정에서 중요한 것은 전문가가 모든 것을 지휘하는 형태가 되어서는 안 된다는 것이다. 주민이 지역의 색채를 이해하고 관리할 수 있다는 자신감이 생겨나도록 쉽고 재미있는 방법으로 이해도를 높여나가야 한다.

다른 지역의 사례에 대한 답사와 교육은 이해를 높이는 데 매우 효과적이다. 지역의 다양한 연령과 성별, 동네마다 특성을 고려하여 그에 맞는 워크숍을 열고 토론을 전개해 나가면 그 과정에서 예상하지 못한 지역의 색채를 발견할 수도 있다.

다른 지역이나 외국의 사례를 살펴보는 것도 좋지만, 그것이 정답이라고 생각하지 않도록 강조하며 지역마다 지역에 맞는 색채가 있다는 점 또한 강조한다.

그림 8-15 지역색채 조사
지역의 색채를 직접 조사하고 정리하면 지역색채에 대한 이해를 높일 수 있다.

조사의 모든 결과는 지역의 공공장소나 협의장소에서 항상 볼 수 있도록 정리되어야 한다. 이럴 때 주변의 대학이나 연구소, 민간활동가들과 같은 단체가 있으면 적극적으로 교류하여 운용하면 효과적이다. 최근 인터넷을 통해 지역의 색채를 정리하고 교류하는 활동도 매우 적극적으로 이루어지고 있다. 또한 인터넷을 검색하면 이러한 방법에 대한 효과적인 방법과 지원조직을 발견할 수도 있다. 가능한 한 모든 수단과 사람을 통해 지역의 색채를 파악해 들어간다. 이와 관련된 모든 정리된 정보는 공개되어야 하고 지속적으로 관리되어야 한다.

(3) 기획

기획에서는 조사되어 정리된 색채자원을 지역의 색채미래상을 설정하고 공유해야 하며, 구체적인 환경색채의 정리방향을 제시한다. 또한 그에 맞는 환경색채 업무와 내용이 제시되어야 하며 이를 위한 운영방안의 제시가 필요하다.

대다수 기획의 단계부터는 환경색채 전문가와 행정의 조력이 요구된다. 주민과 전문가, 행정은 참여형 환경색채계획의 중요한 동반자이다. 전문가는 모든 진행과정에서 주민들의 요구가 잘 정리되고 계획에 반영되고 있는가를 점검해야 하며, 결과보다는 과정을 중시하여 주민들의 환경색채의 이해와 의식이 높아지는 방향으로 계획을 전개해 나가는 자세가 요구된다.

이때 유의할 점은 주민들이 좋아하는 색채가 지역의 색채가 되는 단순결론의 오류를 범하지 않도록 유의해야 하며, 전문가들이 결론을 지어 주민들이 따라오도록 하는 유도방식에 대해서도 유의가 필요하다. 항상 토론과정에서 무엇이 우리 지역에 적합한 색채인가를 토론하며 의사결정과정의 수준을 높여야 하며, 실제 색채팔레트를 만들어 현장에서 비교해 보는 방법처럼 알기 쉬운 방식으로 진행을 해나가면 보다 효과적이다.

그림 8-16 토 론
다양한 토론을 통해 색채의 방향을 설정해 나간다.

이러한 결과로 만들어진 기획안은 구체적인 방법과 내용, 일정과 참여주체로 구분하여 각자가 해야 할 정확한 지침으로 정리해야 한다. 예를 들어, 자신의 가족이 참여 가능한 방법, 지역의 가로경관을 위해 상점에서 지켜야 할 사항, 집을 개·보수할 때 지역의 개성을 높이기 위해 사용해야 할 색채 등과 같이 알기 쉬운 내용이 담겨 있어야 한다.

(4) 활동

활동의 단계에는 지역의 환경색채를 개선하고 개발하는 구체적인 활동이 전개된다. 건축물과 시설물에 대한 색채개선 활동이 있을 수 있으며, 환경색채 지역 교육의 정착 등도 이에 해당된다. 가로 공공사인의 색채개선사업의 추진과 가이드라인의 수립 등도 중요한 활동에 해당된다. 이전에 이러한 활동 대다수는 전문가와 행정에 의해 진행되고 주민들은 대상이 되었지만, 참여형 환경색채계획에서는 이러한 모든 활동의 주체가 주민이 된다.

환경색채 개선을 위한 자료의 발간도 중요한 활동이 되며, 개선 전후를 알 수 있는 소식지의 발간과 인터넷 카페 등의 개설도 최근 많이 시도되고 있다. 모든 사업은 공동체의 특성에 맞도록 단계가 조절되어야 한다. 다른 곳에서 잘 진행되었다고 우리 지역에 잘 된다는 보장이 없다. 그러므로 지역 구성원들의 특성을 고려하고 그 단계를 조정한다.

그림 8-17 색채 조사
지역에 맞는 색채를 조사하고 토론하여 방침을 설정한다.

(5) 확산

확산을 위해서는 지속적인 환경색채 개선을 위한 운영 및 관리조직으로 발전시켜 나가는 내용이 중심이 된다. 또한 타 지역과의 연계하여 환경색채의 수준을 높여 나가는 것도 중요하다. 이제 도시환경은 모두의 관심사이며 다양한 교류는 이러한 의식을 높이고 지속적으로 민간차원의 사업을 추진할 수 있게 하기 때문이다. 환경색채가 정착되기까지는 최소 10년에서 수십 년이 소요되므로 장기적인 관점에서 사람들의 조직이 유지될 수 있도록 한다.

개별연구와 환경색채를 검토할 수 있는 지역 단위의 자문위원회의 구성은 이러한 지속적인 활동에 중요한 역할을 한다. 외부 전문가를 섭외하여 전문적 지식과 내용이 계속 공급하는 것도 중요하다. 이 때 가능하다면 행정단위의 지원을 받는 것이 더욱 효과적이다.

모든 과정은 자료로 정리하고 공개해야 한다. 또한 운영과정과 예산, 회의 내용 등도 모든 주민들이 볼 수 있도록 공개하여 투명한 운영이 되면 지역주민들의 관심과 참여를 지속시킬 수 있다. 이 모든 것이 지역의 환경개선을 통해 보다 개성적이고 쾌적한 환경에서 살 수 있는 환경구축에 기여하게 될 것이다. 참여형 환경색채계획에서 중요한 문제는 '지역의 색채가 무엇인가' 라기 보다는 그 지역의 사람들이 '지역의 색채를 어떻게 바라보는가' 이다.

그림 8-18 색채의식 확산
지속적인 토론과 위원회 구성으로 색채의식이 확산되도록 한다.

5. 커뮤니티 참여형 환경색채계획의 사례

기존의 환경색채계획이 도시경관의 환경을 통일된 흐름으로 정리하는 것에 중점을 두었다면 커뮤니티 참여형 환경색채계획은 색채의식을 함양시키면서 각 도시가 가진, 또한 개별 건축과 시설물이 가진 색채의 다양성을 모색하는 과정의 설계가 포함되어 있다.

이와 관련해 최근 진행된 광주시 서하리 마을의 환경색채계획은 여러가지 측면에서 시사점을 준다. 경기도 건축디자인 시범사업의 일환으로 진행된 광주시 서하리 마을의 경관정비 계획은 국내의 대표적인 독립운동가이자 초대 총리를 지낸 신익희 선생의 생가가 있는 마을 주변을 전원환경과 조화된 역사자연마을로 새롭게 조성하고자 하는 시도로 진행되었다.

기존의 마을경관은 주택과 시설물 등의 인공환경이 주변 자연환경과의 관계를 찾아보기 힘든 다양한 색채로 이루어져 있었다. 지붕의 색채만 하더라도 50가구가 채 되지 않는 마을에 주로 고채도 파란색과 녹색, 오렌지색이 주를 이루어 10가지 이상 있었고, 담장과 대문의 색채와 디자인 형식도 20가지 이상으로, 마을에서 통일 된 디자인과 색채에서 발견하기 어려운 상황이었다. 여기에 마을진입부에 지역 특산품인 유기농 토마토를 선전하기 위한 판매대와 지주 간판, 조형물과 사인 등이 여기 저기 설치되어 있었으며, 신익희 선생의 동상과 기념비 등도 마을입구에 무질서하게 서치되어 역사문화적 특징보다는 혼란스러운 시골마을의 인상이 강한 지역경관을 이루고 있었다.

이러한 지역에 단순히 지붕과 대문의 색채를 변경하는 것만으로는 지역의 개성적인 경관조성이 어렵다고 판단이 되어, 커뮤니티 참여를 통해 지역의 역사문화적 환경과 자연환경과 조화된 마을풍경을 만들기로 하고 지역에 대한 조사를 착수하였다. 이러한 일련의 조사와 주민의견 파악은 단순히 지역의 색채지원을 발굴한다는 차원에서도 중요하지만 변화되는 지역풍경에 관심과 참여를 유도해 공적인 사업으로는 힘든 사적 영역에서의 자연스러운 색채환경의 개선을 이끌어내도록 하는 장점이 있다. 또한 실제의 지역 역사자원과 자연환경에 대한 조사결과 정리된 색채에 대해서도 예상외의 호응을 이끌어낼 수 있었다.

그림 8-19 색채정비 전후의 색채환경의 비교

주변 자연환경과 조화된 안정적인 색채환경을 조성하면서도 개별 주택의 다양성을 부여하였다.

조사결과를 중심으로 디자인 안을 정리하였고, 특히나 역사적 장소인 선생의 생가까지 이어지는 주요 도로 주변의 주택에 대해 색채의 정비를 물론 담장과 바닥에 대해서도 자연소재를 중심으로 연속성을 강조하는 안이 만들어졌다. 예산상으로는 절대적으로 열악한 조건이었지만, 주요 거점과 가로를 중심으로 최소한의 연속성을 구현하고 각 주택의 소유주와 색채에 대한 상의를 통해 지역전체를 아우르는 색채의 방향성이 정리되었다. 일반적으로 행정의 가로정비 사업의 의견청취가 몇 개월에 걸쳐 진행되는 것을 생각할 때, 서하리의 이러한 일련의 과정은 일년 가까이 진행되었고, 이 과정을 통해 지역 주민들의 다양한 호응을 이끌어낼 수 있었다.

적용된 색채계획은 지역의 자연환경에서 추출된 색채를 지역주민이 선택하여 자연스러운 변화를 만들어내도록 설계되었으며, 지붕과 대문색채를 중심으로 담장의 소재색이 결합되는 구조로 만들어졌다. 무엇보다 이 참여의 과정을 통해 마을의 열악한 색채들이 차분하게 정리된 점은 참여형 색채개선의 중요한 성과라고 할 수 있다.

최종적으로 마을의 사인이 전부 없어진 것을 배려하여 마을 진입부에 있는 담장에 지역 특산물인 유기농 토마토를 활용한 벽화를 제작하기로 기획하였다. 3개월에 걸쳐 학생들의 디자인 공모가 진행되고 주민평가에서 결정된 안을 학생들과 주민들이 힘을 합쳐 완성하였다. 대학교와 페인트 업체의 후원을 받아 지역주민들의 축제형식으로 제작되어 경비에 대한 부담도 없었으며 그 결실 또한 어떤 화려한 작품보다도 크다고 생각된다. 이렇게 진행된 도시의 색채는 단순한 정비 차원 이상의 향후 지속적인 정비와 발전의 가능성도 가질 수 있다. 서로가 조금이라도 환경에 참여한 경험이 무의식 중에 지역의 다른 곳에서 구현될 수 있기 때문이다.

그림 8-20 색채 정비 후 진입부의 변화

마을회관 앞 벽화의 쾌적함의 활기는 차분함으로 인해 얻어진 상징성이다.
색채만으로도 지역의 경관이 이렇게 변화될 수 있다는 점을 보여주었다.

그런 차원에서 주민들이 자신들이 사는 지역의 색채를 이해하고 개선방안에 참여해 보는 경험은 색채계획의 새로운 가능성을 높일 수 있다. 일상에서 자신이 사는 지역의 색채가 구체적으로 어떤 색을 가지고 있는지, 그 현황과 문제점에 대해 진지하게 살펴보기는 힘들기 때문이다. 이것은 주변 환경의 색채가 복잡하고 획일화되더라도 그 변화에 무감각해지는 원인이 된다.

제천시에서 진행된 도시환경색채에 대한 교육과 참여형 계획은 그런 의미에서 도시환경의 색채문화를 이해하고 변화에 대한 가능성을 찾아나가는 좋은 경험을 준다.

그림 8-21 공동의 벽화작업

같이 만들어가는 공공색채가 지역의 가치를 높인다.

그림 8-22 제천시 색채교육의 조사와 계획과정
지역의 색채를 스스로 조사하며 색채의 중요성을 이해한다. 그리고 그 결과를 가로의 계획으로 반영해 본다.

2년간의 환경색채교육을 통해 주민들은 색채에 대한 기본적인 관점과 계획 방법을 이해하게 되었고, 측색의 과정과 색채정지과정의 참여는 건물의 색채가 어떤 특징을 가졌는지, 어떻게 해야 그것이 가로환경에 보다 좋은 색채가 되는지에 대한 이해가 높이도록 하였다. 그리고 자신이 살고 있는 실제 거리의 색채를 계획해 보는 경험은 자신들이 가진 구체적인 공간색채의 문제점과 다양한 대안을 고민할 수 있게 한다. 물론 이것이 그대로 계획에 적용되는 경우는 없다. 그러나 이러한 자료 그 자체로서 주민의 참여는 지역의 다양한 색채를 읽어들이는 방법이자, 가치를 높이는 기회를 제공한다.

색채의 획일화는 단순하고 고정된 관점으로 도시의 색채를 바라보고 계획하기 때문에 생겨가는 것이다. 많은 사람들이 찾아내는 환경색채의 자산과 접근의 다양성은 그 자체로서 새로운 발견을 가능하기 때문이다. 이것이 더 많은 지역과 장소에서 전문가의 용역과 연구에만 의지하지 않는 참여형 색채계획과 기준 수립이 더 많이 요구되는 이유이다.

6. 향유의 색채에서 공유의 색채로

도시의 색채는 사람이 모여서 만들어내는 그들의 문화가 만들어 나가는 것이다. 결국 색채는 가치의 문제이다. 도시의 색채도 그 도시를 살아가는 사람들의 의식과 가치의 문제이다. 그리고 그 가치는 존중될 때 성장하는 것이다. 외형이 아닌 내면으로부터 도시의 색채를 만들기 위한 새로운 고민이 필요한 이유이다.

여전히 환경색채가 많은 가능성을 가질 수 있는 것은, 물리적인 구조물이 많은 대지를 덮고 있더라도 대지 그 자체가 가진 역사성을 감추기에는 한계가 있으며, 사람의 문화와 어울려 만들어낸 정체성은 시간의 흐름 속에 다시금 가치를 가지게 될 수 있기 때문이다. 앞으로도 우리의 도시는 많은 한계와 경계를 넘어 새로운 세대에 의해 역사의 흔적을 남기게 될 것이다. 그리고 그 위를 살아가고 있는 우리들은 보다 쾌적하며 긍지를 가지고 물려줄 수 있는 도시환경을 만들기 위해 노력해 나가야 하며, 색채는 그 속에서 지역과 사람의 정체성을 찾아나갈 가장 중요한 요소로서 그 역할이 다양하게 확대될 것이다.

한 걸음 더 나아가기 위한 현 경계에서 분명한 점은 이제까지 우리가 추구해온 공공의 이름의 '향유의 색채' 로의 지향이 이제는 서서히 그 한계를 보이고 있으며 우리는 다시금 도시환경의 색채에 대한 새로운 가치와 철학을 부여해야 하는 시점에 서 있다는 점이다. 그리고 그 방향에서 명백한 점은 '향유' 를 넘어 사람과 지역의 가치가 더욱 존중받고 참여를 통해 그것을 나눌 수 있는 '공유의 색채' 로 넘어갈 것이라는 점이다. 이런 과정을 통해 우리 도시 색채의 새로운 가능성과 문화의 확장을 가져올 수 있다.

찾아보기

참고문헌

- J.D. Porteous, 송보영, 최형식(역) (1993), "환경과 행태", 서울: 명보문화사.
- 김길홍 (2001), "환경색채계획론", 서울: 이화여자대학교 출판부.
- 김현선 (1983), "인지지도를 이용한 서울시 도심부 이미지 분석에 관한 연구", 서울: 서울대학교 환경대학원 석사학위 논문.
- 김현선 (2003), "도시공간과 색채, 그 코디네이션을 위하여", 문화도시문화복지. vol.147.
- 서울시 (2008), "서울색 정립 및 체계화사업 결과 보고서", 서울: 서울시, 김현선 디자인연구소.
- 성남시 (2011), "성남색개발 결과 보고서", 경기도: 성남시, 김현선디자인연구소.
- 유정화 (2005), "도시이미지형성에 색채가 미치는 영향에 관한 연구", 서울: 연세대 대학원 석사학위 논문.
- 황기원 (1995), "도시의 쾌적성과 쾌적성", 지방화시대의 도시정체성회복과 조경의 과제를 위한 세미나, 한국조경학회.
- E. Relph (1976), *Place and Placelessness*, London : Pion Ltd.

도시환경의 색채디자인

초판 인쇄 2015년 11월 25일
초판 발행 2015년 12월 1일

저 자 (사) 한국색채학회
박연선 / 최종석 / 이진숙 / 김경인
고기영 / 김현선 / 이석현 / 배용진

발행인 주병오

펴낸곳 지구문화사 JIGU PUBLISHING Co.

주소 경기도 파주시 회동길 209
파주출판문화정보산업단지

전화 031-955-7577

팩스 031-955-7730

이메일 jigupub@hanmail.net

등록번호 1979년 7월 13일 제9-57호

ISBN 978-89-7006-770-4